烟草 DNA 分子
标记理论及应用（上）

张 轲　童治军　孙浩巍　龙 杰　张晓伟 编著

西南交通大学出版社
·成 都·

图书在版编目（CIP）数据

烟草 DNA 分子标记理论及应用. 上 / 张轲等编著. 成都：西南交通大学出版社，2024. 12. – ISBN 978-7-5774-0296-3

Ⅰ. TS424

中国国家版本馆 CIP 数据核字第 20249DN884 号

Yancao DNA Fenzi Biaoji Lilun ji Yingyong（Shang）
烟草 DNA 分子标记理论及应用（上）
张　轲　童治军　孙浩巍　龙　杰　张晓伟　编著

策 划 编 辑	李芳芳　张少华
责 任 编 辑	张少华
责 任 校 对	左凌涛
封 面 设 计	GT 工作室
出 版 发 行	西南交通大学出版社 （四川省成都市金牛区二环路北一段 111 号 　西南交通大学创新大厦 21 楼）
营销部电话	028-87600564　028-87600533
邮 政 编 码	610031
网　　　址	https://www.xnjdcbs.com
印　　　刷	四川玖艺呈现印刷有限公司
成 品 尺 寸	184 mm × 260 mm
印　　　张	15
字　　　数	304 千
版　　　次	2024 年 12 月第 1 版
印　　　次	2024 年 12 月第 1 次
书　　　号	ISBN 978-7-5774-0296-3
定　　　价	96.00 元

图书如有印装质量问题　本社负责退换
版权所有　盗版必究　举报电话：028-87600562

本书编写委员会

主　任： 肖炳光（云南省烟草农业科学研究院）

副主任： 陈　伟（云南省烟草质量监督检测站）
　　　　　张冀武（云南省烟草质量监督检测站）

主　编： 张　轲（云南省烟草质量监督检测站）
　　　　　童治军（云南省烟草农业科学研究院）
　　　　　孙浩巍（云南省烟草质量监督检测站）
　　　　　龙　杰（云南省烟草质量监督检测站）
　　　　　张晓伟（云南省烟草质量监督检测站）

副主编： 刘　凯（云南省烟草质量监督检测站）
　　　　　张　威（国家烟草质量监督检验中心）
　　　　　陈　丹（云南省烟草质量监督检测站）
　　　　　董杏梅（云南省烟草公司保山市公司/云岭工匠创新工作室）
　　　　　王春琼（云南省烟草质量监督检测站）
　　　　　李　郸（云南省烟草质量监督检测站）
　　　　　罗安娜（国家烟草质量监督检验中心）
　　　　　蔡洁云（云南省烟草质量监督检测站）
　　　　　顾健龙（云南省烟草质量监督检测站）
　　　　　隋学艺（云南省烟草农业科学研究院）
　　　　　杨金初（河南中烟工业有限责任公司）
　　　　　宗　达（云南省烟草公司玉溪市公司）
　　　　　普　麒（云南省烟草公司红河州公司/云岭工匠创新工作室）
　　　　　徐世斌（云南省烟草公司楚雄州公司/云岭工匠创新工作室）
　　　　　邹　清（云南省烟草公司玉溪市公司/云岭工匠创新工作室）
　　　　　柴乐颖（云南省烟草公司曲靖市公司/云岭工匠创新工作室）
　　　　　王润铃（云南省烟草公司保山市公司/云岭工匠创新工作室）
　　　　　李俞葵（云南省烟草公司楚雄州公司/云岭工匠创新工作室）

编委：

刘　瑞（云南省烟草公司曲靖市公司）
盖小雷（云南省烟草烟叶公司）
黄昌军（云南省烟草农业科学研究院）
李　萌（郑州轻工业大学）
李海燕（云南省烟草质量监督检测站）
李应玥（云南省烟草公司昭通市公司/云岭工匠创新工作室）
梁诗涵（云南省烟草质量监督检测站）
刘德新（西南大学）
刘宇晨（云南省烟草质量监督检测站）
刘忠华（中国烟草总公司云南省公司）
罗巧玲（中国科学院遗传与发育生物学研究所）
马慧宇（云南省烟草质量监督检测站）
彭丽娟（云南省烟草质量监督检测站）
万岳莹（云南省烟草公司红河州公司/云岭工匠创新工作室）
魏　佳（云南省烟草质量监督检测站）
夏　玲（云南省烟草公司普洱市公司/云岭工匠创新工作室）
肖　迪（云南省烟草专卖局）
徐安传（云南中烟工业有限责任公司）
徐思裴（云南省烟草公司曲靖市公司/云岭工匠创新工作室）
张云芳（云南省烟草公司普洱市公司/云岭工匠创新工作室）
肖应娇（云南省烟草公司昭通市公司/云岭工匠创新工作室）
唐啟青（云南省烟草公司楚雄州公司/云岭工匠创新工作室）
范昱明（云南省烟草烟叶公司）

前言

遗传标记在遗传学的建立和发展过程中有着举足轻重的作用，它既是作物遗传育种进行辅助选择的重要基础，也是法医检验、临床诊断、食品安全、生态环境保护等领域的重要鉴别检验工具。随着遗传学和分子生物学的迅猛发展，遗传标记先后相应地经历了形态标记、细胞学标记、蛋白质标记和DNA分子标记四个发展阶段。前二种标记均是以基因表达的结果（表型性状）为基础，是对基因的间接反映。而DNA分子标记则是DNA水平遗传变异的直接反映，具有可遗传性和可识别性两个基本特征。此外，DNA分子标记还兼具基因组变异丰富、共显性遗传、选择中性、检测便捷、成本低廉、结果稳定可靠等特点，这奠定了它极其广泛的应用基础。

随着分子生物学的发展，DNA分子标记的研究方法与技术理论也随之不断地迭代更新，大量新颖的技术理论、仪器设备如雨后春笋般涌现出来。尽管新技术和新方法不断涌现，但目前大多数实验室仍使用经典的技术方法，因其具有极高的可操作性、重复性和稳定性。此外，对于新技术和新方法的引入，实验室需要投入大量的资金和资源进行学习和培训，而经典实验技术经过长期大量的实践和优化，使其成本更低廉、操作更快捷、结果更精准而深受各实验室的青睐。基于此，笔者也对经典DNA分子标记的原理性内容进行归纳总结的同时，也对近年来该项技术在云南烟草中的应用进行了举例。本书的编写者们均是长期从事烟草DNA分子标记研究与应用的一线科研人员，他们具有深厚的分子生物学理论知识和丰富的实操经验。编写中我们力求将理论与实践相结合，重点突出本书在烟草中的实用性，希望能为使用者提供一本理论与应用紧密结合且具有较强实用性的工作指南。

本书由云南省烟草质量监督检测站、云南省烟草农业科学研究院、国家烟草质量监督检验中心、河南中烟工业有限责任公司等单位技术人员基于文献综述并汇集近5年来的相关科研成果合作编写。本书共8章：第1章为遗传标记概述，主要介绍遗传标记的类型和发展历史等；第2章为DNA标记的类型与原理，介绍主要分子标记的类型及其分子生物学原理等；第3章为PCR体外扩增技术，主要阐述PCR技术的原理和类型；第4章为DNA分子遗传图谱的构建，主要介绍遗传图谱构建的原理、群体类型以及统计学方法等；第5章为质量性状基因的定位，主要介绍质量性状定位的主要方法原理；第6章为数量性状的基因定位，主要介绍基于遗传图谱的数量性状定位方法及统计学原理等；第7章为关联作图，主要介绍连锁不平衡分析的步骤、方法和关联分析应用等；第8章为分子标记辅助选择，主要介绍分子标记辅助育种的概念、优点及重要性等。

囿于编写人员有限的学识水平，书中难免存在不妥之处，恳请广大读者批评指正，使其渐臻完善，为推动DNA分子标记在烟草中的理论研究和应用方法创新做出贡献。

编　者

目 录

第1章 遗传标记概述 ··· 1
  1.1 遗传标记的概念与发展 ······································ 2
  1.2 遗传标记的类型 ·· 5

第2章 DNA标记的类型与原理 ···································· 17
  2.1 RFLP标记技术 ·· 18
  2.2 AFLP标记技术 ·· 22
  2.3 RAPD标记技术 ·· 25
  2.4 SSR标记技术 ··· 28
  2.5 ISSR标记技术 ·· 32
  2.6 EST标记技术 ··· 34
  2.7 SNP分子标记 ··· 38

第3章 PCR体外扩增技术 ·· 45
  3.1 PCR技术的检测原理 ······································· 46
  3.2 PCR引物的设计 ··· 50
  3.3 PCR引物的设计 ··· 57
  3.4 PCR扩增产物的检测分析 ··································· 61
  3.5 PCR技术的发展 ··· 66

第4章 DNA分子遗传图谱的构建 ·································· 77
  4.1 遗传图谱研究概况 ··· 78

  4.2 遗传图谱构建的原理 ································· 81
  4.3 遗传作图群体的类型 ································· 88
  4.4 DNA 标记多态性与数据处理 ························· 97
  4.5 DNA 标记连锁图谱的完善 ·························· 101

第 5 章　质量性状基因的定位 ···························· 107
  5.1 近等基因系分析法 ································· 108
  5.2 分离体分组混合分析法 ····························· 114

第 6 章　数量性状的基因定位 ···························· 125
  6.1 QTL 定位的原理 ·································· 126
  6.2 QTL 初级定位的方法 ······························ 130
  6.3 QTL 定位的软件与结果解读 ······················· 140

第 7 章　关联作图 ······································ 147
  7.1 连锁不平衡 ······································ 148
  7.2 连锁分析的步骤、策略和基本方法 ··················· 156
  7.3 关联分析的应用 ··································· 169

第 8 章　分子标记辅助选择 ······························ 173
  8.1 分子标记辅助的概念和特点 ························· 174
  8.2 质量性状的 MAS ································· 180
  8.3 数量性状的 MAS ································· 190
  8.4 MAS 中标记的开发 ······························· 201
  8.5 影响 MAS 效率的因素 ···························· 205
  8.6 提高 MAS 效率的策略 ···························· 209

参考文献 ··· 214

缩略词表 ··· 229

第 1 章
遗传标记概述

传统作物育种中，遗传变异通常通过目测选择进行鉴定。由于表型受基因型、环境、基因相互作用、基因型与环境相互作用等多种因素的影响，因此，表型鉴定有一定偏差，会影响选择的效率。育种家在长期的育种实践中不断探索，应用遗传标记来提高育种的选择效率与育种预见性。遗传标记包括形态学标记、细胞学标记、生化标记与分子标记。纵观遗传学的发展历史，每一种新型遗传标记的发现，均极大地促进了遗传学的发展。

1.1　遗传标记的概念与发展

1.1.1　遗传标记的概念

遗传多样性是遗传信息的总和。遗传多样性一般是指种内的遗传多样性，即遗传变异，是种内不同群体之间或者一个群体内不同个体的遗传变异的总和。在自然选择和人工选择基础上，这些变异符合孟德尔遗传规律，遗传标记是表示遗传多样性的有效手段。

遗传标记是指明确反映遗传多态性的生物特征，它可以追踪染色体、染色体某一区段或者某个基因座位在家系中传递的一种遗传特性。遗传标记需具有两个基本特性：可遗传性和易识别性。因此，生物的任何有差异表型的基因突变型均可作为遗传标记。遗传标记描述单个生物或物种间的遗传差异，一般而言它们不是目标基因本身，而仅起一种"标记"的作用。位于基因附近的遗传标记（即紧密连锁）可称为基因的标签，这样的标记自身并不影响所研究性状的表型，因为它们仅位于控制性状的基因附近或与该基因连锁，所有的遗传标记均占据染色体内特定的基因组位置，就像基因一样，称为位点（loci）。

理想的遗传标记符合下列条件：

（1）遗传多态性高，标记数目多，提供的信息量大。

（2）共显性遗传，可以区分纯合子和杂合子基因型。

（3）明确区分等位基因，比较容易地鉴定不同的等位基因。

（4）全基因组均匀分布。

（5）中性选择，没有基因多效性效应，不影响目标性状表达。

（6）容易检测（以便整个程序自动化）。

（7）标记开发和基因型鉴定的成本低。

（8）可重复性高，减少误差，便于数据在不同实验室之间积累和分享。

遗传标记在遗传学的建立和发展过程中具有重要作用，是植物遗传育种的重要工具。随着遗传学和生物学的不断发展，遗传标记的种类和数量也在不断增加。在经典遗传学中，遗传多态性代表等位基因的变异。在现代遗传学中，遗传多态性是全基因组水平上任何遗传位点的相对差异。遗传标记有助于研究生物的遗传与变异规律。在遗传学研究中遗传标记主要应用于连锁分析、基因定位与克隆、遗传作图及基因转移等。在植物育种中通常将与育种目标性状紧密连锁的遗传标记用来对目标性状进行追踪选择。在现代分子育种研究中，遗传标记的应用已成为基因定位和辅助选择的主要手段。

1.1.2 遗传标记的发展

19世纪后半叶，孟德尔（G. J. Mendel）以豌豆为材料，利用7对外部形态特征差异明显、易于识别的相对性状，对杂种后代的不同个体依性状表现进行归类分析，提出了"遗传因子"假说，并发现了生物遗传的分离规律和独立分配规律，即著名的孟德尔定律。1910年，摩尔根（T. H. Morgan）在哥伦比亚大学的实验室发现一种奇特的果蝇，它的眼色不是野生型的红色而是白色，摩尔根用白眼雄蝇与野生型杂交，发现在F_1代中白眼为隐性性状，在F_2代中红眼与白眼的遗传符合孟德尔分离规律。但是在按雌雄性别分别记数时发现了异常现象，雌蝇全部为红眼，雄蝇中一半为红眼一半为白眼。由此发现决定眼色的基因与决定性别的基因是连锁遗传的，从而产生了著名的摩尔根遗传学说。果蝇白眼遗传标记的发现成为近代遗传学研究的一个里程碑。1913年，A. H. Sturtevant通过连锁遗传分析成功地在果蝇的X染色体上定位了5个基因，从此确定了遗传学的染色体理论和遗传作图的基本原理。

1910年以后，摩尔根将孟德尔"遗传因子"的行为与染色体的行为结合起来进行研究，证实了"遗传因子"是染色体上占有一定位置的实体，由此导致了细胞遗传学的诞生。通过对不同物种染色体形态、数目和结构的研究，发现各种非整倍体、染色体结构变异以及各种异形染色体等都有其特定的细胞学特征，可以作为一种遗传标记来测定基因所在的染色体及其相对位置，或通过染色体代换等遗传操作进行基因定位。这种能明确显示遗传多态性的细胞学特征，通称为细胞学标记。

1941年，美国遗传学家G. W. Beadle和生化学家E. L. Tatum通过研究红色面包霉的生化突变型，对一系列营养缺陷型进行遗传分析，提出了"一个基因一个酶"

的假说，创立了生化遗传学。20世纪50年代许多科学家发现同一种酶可具有多种不同的形式。同时由于淀粉凝胶电泳技术的发展和组织化学染色剂的使用，使这种酶的多种形式成为肉眼可辩的带型——酶谱。1959年，C. L. Markert 和 F. Moller 根据对几种动物乳糖脱氢酶的多种形式的研究，提出了用同工酶（isozyme）一词来描述具有同一底物专一性的不同分子形式的酶，并证实了同工酶具有组织、发育及物种的特异性。通过同工酶的电泳谱带可以清楚地识别同工酶的基因型，因此可以作为一种遗传标记加以利用，并且可以将编码酶的基因通过遗传分析定位在染色体上。同工酶标记是建立在生化遗传学基础上的，所以又称为生化标记或蛋白质标记。蛋白质标记是一种分子标记，但仍是以基因表达的结果（表现型）为基础的，是对基因的间接反映。

  1953年，J. D. Watson 和 F. H. C. Crick 提出了DNA分子结构的双螺旋模型，圆满地解释了DNA就是基因的有机化学实体，宣布了分子遗传学时代的到来。现代基因概念的发展使直接利用DNA分子中核苷酸序列的变异作为遗传标记成为可能。1980年，人类遗传学家 D.R.L. Botstein 等首先提出了DNA限制性片段长度多态性（RFLP）可以作为遗传标记的思想，开创了直接应用DNA多态性发展遗传标记的新阶段。1980年，Botstein 等人发现RFLP标记技术是构建遗传连锁图的好方法。RFLP标记的诞生大大加速了各种生物遗传图谱的构建和发展，同时也提高了基因定位的精度和速度。1983年，Soller 和 Beckman 最先把RFLP应用于品种鉴别和品系纯度的测定。此后，RFLP标记技术用于许多植物遗传图的构建。DNA分子标记也随之迅速发展。1982年，Hamade 发现了第二代DNA分子标记技术——简单序列重复标记（Simple Sequence Repeat，SSR）。1985年，DNA多聚酶链式反应（PCR）技术的诞生，使直接体外扩增DNA以检测其多态性成为可能。1990年，Williams 和 Welsh 等发明了随机扩增多态性DNA标记（Randomly Amplified Polymorphic DNA，RAPD）和任意引物PCR（Arbitrary Primer PCR，AP-PCR）。随后，基于PCR技术的新型分子标记不断涌现，使得DNA标记走向商业化、实用化。1991年，Adams 等人建立了一种相对简便和快速鉴定大批基因表达的技术——表达序列标签（Expressed Sequence Tag，EST）标记技术。1993年，Zabeau Vos 发明了扩展片段长度多态性标记（Amplified Fragment Length Polymorphism，AFLP）。1994年，Zietkiewicz 等发明了简单重复间序列标记 Inter-Simple Sequence Repeat，ISSR）。1998年，在人类基因组计划的实施过程中，第三代分子标记——单核苷酸多态性（Single Nuleotide Polymorphism，SNP）标记诞生。2001年美国加州大学蔬菜系的 Li 和 Quiros 博士提出了基于聚合酶链式反应（Polymerase Chain Reaction，PCR）的相关序列扩增多态性（Sequence-related Amplified Polymorphism，SRAP）标记。2003年，美国农业部北方作物科学实验室 Hu 和 Vick 又提出了基于PCR的靶位区域扩增多态性（Target Region Amplified Polymorphism，TRAP）。目前，DNA分子标记已经发展到几十种。

1.2 遗传标记的类型

1.2.1 形态标记

形态标记指明确显示遗传多态性的外部形态特征，主要包括肉眼可见的外部特征（如矮秆、紫鞘、卷叶或芒毛等）、色素、生理特征、生殖特性、抗病虫性等有关的一些相对显著性差异。形态标记表示在植物表型上肉眼可见的差异，如植株的高矮、颜色的相对差异，非生物、生物胁迫反应的明显不同，以及其他特殊形态特性有无的差异。这些大量具有特异形态特性的变异株均可由组织培养和突变育种获得，其即可稳定遗传，又能作为形态标记。

最初的"形态标记"是由孟德尔在对豌豆的研究中引出的。孟德尔通过选择在指定性状上具有明显差异的单株作为亲本进行杂交育种试验并测定杂交后代的表型，从而提出孟德尔分离定律与独立分配定律。这是形态标记的最早应用。如今，在各个领域，各式各样的形态标记都在发挥着各自的育种作用。例如，棉花的形态标记性状大部分属于质量性状，涉及18个性状，其中研究较多的有芽黄、鸡脚叶、红花、腺体标记性状，研究较少的包括茸毛、红株、红叶、窄卷苞叶、黄花药、光籽等标记。再比如小麦的叶鞘绒毛、甘薯的颜色等也是重要的形态标记。

形态标记基因通常是利用经典遗传学的两点、三点测验进行染色体定位的。通过独立分配规律确定控制不同性状的基因是否连锁，并将相互连锁在一起的基因定为一个连锁群。最后与染色体相对应，以性状之间重组率作为这些基因在染色体上的相对位置距离。20世纪初，摩尔根对果蝇的6种形态性状进行分析，发现了遗传连锁现象，并根据研究性状与形态标记的连锁关系，提出了"连锁与互换定律"，构建了生物学史上第一张遗传连锁图，开创了通过已知染色体相对位置的标记基因来定位未知基因的实验先河。在许多作物中，已经利用形态标记构建了较高密度的遗传连锁图谱，这些图谱作为研究生理生化遗传定位的基础，发挥着巨大作用。

形态标记材料在遗传研究和作物育种上都有重要的应用价值，因此对形态标记材料的收集、保存和利用历来受到各国研究者的重视。1928年，赵连芳根据8个水稻品种的杂交资料，研究了茎、叶和颖花等器官的颜色、护颖长度、谷粒外形等12种性状的遗传，由其中9个基因的相互关系，确定了水稻的5个连锁群。为了提高连锁测验的效率，陆地棉培育了具有鸡脚叶（L_{20}）、花瓣有红心（R_2）、光子（N_1）、棕色纤维（L_{c1}）、红色植株（R_1）、植株密生茸毛（T_1）、黄色花瓣（Y_1）和黄色花粉（P_1）8个显性基因的多标记系"T586"，和丛生铃（ch）、窄卷苞叶（fg）、杯状叶（cu）、茎秆无腺体（gl2）、芽黄（vi）5个隐性基因的隐性多标记系"T582"。经过多年的发展，异源四倍体棉种质量性状遗传研究取得了显著进展。1985年Endrizzi及1991年Kohel报道了异源四倍体棉种现有17个连锁群。异源四倍体种突变基因的连锁群、基因顺序和遗传距离及所属染色体见图1.1。

连锁群	基因顺序和遗传距离	染色体编号
I	R_2 16cl_2 4yg_2 32Lc_1	7
II	1P_2 ? v6oL_2^o sxl^a 44Lg5vfl s.2cr ←51→ ←6→	15
III	sxl^a ? cl_3 v_{17} 24cl_1 17R_1 19yg,5ms 33ac17DW ←30→ ←16→ ←34→	16
IV	Lc_2 10sxl^a 4T_1 ←22→	6
V, VIII	gl_2 20bw_1 ,39ne_1 ? ms_8 ←40→	12
	gl_2 8MS_{11}	
	gl_2 27Le_1	
	N_1 14MS_{11}	
	N_1 7Lf	
	sxl^a 13N_1	
VI	ia31fg	?
VII	v_5 oL^L 38sxl^a 44lp	1
	v16 25L^L	
VIII	ml_1 ,23sxl^a 32sb	4
IX	sxl^a ? bw2 5gl_3 35ne_2 16ms_9 ? n_2	26
	gl_3 26Le_2	
	sxl^a ?Le_2^{dav}	
X	rl_1 21Rg 17rx	?
XI	P_1 4 B_4 ? v_{11}	5
XII	v_{10} 4Y_1	A
X, IV	v_3 13 Rd 33 st_3 37	D
X, V	v_3 12 Li	?
X, VI	Ob_1 3 4 sxl^a 8 Y_2	18
X, VII	Ru 37 yv 30 v_1	20
X, VIII	Rc 14 Rf	?

图1.1 异源四倍体基因连锁图（Kohel等，1991）

尽管形态学标记具有直观、快速、简便的特点，但在大多情况下，可用的具有明显差异的形态标记数量有限，难以建立高质量饱和的遗传图谱。此外，形态学标记极易受环境影响、获得周期长,还有一些标记与不良性状基因连锁等缺点,使得形态标记在作物遗传育种中的应用十分有限。

 1.2.2 细胞学标记

细胞学标记指植物细胞染色体的变异,它能明确显示遗传多态性的细胞学特征。以非整倍体、缺失、倒位、易位等染色体数目变异和结构变异为基础,包括染色体核型(染色体数目、结构、随体有无、着丝粒位置等)和带型(Q带、G带、R带等)。它们分别反映了染色体结构上和数量上的遗传多态性。

通过研究不同物种染色体的形态、数目和结构,可以发现特定的细胞遗传学特征,如各类非整倍体、染色体结构变异和异常染色体变异类型。这些特性可以用作遗传标记,将相关基因定位在染色体上,并确定基因之间的相对位置,或通过对染色体的操作进行遗传作图,如染色体置换。

染色体结构特征通常以染色体核型和带型显示。核型特征是指染色体的长度、着丝粒位置和随体有无等,由此可以反映染色体的缺失、重复、倒位和易位等遗传变异;带型特征是指染色体经特殊染色显带后,带的颜色深浅、宽窄和位置顺序等,由此揭示常染色质和异染色质在染色体上的分布差异。Q带(用盐酸喹吖因制得)、G带(用Giemsa染色)和R带(改良Giemsa染色),这些染色体标记不仅可以鉴定正常的染色体,还可以检测染色体的突变。

染色体数量特征是指细胞内染色体数目的多少,染色体数量上的遗传多态性包括整倍性和非整倍性的变异,前者如多倍体,后者如缺体、单体、三体、端着丝点染色体等非整倍体。用具有染色体数目和结构变异的材料与染色体正常的材料进行杂交,其后代常导致特定染色体上的基因在减数分裂过程中的分离和重组发生偏离,由此可以测定基因所在的染色体及其相对位置。因此,染色体结构和数目的特征也可以作为一种遗传标记。

在玉米中利用B-A易位系,水稻中利用易位系,小麦中利用端着丝点染色体,大麦中利用端着丝点三体,棉花中利用易位和单体等非整倍体,番茄中利用各种三体,烟草中利用单体,已成功地将许多质量性状基因定位于染色体上,并建立了相应的连锁群。染色体结构和数量变异常具有相应的形态学特征,在多倍体植物中广泛用于基因定位研究。在小麦中,利用每条染色体的模式图、C-分带的带型、缺失断点的位置及分子标记在缺失间隔区的定位,构建了整个小麦基因组的物理图谱。由于染色体结构和数量变异常具有相应的形态特征,因此,培育这样的细胞学标记

材料，可以在杂种后代中直接对相应的形态标记进行选择，不必进行染色体鉴定就可确定其细胞学特征，从而提高细胞学标记的利用效率。如表1.1所示列出了二倍体籼稻品种IR36的12条染色体的初级三体的形态特征。根据这些形态特征，在一般情况下可将这些初级三体与IR36区别开来。

细胞学标记克服了形态标记易受环境影响的缺点，但这种标记材料的产生需要花费大量的人力物力进行培养选择。有些物种对染色体结构和数目的变异的耐受性较差，难以获得相应的标记材料。细胞学标记在水稻、小麦和玉米等作物中被用于基因定位、连锁图谱构建、染色体工程及外源基因鉴定，但这些标记常常伴随对生物有害的表型效应，或者观察和鉴定起来较为困难的局限性。此外，因标记材料培育困难、部分变异难以检测等因素，许多作物难以应用这类标记，因此在很大程度上限制了细胞学标记在其他作物上的遗传多样性分析、遗传作图、分子标记辅助选择的应用。

表1.1　水稻IR36初级三体的形态特征（Khush等，1984）

染色体	三体名称	特征
1	三体1（草状）	生长缓慢，高度不育，籽粒较细长且稍呈三角形，叶窄，与草相似
2	三体2（矮生）	小穗短，护颖较长，自交高度不育，叶片短且基部附近常扭曲
3	三体4（不育）	植株最矮，叶片短厚呈革质，中脉凸出，穗伸出不完全，自交完全不育
4	三体12（高秆）	植株最高，叶片下垂，叶舌长，育性正常
5	三体5（叶片扭曲）	叶片短且扭曲，有密生茸毛，穗短，小穗着生紧密，结实率高
6	三体3（有芒）	籽粒有芒，叶片厚而半卷，叶舌长，自交高度不育
7	三体7（窄叶）	叶片窄而半卷，穗稍疏松，不完全伸出，部分可育
8	三体8（卷叶）	叶片窄卷，叶舌短，籽粒短而粗，部分可育
9	三体9（粗壮）	叶片厚而浓绿，茎秆短，小穗最大，百粒重最高
10	三体10（短粒）	叶舌有毛，叶片直立，育性正常
11	三体11（拟正常）	形态与二倍体姊妹系无法区别，育性正常，需作细胞学鉴定
12	三体6（丛生）	外型呈丛生草状，穗部顶端小穗退化，育性高

1.2.3　蛋白质标记

细胞是生命的基本单位，具有很多不同的功能。这些功能包括维持生命、代谢物质、修复组织以及传递信息等。研究细胞功能，需要了解它们如何相互作用和通信，许多生物大分子或生物化合物都具有作为遗传标记的潜力。酚类化合物、黄酮类化合物、花色素苷及糖苷类分子曾被用作为分子标记，但由于分离和检测这些分子的技术和手段通常比较复杂，耗时且成本高昂，使之很难适合于大群体的常规检测，因此这类生化物质作为遗传标记是不理想的。与此相反，许多蛋白质分子分析简单快捷，是有用且可靠的遗传标记，蛋白标记是一种常见的工具，可帮助我们深入了解细胞内发生的过程。蛋白质是细胞的重要组成部分，也是细胞进行各种生物学功能的关键分子。蛋白标记是用来确定特定蛋白质位置或表达水平的工具。通过使用该标记，可以更好地了解蛋白质在细胞内的作用机制。

蛋白质标记主要包括非酶蛋白质和酶蛋白质。在非酶蛋白质中，使用较多的是种子贮藏蛋白；酶蛋白质主要是同工酶，其差异是由决定酶蛋白本身的等位基因差异造成的，因此同功酶的谱带差异分析实质上是对编码该蛋白等位基因位点的分析。酶蛋白质通常利用非变性淀粉凝胶或聚丙烯酰胺凝胶电泳及特异性染色来检测，根据电泳谱带的不同来显示酶蛋白在遗传上的多态性。蛋白质的多态性，可能是由基因编码的氨基酸序列的差异引起的，也可能是由蛋白质后加工的不同引起的，如糖基化能导致蛋白质分子量的变化。其优点在于它是共显性标记，蛋白质作为基因表达的产物，与形态性状、细胞学特征相比，数量上更丰富，受环境影响更小，能更好地反映生物的遗传多态性，因此蛋白质标记是一种较好的遗传标记，其结果直接反应基因的差异，但它具有组织和发育的特异性等条件限制。

1959 年，Markert 和 Moller 提出了同工酶的概念，之后酶作为遗传标记而得到迅速发展。同工酶（isozyme）指的是机体内催化同一反应而具有不同分子结构的酶，他们由不同基因位编码。同工酶主要指那些来源相同、催化性质相同而分子结构有差异的酶蛋白分子，普遍存在于高等植物中。同工酶技术作为一种常规的分析手段，已广泛应用于植物的起源、分类、亲缘关系鉴定、遗传育种、病理和生理等研究领域，极大推动了植物遗传学科的发展。等位酶（allozyme）指同一基因位点上不同等位基因编码的同一种酶的不同分子型。由于酶是由基因编码且通常不会随环境的变化而发生外标修饰性改变，其氨基酸组成变化能很好地代表 DNA 分子的变化，表明等位基因和位点变化的存在，所以对酶进行分析可以间接揭示生物种群遗传结构，检测种群的遗传多样性，也可鉴别不易从形态学上区分出来的物种或亚种。在电场作用下，不同分子结构的酶在凝胶中的迁移率不同，所以目前通常使用电泳来检测同工酶和等位酶的变异。因此，通过遗传分析可实现编码同工酶的基因在染色体或连锁群上定位。

种子贮藏蛋白在小麦、大麦、玉米、水稻等作物上的研究工作比较深入，如小麦种子贮藏蛋白中醇溶蛋白和谷蛋白约占蛋白质总量的 90%，对其遗传分析表明，它们是极为重要的生化遗传指标，并已被广泛地应用于小麦的遗传学研究。酶蛋白质通常利用非变性淀粉凝胶或聚丙烯酰胺凝胶电泳及特异性染色来检测，根据电泳谱带的不同来显示酶蛋白在遗传上的多态性。蛋白质的多态性，可能是由于基因编码的氨基酸序列的差异引起的，也可能是由于蛋白质后加工的不同引起的，如糖基化能导致蛋白质分子量的变化。在一些重要农作物中，已定位了许多同工酶基因，如小麦、水稻、大豆等。"中国春"小麦同工酶结构基因的染色体定位如表表1.2所示。大豆同工酶和蛋白质标记如表1.3所示。

但相对于DNA遗传标记方法而言，蛋白质标记仍然存在诸多的不足，蛋白标记的取材要求严格，酶活性可能受生理和环境状态双重影响，信息量偏低，除此之外，其标记数目少，覆盖的基因组区域很小，因为蛋白质标记只涉及到编码区域，同时也并不是所有蛋白质都能检测到，在很多情况下，蛋白质标记在选择上都不是中性的，有些蛋白质具有物种特异性，导致此种标记方法应用很窄，还有就是用标准的蛋白质分析技术可能检测不到有些基因突变。这种方法是很有局限性的，虽然至今已经发现57种酶系统，大约可以鉴定100个左右的基因座位，但在某个特定的作物群体中，仅有10~20种同工酶，大约30~40个等位基因可表现出多态性，这样的数量根本满足不了标记辅助育种的需要，另外，每一种酶只能用特定的染色方法鉴定，这也限制了它们的实际应用范围。这些缺点使蛋白质标记在之后慢慢让位于DNA分子标记。

表1.2 "中国春"小麦同工酶结构基因的染色体定位

酶	基因	染色体定位
酯酶	$Est\text{-}1$	3Ap，3Bp，3Dp
	$Est\text{-}2$	3Aq，3Bq，3Dq
	$Est\text{-}3$	7Bp，7Dp
	$Est\text{-}4$	6Aq，5Bg，6Dq
	$Est\text{-}5$	3Aq，3Bq，3Dq
醇脱氢酶	$Adh\text{-}1$	4Ap，4Bp，4Dp
	$Adh\text{-}2$	5Aq，5Bq，5Dq
	$Adh\text{-}3$	6Aq，6Bq，6Dq
谷草转氨酶	$Got\text{-}1$	6Ap，6Bp，6Dp
	$Got\text{-}2$	6Aq，6Bq，6Dq
	$Got\text{-}3$	3Aq，3Bq，3Dq
α-淀粉酶	$\alpha\text{-}Amy\text{-}1$	6Aq，5Bq，6Dq
	$\alpha\text{-}Amy\text{-}2$	7Aq，7Bq，7Dq
	$\alpha\text{-}Amy\text{-}1$	6Dq
	$\alpha\text{-}Amy\text{-}2$	6B
	$\alpha\text{-}Amy\text{-}3$	7B

续表

酶	基因	染色体定位
β-淀粉酶	β-Amy-1	2Aq, 4Dq
	β-Amy-2	5Bq
	β-Amy-2	2Ap, 2Bp, 2Dp
磷酸丙糖异构酶	Tpi-1	3Ap, 3Bp, 3Dp
	Tpi-2	5Aq, 5Bq, 5Dq
脂肪氧合酶	Lpx-1	4Ap, 4Bp, 4Dp
	Lpx-2	5Ag, 5Bg, 5Dq
葡糖磷酸变位酶	Pgm-1	4Ap, 4Bp, 4Dp
磷酸葡糖异构酶	Gpi-1	1Ap, 1Bp, 1Dp
莽草酸脱氢酶	Skdh-1	5Ap, 5Bp, 5Dp
肽链内切酶	Ep-1	7Aq, 7Bq, 7Dq
	Epl	7Bq
氨肽酶	Amp-1	6Ap, 6Bp, 6Dp
	Amp-2	4Aq, 4Bq, 4Dq
	Amp-3	7Ap
酸性磷酸酶	Acph2-6, 8	4Aq, 4Bq, 4Dq
碱性磷酸酶	Phe (E)	4Aq, 4Bq, 4Dq
NADH 脱氢酶	Ndh-1	4A, 4B, 4D
苹果酸脱氢酶	Mdh-2a	1Aq, 1Bq, 1Dq
	Mdh-2a	3Aq, 3Bq, 3Dq
	Mdh-2b	
过氧化物酶	Perl	2Ap, 2Bp, 2Dp
	Per1-4	7Dp
	Per2	4Bp
	Per3	7Ap
	Per1-1	1Bp, 1Dp
	Per (E+S)	3B, 3D
异柠檬酸脱氢酶	Idh-2	2A, 2B, 2D
超氧物歧化物	Sod-b	2A, 2B, 2D
天冬氨酸转氨酶	Aat-2	6Aq, 6Bq, 6Dq
	Aat-3	3Aq, 3Bq, 3Dq
乌头酸水合酶	Aco-1	6A, 6B, 6D
葡糖-6-磷酸脱氢酶	G-6-Pd-2	2A, 2B, 2D

表 1.3　大豆同工酶和蛋白质标记（Shoemaker and Olson，1993）

同工酶或蛋白质	基因（括号内数字代表所在连锁群）
酸性磷酸酶	Ap-a, Ap-b, Ap-c（9）
乙醇脱氢酶	Adh1, adh1（8）; Adh2, adh2
α-淀粉酶	Amy1, amy1; Amy2, amy2
β-淀粉酶	Sp1-a, Sp1-b, Sp1-an, sp1（1）
β-伴大豆球蛋白 α 亚基	Cgy1, cgy1
硫辛酰胺脱氢酶	Dia1-a, Dia1-b; Dia2-a, Dia2-b Dia3, dia3
过氧化物酶活性	Ep, ep（12）
脲酶	Eu1-a, Eu1-b
磷酸葡萄糖脱氢酶	Gpd, gpd
大豆球蛋白 A5A4B3 亚基	Gy4, gy4
异柠檬酸脱氢酶	Idh1-a, Idh1-b（11）; Idh2-a, Idh2-b（17）; Idh3-a, Idh3-b
亮氨酸氨肽酶	Lap1-a, Lap1-b（9）Lap2, lap2
种子植物凝血素	Le, le
脂肪氧合酶-1	Lx1, lx1
脂肪氧合酶-2	Lx2, lx2
脂肪氧合酶-3	Lx3, lx3
磷酸甘露醇异构酶	Mpi-a, Mpi-b, Mpi-c
磷酸葡萄糖脱氢酶	Pgd1-a, Pgd1-b, Pgd1-c, pgd1（16）; Pgd2-a, Pgd2-b
磷酸葡萄糖异构酶	Pgi-a, Pgi-b（16）
磷酸葡萄糖变位酶	Pgm1-a, Pgm1-b; Pgm2-a, Pgm2-b
超氧化物歧化酶	Sod, sod
Kunitz 胰蛋白酶抑制剂	Ti-a, Ti-b, Ti-c, ti（9）

1.2.4　分子标记

用传统的方法进行品种选育，育种周期长，进展慢，对于一个优良品种的培育往往需要花费 7~8 年，甚至十几年时间。可见，如何提高选择效率是育种工作的关键。随着植物分子生物学技术的发展和应用而诞生的分子标记辅助选择育种可有效解决这一问题。

分子标记的概念有广义和狭义之分。广义的分子标记（Molecular Marker）是指可遗传并可检测的 DNA 序列或蛋白质。蛋白质标记包括种子贮藏蛋白和同工酶（指由一个以上基因位点编码的酶的不同分子形式）及等位酶（指由同一基因位点的不同等位基因编码的酶的不同分子形式）。狭义的分子标记只是指 DNA 标记，这一定义目前被广泛接受。

利用分子标记技术进行科学研究时，科研工作者首先要根据自己所要解决的问题和所要研究的生物类群的遗传背景选择理想的分子标记。严格地说，理想的分子标记必须达到以下几个要求：

（1）具有高的多态性。

（2）共显性遗传，即利用分子标记可鉴别二倍体中杂合基因型和纯合基因型。

（3）能够明确辨别等位基因。

（4）分布于整个基因组中。

（5）除特殊位点的标记外，要求分子标记均匀分布于整个基因组。

（6）选择中性，即无基因多效性。

（7）检测手段简单、快速，如实验程序易自动化。

（8）开发成本和使用成本尽量低廉。

（9）在实验室内和实验室间重复性好，便于数据交换。

然而，目前发现的任何一种分子标记均不能满足以上所有要求。

尽管 DNA 分子标记无法完全满足上述 9 项理想要求，但是与形态标记、细胞学标记和生化标记相比，它具有许多明显的优越性，具体表现如下：

（1）准确性高，不受组织器官、个体发育时期状况、环境条件等因素的干扰。

（2）检测定位多，几乎遍及整个基因组。

（3）共显性好，有些共显性分子标记可有效地鉴别出二倍体中的纯合基因型和杂合基因型。

（4）多态性高，无需专门创造特殊的遗传材料，自然就存在着许多等位变异。

（5）表现为中性，即无基因多效性，与不良性状没有必然的连锁遗传，也不影响目标性状的正常表达。

（6）遗传稳定，可靠性强，检测速度快，操作简单。

DNA 分子标记的所有这些特性为它的广泛应用性的奠定了基础。除了利用 DNA 标记构建遗传图谱外，这类标记在植物育种中还有许多应用，如检测种质或品种内的遗传多样性水平等。

DNA 标记可以通过电泳以及化学试剂（EB 或银染）染色，或利用放射线或比色探针的检测揭示遗传差异。DNA 标记如能揭示相同或不同物种个体间的差异则更为有用，这些标记称为多态性标记（Polymorphic Marker），而不能区别基因型间差异的称为单型标记（Monomorphic Marker）。如图 1.2 所示为基因型 ABC 和 D 间的 DNA 标记图示。多态性标记又可根据其能否区别纯合和杂合而分为共显性或显性标记（见图 1.3），共显性标记显示其片段大小的差异，而显性标记则为是否存在。严格地讲，一个 DNA 标记的不同形式（如胶上不同大小的带）称为标记等位基因。共显性标记可有许多不同的等位基因，而显性标记仅有 2 个等位基因。

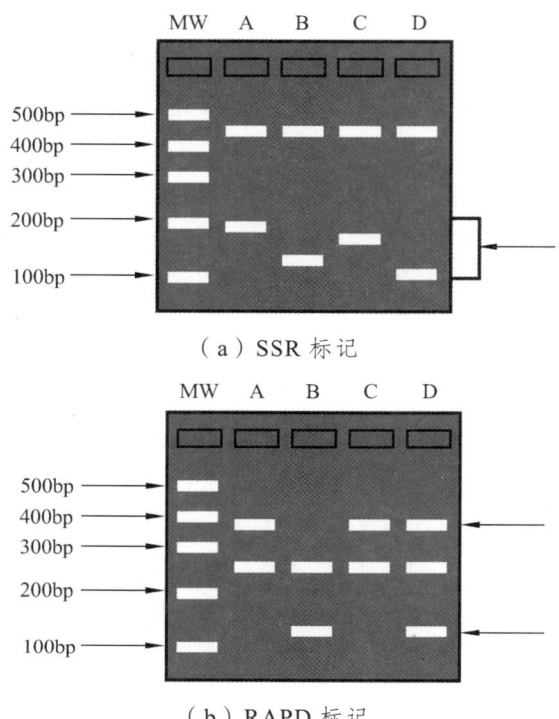

注：箭头所指为多性标记，不能区别基因型的称为单型标记。图（a）表示 SSR 标记，多态性标记揭示了 4 个基因型标记等位基因的大小差异，代表一个单一的遗传位点；图（b）RAPD 标记，这些标记的带型呈现有或无，其大小以核碱基对表示并依据特定 DNA 分子量梯度进行估计。

图 1.2　基因型 ABC 和 D 间的 DNA 标记图示（Collard 等，2005）

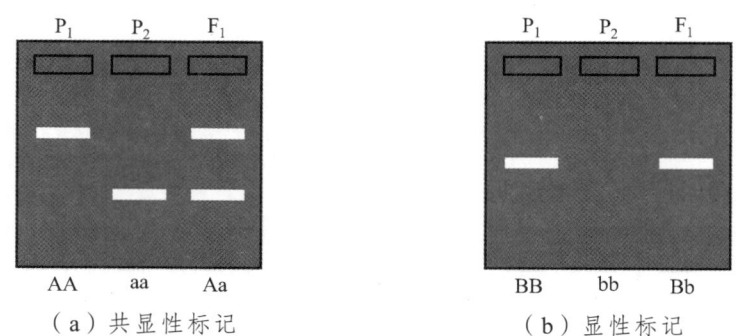

注：共显性标记可明确地区别纯合体和杂合体，而显性标记则不能。

图 1.3　共显性标记和显性标记的比较（Collard 等，2005）

DNA 标记由于其丰富性而得到广泛的使用，它们来自不同类型的 DNA 突变，如置换突变（点突变）重排（插入或缺失）或串联复 DNA 在复制中的错配。这些标记是中性的，因为它们常常位于 DNA 的非编码区内。与形态和生化标记不同的是 DNA 标记在数量上是无限的，不受环境因素以及植物发育阶段的影响。如图 1.4 所示展示了几个主要分子标记的分子机制和基于限制性位点或 PCR 扩增位点的突变、插入、缺失或通过改变限制性位点或 PCR 扩增位点之间的重复单元数或通过核苷酸突变产生单核苷酸多态性（SNP）的遗传多态性。除了利用 DNA 标记构建传图谱外，这类标记在植物育种中还有许多应用，如检测种质或品种内的遗传多样性水平。按技术特性，分子标记可分为 3 大类：

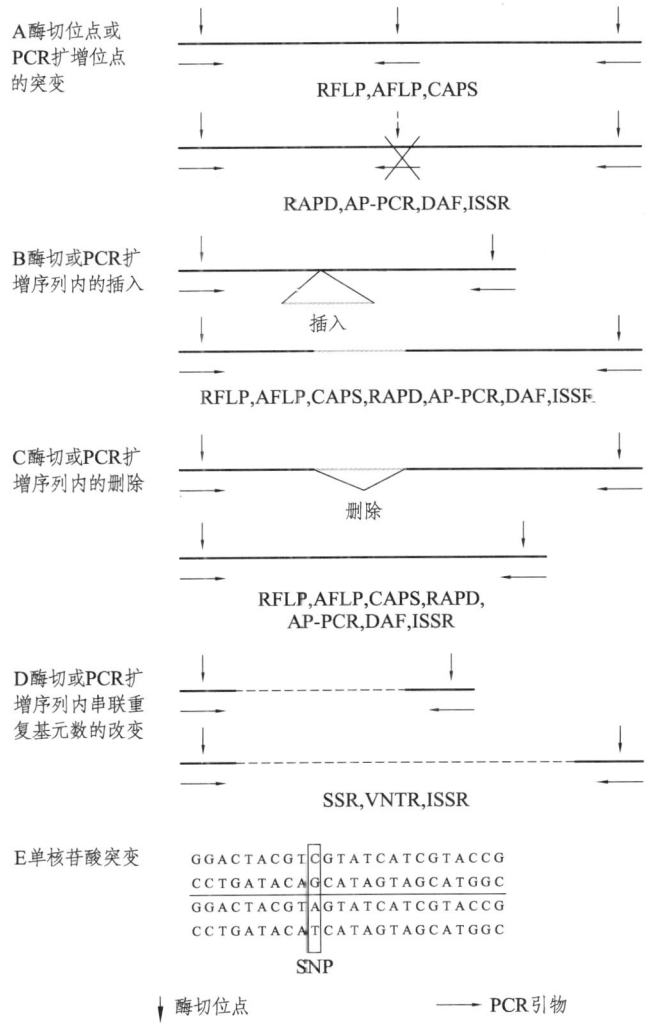

注：A～E 显示了几种 DNA 标记突变产生的不同方式（在每个图下部列出）。

图 1.4　主要 DNA 标记的分子基础（徐云碧，2014）

第 1 类是以分子杂交为基础的 DNA 标记技术，主要有限制性片段长度多态性（Restriction Fragment Length Polymorphism，RFLP）标记。

第 2 类是以聚合酶链式反应（Polymerase Chain Reaction，PCR）为基础的各种 DNA 指纹技术。这是目前普遍使用的一类分子标记，也是与分子标记辅助选择育种结合最紧密的分子标记。PCR 是 Mullis 等（1985）首创的在模板 DNA、引物和 4 种脱氧核糖核苷酸存在的条件下，利用依赖于 DNA 聚合酶的体外酶促反应，合成特异 DNA 片段的一种方法。PCR 技术的特异性取决于引物与模板 DNA 的特异结合。PCR 反应分变性（denaturation）、复性（annealing）和延伸（extension）3 步。变性指的是通过加热使 DNA 双螺旋的氢键断裂，双链解离形成单链 DNA 的过程；复性（又称退火）是指当温度降低时，单链 DNA 回复形成双链的过程，由于模板分子结构较引物要复杂的多，而且反应体系中引物 DNA 浓度大大高于模板 DNA 浓度，容易使引物和其互补的模板在局部形成杂交链；延伸是指在 DNA 聚合酶和 4 种脱氧核糖核苷三磷酸底物及 Mg^{2+} 存在的条件下，在聚合酶催化下进行以引物为起始点的 5'~3' 的 DNA 链延伸。以上 3 步为一个循环，每一循环的产物可以作为下一个循环的模板，经 25~30 个循环后，介于 2 个引物之间的特异 DNA 片段得到大量的复制，数量可达 $2×10^6$~$2×10^7$ 拷贝。按照 PCR 所需引物类型又可分为：

（1）单引物 PCR 标记，其多态性来源于单个随机引物作用下扩增产物长度或序列的变异，包括随机扩增多态性 DNA（Random Amplification Polymorphism DNA，RAPD）标记、简单重复序列中间区域（Inler-Simple Sequence Repeat，ISSR）标记等技术。

（2）双引物选择性扩增的 PCR 标记，主要通过引物 3'端碱基的变化获得多态性，这种标记主要指扩增片段长度多态性标记（Amplified Fragment Length Polymorphism，AFLP）。

（3）需要通过克隆，测序来构建特殊双引物的 PCR 标记如简单序列重复（Simple Sequence Repeat，SSR）标记、序列特征化扩增区域（Sequence Characterized Amplified Region，SCAR）技术和序标位（Sequence-Tagged Site，STS）等。

第 3 类是随着技术的发展新开发的一些分子标记，如单核苷酸多态性（Single Nucleo Tide Polymorphism，SNP）、扩增序列酶切多态性（Cleaved Amplified Polymorphic Sequence，CAPS）等。SNP 是由基因组核苷酸水平上的变异引起的 DNA 序列多态性，包括单碱基的转换、颠换以及单碱基的插入、缺失等。

第 2 章

DNA 标记的类型与原理

随着分子生物学技术的发展，DNA 分子标记技术已有数十种，主要包括基于分子杂交的分子标记、基于 PCR 技术的分子标记、基于限制酶切和 PCR 技术的 DNA 标记，以及基于 DNA 芯片技术的分子标记。

2.1 RFLP 标记技术

1980 年，Botstein 首先提出用限制性内切酶片段长度多态性（Restriction Fragment Length Polymorphism，RFLP）作为标记构建遗传连锁图谱的设想，并在 1987 年由 Donis-Keller 等建成了第一张人的 RFLP 图谱（Donis-Keller 等，1987）。RFLP 是指用限制性内切酶切不同个体基因组 DNA 后，含同源序列的酶切片段在长度上的差异。这些差异的显示和检测是通过使用克隆的 DNA 片段作为同源序列探针（即 RFLP 标记）进行分子杂交，再采用放射自显影（或非同位素技术）来实现的。

RFLP（Restriction Fragment Length Polymorphism）作为第一代分子生物学标记技术，自问世以来，已广泛运用于多个生物学科研究领域中，但它运用于植物抗性研究还只是近几年的事。RFLP 能对植物的抗性基因进行定位和分离，利用 RFLP 技术，对于核基因组或叶绿体基因组、尤其是后者，若能提取纯净 DNA，则可直接从酶切后的电泳图谱看出其多态性，利用这一方法可以测定种群内、种群间不同水平的物种在污染环境下抗性分化进化水平上的差异。RFLP 技术不仅可以用于基因型分型研究，同样也适用于在不同环境中微生物多样性的研究。

2.1.1 RFLP 标记的原理

植物基因组 DNA 上的碱基替换、插入、缺失或重复等，造成某种限制性内切酶（Restriction Enzyme，RE）酶切位点的增加或丧失是产生限制性片段长度多态性的基本原理，如图 2.1 所示为 RFLP 形成的分子基础示意图。对每一个 DNA/RE 组合而言，所产生的片段是特异性的，它可作为某一 DNA 所特有的"指纹"。

限制性内切酶是一种可以识别特定 DNA 碱基的核苷酸序列，并在每条链中特定部位的两个核苷酸之间的磷酸二酯键进行切割的一类酶。这些特定碱基组成的 DNA 序列是相应内切酶的识别位点或限制性位点，其长度一般在 4~8 对碱基。如 *Kpn* I 的限制性位点是（箭头表示被切开的位置）：

5' G　GTAC↓C 3'

3' C ↑CATG　G 5'

DNA 上通常存在大量的限制性内切酶位点。因此，限制性内切酶能将长链的 DNA 分子酶解成许多长短不一的小片段，这些片段的数目和长度可以反映 DNA 分子上限制性酶切位点的分布。如果某一个限制性位点发生了突变，这个限制性内切酶将不能识别这个位点，不再进行酶切反应，产生片段的大小将由其邻近的限制性酶切位点决定。特定的 DNA/限制性内切酶组合所产生的片段是特异的，它能作为某一 DNA（或含有该 DNA 的生物）的特有"指纹"，这种"指纹"在 DNA 分子水平上直接反映了生物的遗传多态性。

某一生物基因组 DNA 经限制性内切酶消化后，能产生数百万条 DNA 片段，通过琼脂糖电泳可将这些片段按分子大小顺序分离，然后将它们按原来的顺序和位置转移至易于操作的尼龙膜或硝酸纤维素膜上，用放射性同位素或非放射性物质（如生物素、地高辛等）标记的 DNA 作为探针，与膜上的 DNA 进行杂交（即 Southern 杂交），若某一位置上的 DNA 酶切片段与探针序列相似，或者说同源程度较高，则标记好的探针就结合在这个位置上。放射自显影或酶学检测后，即可显示出不同材料对该探针的限制性片段多态性情况。

对于线粒体和叶绿体等相对较小的 DNA 分子，通过合适的限制性内切酶酶切，电泳分析后有可能直接检测出 DNA 片段的差异，就不需 Southern 杂交。

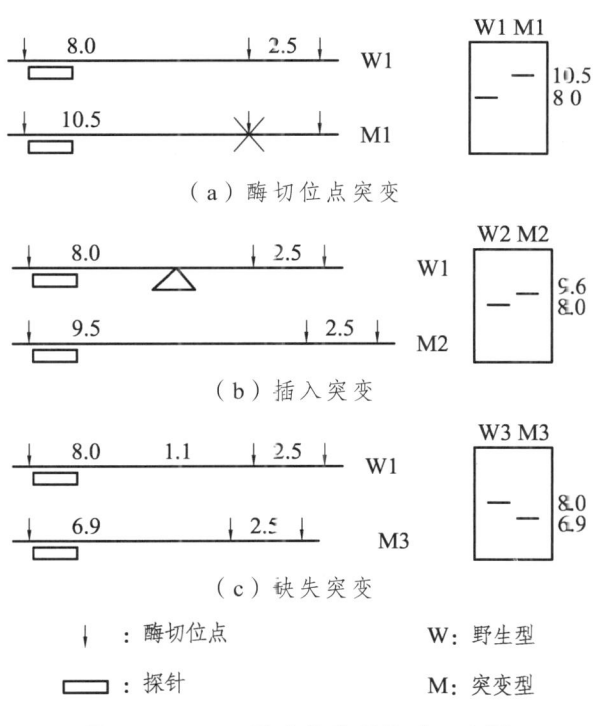

图 2.1　RFLP 形成的分子基础示意图

RFLP 分析的探针，必须是单拷贝或寡拷贝的，否则，杂交结果不能显示清晰可辨的带型，表现为弥散状，不易进行观察分析。常用的 RFLP 探针有 cDNA 克隆和随机的基因组克隆（Random Genome clone，简称 RG 克隆）。

RG 克隆：涉及从整个基因组中随机选取 DNA 片段进行克隆，用于构建基因组文库，进而用于基因鉴定、基因表达分析和遗传多样性研究。与通常的基因组文库相比，这类文库的构建比较简单，不要求分离基因所必需的对基因组的高度覆盖率。但为了获得尽可能多的 RFLP 标记，用于 RFLP 分析的基因组文库应尽可能多地富集单拷贝序列，为此，可用甲基化敏感型的限制性内切酶（如 *Pst* I）切割基因组 DNA，获得长度为 1~2 kb 的片段，再与质粒 DNA 连接、转化、建库。由于甲基化一般不发生在表达的基因组 DNA 中，因而所获得的可克隆片段大多来自单拷贝的结构基因区。通常，文库中的每一个单拷贝序列的克隆均可用于 RFLP 分析，但只有在亲本间显示多态性的克隆，才能作为分子标记。

cDNA 克隆：指通过反转录（reverse transcription）将信使 RNA（mRNA）转录成互补 DNA（cDNA）的过程，然后这些 cDNA 可以被克隆到载体中，形成 cDNA 克隆库。一般来讲，用于 RFLP 分析的 cDNA 文库没有特殊的要求，但为了获得基因组表达广泛基因的代表性，不宜采用高度专化的组织器官制备 cDNA 文库。可分别制备不同组织器官的 cDNA 文库，以扩大 cDNA 序列在基因组中的代表性。由于 cDNA 克隆都是结构基因，因此绝大部分的克隆都是单拷贝的。虽然 cDNA 序列本身有相当大的保守性，但由于与 cDNA 序列相应的基因内部的内含子序列和基因 5' 和 3' 端非编码区序列的变异性，因而用 cDNA 作 RFLP 分析有可能揭示更大的多态性。

2.1.2 RFLP 标记的特点

根据 RFLP 产生的原因，可将 RFLP 分为 3 种类型：

（1）单碱基突变型：由于在限制性内切酶识别位点上发生了单个碱基替换，从而使这一限制性位点丢失或获得所产生的多态性，也称为点突变多态性。

（2）结构重排型：由 DNA 序列发生突变（包括缺失、重复、易位和插入等，其中有些突变与转座子有关）和近年发现的高变区（Hyper-variable region，HVR，又称互补决定区 complementarity determining region，CDR）所引起，其特征是限制性内切酶识别位点本身的碱基未发生改变，改变的是它的相对位置。

（3）甲基化类型发生改变：如 Muller（1990）发现水稻再生植株中的一些（RFLP）

即由限制性位点的碱基甲基化类型发生改变所造成。

RFLP 标记有很多优点，介绍如下：

（1）较高的可靠性，这是由限制性内切酶识别序列的专一性决定的。

（2）来源于自然变异，依据 DNA 上丰富的碱基变异不需任何诱变剂处理。

（3）多样性，通过酶切反应来反映 DNA 水平上所有差异，因而在数量上无任何限制。

（4）共显性，指 RFLP 能够区别杂合体与纯合体。

除此之外，RFLP 标记的缺点是对样品纯度要求较高，样品用量大，且 RFLP 多态信息含量低，多态性水平过分依赖于限制性内切酶的种类和数量，加之 RFLP 分析技术步骤繁琐、工作量大、成本较高，所以其应用受到了极大的限制。

对比较作图和共线性作图来说，RFLP 标记是一个强有力的工具。然而，由于 RFLP 分析要求大量的高质量的 DNA 和具有较低通量的基因型分析能力，很难实现自动化。大部分的基因型分析涉及放射性方法的使用，使得这种标记局限在特定的实验室。RFLP 探针必须低温保存，因此，很难在不同的实验室之间共享。另外，RFLP 标记的多态性水平是相对较低的，如何挑选具有多态性的亲本材料是构建 RFLP 图谱的限制性因素。

 2.1.3 RFLP 标记的操作步骤

（1）DNA 提取：从生物体中提取高质量的 DNA。这一步骤通常涉及细胞破碎、DNA 释放和纯化。

（2）DNA 酶切：使用特定的限制性内切酶对 DNA 进行切割。这些酶能够识别并在特定的碱基序列处切断 DNA 分子。

（3）电泳分离：将酶切后的 DNA 片段通过琼脂糖凝胶电泳进行分离。DNA 片段会根据其大小在电场中移动，形成不同的条带。

（4）转膜：将凝胶中的 DNA 片段转移到膜上，常用的膜有硝酸纤维素膜或尼龙膜。

（5）探针标记：选择合适的探针，通常是一段与目标 DNA 序列互补的 DNA 片段。探针可以通过放射性同位素、荧光染料或其他标记方法进行标记。

（6）杂交：将标记好的探针与膜上的 DNA 片段进行杂交。在适当的条件下，探针会与互补的 DNA 序列结合。

（7）检测：通过放射性自显影、荧光检测或其他相应的检测方法，观察杂交后

的膜上是否出现特定的信号。

（8）数据分析：对检测结果进行分析，确定 DNA 片段的长度和多态性。

2.2 AFLP 标记技术

扩增片段长度多态性（Amplified fragment length polymorphism，AFLP）标记技术是荷兰 Keygene 公司科学家 Zabeau 和 Vos 在 1993 年创造发明的一种检测 DNA 多态性的分子标记技术。该技术是建立在 PCR 技术和 RFLP 标记技术的基础上，通过限制性内切酶片段的不同长度检测 DNA 多态性的一种 DNA 指纹技术，也是基于基因组限制性内切酶酶切片段上的 PCR 扩增技术，所以又称为基于 PCR 的 RFLP。由于 AFLP 标记是通过选用不同的内切酶实现选择扩增的目的。AFLP 标记又被称作选择性片段扩增（Selective Restriction Fragment Amplification，SRFA）。AFLP 标记呈典型的孟德尔遗传，检测到的 DNA 多态性高，在变性聚丙烯酰胺凝胶电泳上可检测到 2 bp 的扩增产物的差异。

2.2.1 AFLP 标记的原理

AFLP 也是通过限制性内切酶片段的不同长度检测 DNA 多态性的一种 DNA 分子标记技术，其原理见图 2.2。由于不同物种的基因组 DNA 大小不同，基因组 DNA 经限制性内切酶酶切后，产生分子量大小不同的限制性片段。使用特定的双链接头与酶切 DNA 片段连接作为扩增反应的模板，用含有选择性碱基的引物对模板 DNA 进行扩增，选择性碱基的种类、数目和顺序决定了扩增片段的特殊性，只有那些限制性位点侧翼的核苷酸与引物的选择性碱基相匹配的限制性片段才可被扩增。扩增产物经放射性同位素标记、聚丙烯酰胺凝胶电泳分离，然后根据凝胶上 DNA 指纹的有无来检验多态性。Vos 等（1995）曾对 AFLP 的反应原理进行了验证，结果检测到的酶切片段数与预测到的酶切片段数完全一致，充分证明了 AFLP 技术原理的可靠性。

进行 AFLP 分析时，一般应用两种限制性内切酶在适宜的缓冲系统中对基因组 DNA 进行酶切，一种为识别位点由 4 个碱基组成的低频切割酶（Rare Cutter）；另一种为识别位点由 6 个碱基组成的高频剪切酶（Frequent Cutter）。双酶切产生的 DNA 片段长度一般小于 500 bp，在 AFLP 反应中可被优先扩增，扩增产物可被很好地分离，因此一般多采用稀有切点限制性内切酶与多切点限制性内切酶相搭配使用的双酶切。常用的两种酶是低频剪切酶 *Mse* I 和高频剪切酶 *Eco*R I。

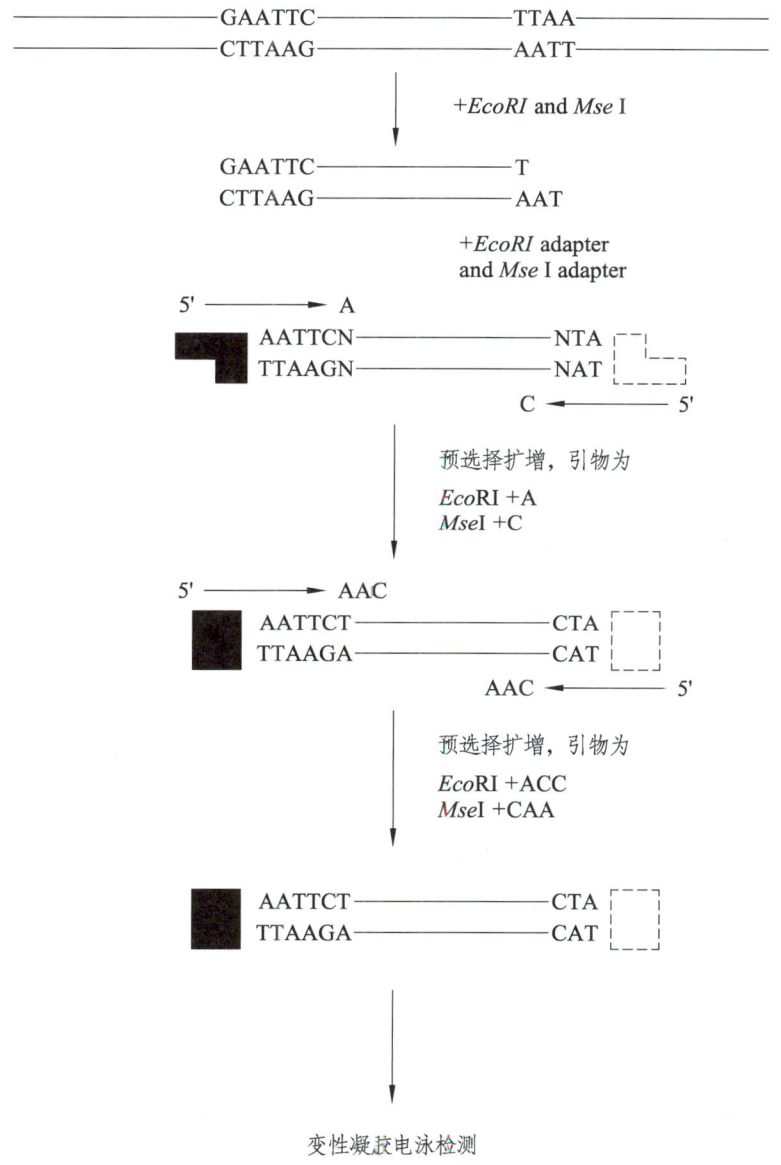

图 2.2 AFLP 形成的分子基础示意图

AFLP 接头和引物都是由人工合成的双链核苷酸序列。接头（Artificial Adapter）一般长 14~18 个碱基对，由一个核心序列（Core Sequence）和一个酶专化序列（Enzyme-specific Sequence）组成。常用的多为 *Eco*R I 和 *Mse* I 接头，接头和与接头相邻的酶切片段的碱基序列是引物的结合位点。AFLP 引物包括 3 部分：5′端的与人工接头序列互补的核心序列（Core Sequence，CORE），限制性内切酶特定序列（Enzyme-specific Sequence，ENZ）和 3'端的带有选择性碱基的粘性末段。

2.2.2 AFLP 标记的特点

（1）AFLP 技术结合了 RFLP 定性和 PCR 技术高效性的优点，不需要预先知道 DNA 序列的信息，因而可以用于任何动、植物的基因组研究。

（2）分析所需 DNA 量少，仅需 100～500 ng，也可以用线粒体 DNA。从线粒体中得到 RFLP 研究所需的几十到上百微克的 DNA 是很困难的。Roseudahl 和 Taylor（1997）成功地从一种菌根真菌（Mycorrhizal Fungi）的单个孢子中得到 AFLP 标记，而每个单孢子仅产生约 0.1～0.5 μg 的 DNA。另外，AFLP 反应对模板浓度的变化不敏感，DNA 浓度在 1 000 倍的范围内变化时对反应的影响都不太大，所产生的指纹图谱十分相似。

（3）可重复性好。AFLP 分析基于电泳条带的有或无，高质量的 DNA 和过量的酶可以克服因 DNA 酶切不完全而产生的失真，PCR 中较高的退火温度和较长的引物可将扩增中的错误减少到最低限度，因而 AFLP 分析具有很强的可重复性。Jones 等（1997）在欧洲 8 个实验室使用共同的样本，进行严格的实验，将得到的 DNA 图谱进行比较，172 条谱带中仅一条出错，误差小于 0.6%。

（4）多态性强。AFLP 分析可以通过改变限制性内切酶和选择性碱基的种类与数目，来调节扩增的条带数，具有较强的多态分辨能力。设计不同的人工接头就会相应地产生不同的 AFLP 引物，引物 3'端的选择性碱基数目可选，并且碱基的组成也是多种多样的。由于 AFLP 引物设计的巧妙与搭配的灵活，使得 AFLP 能产生的标记数目是无限的。迄今为止，每个 AFLP 反应能检出多态片段之多，信息量之大，效率之高是其他任何一种分子标记所无法比拟的。

（5）分辨率高。AFLP 扩增片段短，适合于变性序列凝胶上电泳分离，因此片段多态性检出率高，而 RFLP 片段相对较大，内部多态性往往被掩盖。

（6）不需要 Southern 杂交。无放射性危害，且不需要预先知道被分析基因组 DNA 的序列信息，是一种半随机的 PCR 扩增。

（7）样品适用性广。AFLP 技术适用于任何来源和各种复杂度的 DNA，如基因组 DNA、cDNA、质粒、某一个基因或基因片段，且不需要预知这些 DNA 的序列特征。用同样一套限制酶、接头和引物，可对各种生物的 DNA 进行分子遗传标记研究。

（8）稳定的遗传性。AFLP 标记在后代中的遗传和分离中符合 Mendel 式遗传规律，种群中的 AFLP 标记位点遵循 Hardy-Weinberg 平衡规律。

总之，在技术特点上，AFLP 实际上是 RAPD 和 RFLP 相结合的一种产物。它既克服了 RFLP 技术复杂、有放射性危害和 RAPD 稳定性差，标记呈现隐性遗传的缺点；同时又兼有二者之长。多年来，人们不断将这一技术完善、发展，使得 AFLP 迅速成为较有效的分子标记之一。但由于该技术受专利保护，同时对 DNA 纯度及内切酶质量要求也比较高，步骤繁琐、成本高、操作技术难度大等，对该技术的大规模应用有一定限制。

2.2.3　AFLP 标记的操作步骤

（1）DNA 提取及纯化。植物材料的基因组 DNA 的提取及纯化可以采用经典的 CTAB 法或商品化试剂盒。

（2）限制性酶切及连接。纯化后的基因组 DNA 稀释后加入 Mse I 和 $EcoR$ I 限制性内切酶和连接酶，过夜反应后，灭活后，作为预扩增模板。

（3）预扩增。取酶切连接产物作为模板，加入 PCR 反应体系所需试剂，进行预扩增，扩增产物进行琼脂糖电泳检测合格后，稀释用作选择性扩增模板。

（4）选择性 PCR 扩增。取稀释后预扩增模板，$EcoR$ I 和 Mse I 选择性引物以及 PCR 体系所需试剂进行 PCR 扩增，琼脂糖电泳检测扩增产物合格后备用。

（5）PAGE 电泳。配置 6%变性聚丙烯酰胺胶，取选择后的扩增产物在合适的电压、时间下进行电泳，待二甲苯青泳动至玻璃板 2/3 处，结束电泳。

（6）银染。将粘有凝胶的玻璃板置入用于银染的塑料盘中，经固定、染色、显色等流程完成银染后观察结果。

2.3　RAPD 标记技术

在 PCR 技术的基础上，Williams 和 Welsh 各自独立提出的一种以 PCR 为基础的 DNA 多态性检测技术，该技术采用随机核苷酸序列为引物扩增基因组 DNA 的随机片段，获得了一种新的分子标记，即随机扩增多态性 DNA（Random Amplified Polymorphismic DNA），简称 RAPD。所用的引物长度通常为 9~10 个碱基，大约只有常规 PCR 引物长度的一半。使用短的 PCR 引物是为了提高揭示 DNA 多态性的能力。

 2.3.1　RAPD 标记的原理

　　RAPD 是一种特殊形式的 AFLP，它与一般 AFLP 的最大区别在于用于扩增多态性 DNA 的引物不是专一的而是随机的。所谓的 RAPD 标记实际上是用随机序列组成的寡核苷酸通过专门的 PCR 反应扩增获得的长度不同的多态性 DNA 片段。通常 PCR 反应所用的引物都是特异序列，扩增出的 DNA 片段也是特异的，引物的长度一般在 20 个核苷酸左右。而 RAPD 反应则是一种随机的扩增反应，不仅引物的序列短而且核苷酸的组成和排列是随机的，在 PCR 反应中与基因组的配对位置取决于随机吻合的程度，退火是在非严峻的条件（较低温度）下进行的。RAPD 技术可以通过分析基因组 DNA 的 PCR 扩增多态性来寻找基因组中未知的多态性座位，诊断生物体内在基因排布与外在性状表现的规律。

　　RAPD 的原理是用一个较短的引物，通常是 10 核苷酸的随机序列，扩增所研究材料的基因组 DNA。引物序列与复杂模板 DNA 上的互补序列（或者包括少量的错配碱基）结合扩增片段，这就意味着 PCR 扩增的片段取决于引物和目标基因组的长度和大小。通常使用不同 GC 含量的 10 碱基寡核苷酸引物（GC 含量为 40%～100%）。如果在一个模板 DNA（至少 3 000 bp）上有两个相似的与引物结合的位点，且方向相反，则能与引物很好结合，PCR 扩增就能顺利进行。扩增的产物（最高可达 3 000 bp）通常用琼脂糖凝胶电泳分离（也可用 PAGE），用溴化乙锭 EB 染色或放射性自显影来检测所获得的长度不同的多态性 DNA 片段。用含有 10 个寡核苷酸的引物，通常可以扩增几个片段长度不同的产物，这被认为源于不同的遗传位点。多态性来源于引物结合位点或位点之间的序列的突变或重排，用琼脂糖凝胶电泳分离后显示为有或无 RAPD 谱带。RAPD 大部分是显性标记，但借助详尽的系谱信息有时也可以鉴定同源等位基因组合。由于短的随机单引物，低的退火温度，一方面保证了核苷酸引物与模板的稳定配对，另一方面因引物中碱基的随机排列而又允许适当的错配，从而扩大了引物在基因组 DNA 中配对的随机性，提高了基因组 DNA 分析的效率。

　　RAPD 引物序列是随机的，因此可以在对被检对象无任何分子生物学资料的情况下分析其基因组。单引物扩增是通过一个引物在两条 DNA 互补链上的随机配对来实现的，由于基因组 DNA 分子内可能存在或长或短的被间隔开的颠倒重复序列，那么在两条单链上就各有一个引物结合部位，构成单引物 PCR 扩增的模板分子。如果引物的序列很短，退火温度又很低，引物与 DNA 模板颠倒重复序列结合的机会就会增多，产生若干单引物 PCR 扩增产物，形成该引物的特异图谱。不同 DNA 分子中

的这种颠倒重复序列数目和间隔长短的不同，扩增的条带就不同，即出现多态性。如图 2.3 所示为用 PCR 对多态性 DNA 片段的随机扩增示意图。

图 2.3　用 PCR 对多态性 DNA 片段的随机扩增

2.3.2　RAPD 标记的特点

如果基因组在特定引物结合区域发生 DNA 片段插入、缺失或碱基突变，就可能导致特定引物结合位点分布发生相应变化，导致 PCR 产物增加、减少或相对分子质量的变化。若 PCR 产物增加或减少，则产生显性的 RAPD 标记；若 PCR 产物发生相对分子质量变化则产生共显性的 RAPD 标记，通过电泳分析即可检测出基因组 DNA 在这些区域的多态性。RAPD 标记一般表现为显性遗传，极少数表现为共显性遗传。RAPD 引物的长度一般为 10 bp，人工合成成本低，一套引物可用于不同作物，建立过个不同作物标准指纹图谱。由于进行 RAPD 分析时所用引物数目很大并且引物序列的碱基呈随机排列，因此，可检测的区域几乎覆盖整个基因组。

RAPD 标记有许多优点：

（1）RAPD 引物设计既不需要 DNA 探针，也不需要序列的信息。

（2）RAPD 扩增程序不涉及 DNA 杂交及其相关步骤，该技术快捷、简单和高效。

（3）RAPD 标记技术只需要少量的 DNA（大约每个反应需要 10 ng 模板 DNA），并且整个程序可以自动化，与 RFLP 标记相比，RAPD 能检测到更高的多态性。

（4）标记的开发没有特定要求，对初步研究的任何生物都适用。

（5）标记具有通用性，一组引物可以适用于任何物种。另外，RAPD 扩增的产物可以克隆、测序，转化为其他类型的标记，像序列标签位点（STS）、序列特异扩增区域（SCAR）标记等。

由于使用 PCR 扩增仪，操作自动化程度高，分析量大，且免去了 RFLP 中的探针制备、同位素标记、Southern 印迹等步骤，分析速度很快。RAPD 分析所需 DNA 样品量少（一般 10 ng 左右），对 DNA 质量要求较 RFLP 低。同时，RAPD 标记还可转化为 RFLP 探针，SCAR 以及 STS 等表现为共显性和显性的分子标记。RAPD 可以方便地用于种质资源指纹档案建立、种内遗传多样性分析和品种纯度鉴定。

RAPD 最大缺点是重复性较差。RAPD 标记的实验条件摸索和引物的选择是十分关键而艰巨的工作。为此研究人员应对不同物种做大量的探索工作，以确定每一物种的最佳反应程序包括模板 DNA、引物和 Mg^{2+} 浓度等。只要实验条件标准化，就可以提高 RAPD 标记的再现性。此外，该技术用于二倍体生物时，区别杂合子和纯合子的统计分析会有难度，目前这类标记已很少采用。

2.3.3 RAPD 标记的操作步骤

（1）DNA 提取。植物材料的基因组 DNA 的提取可以采用经典的 CTAB 法或商品化试剂盒，由于该方法对 DNA 纯度和浓度的要求较低，粗提的 DNA 可以满足下一步 PCR 扩增需求。

（2）PCR 扩增。RAPD 一般情况下的总体循环数稍大于一般 PCR 扩增（可进行 50 次或 100 次 PCR 反应），根据实验目的配置不同的反应体系，如群体材料若仅考察基因型的表现可以采用 10 μl 的反应体系。PCR 反应程序可根据参试材料的基因组 DNA、引物的长度等因素综合考虑设置。

（3）PCR 扩增产物电泳检测。RAPD 的 PCR 扩增产物可采用琼脂糖凝胶电泳或聚丙烯酰胺凝胶电泳进行检测。

（4）结果读取与数据分析。记录电泳检测条带的基因型表现，根据实验目的采用 SPSS、Joinmap、DPS 等软件进行数据分析。

2.4　SSR 标记技术

在真核生物基因组中，重复序列一般占 50%以上。按照重复序列在染色体上的分布方式，分为散布重复序列和串联重复序列两种类型。1987 年，Nakamura 发现生物基因组内有一种短的重复次数不同的核心序列，这些序列在生物体内多态性水平极高，一般称为可变数目串联重复序列（Variable Number Tandem Repeat，VNTR）。VNTR 序列可分为卫星 DNA（satellite，基序长 100~300 bp，甚至长 1 000~100 000 bp，一般分布在染色体的异染色质区）、小卫星 DNA（minisatellite，基序长 10~60 bp，主要存在于染色体近端粒处）和微卫星 DNA（microsatellite）和中卫星 DNA（midisatellite，由大小不同的串联重复组成）。微卫星 DNA 具有许多功能，如重组热点、对基因的调节和表达调控及性别决定等。

2.4.1 SSR 标记的原理

微卫星标记，即 SSR（Simple Sequence Repeats）标记，是一类由 1~6 个碱基组成的基序（motif）串联重复而成的 DNA 序列，其长度一般较短，广泛分布于基因组的不同位置，如 $(CA)_n$、$(AT)_n$、$(GGC)_n$ 和 $(GATA)_n$ 等重复（其中 n 代表重复次数，其大小在 10~60，因而重复长度具有高度变异性），而且分布比较均匀，平均每 10 kb 的 DNA 序列中就会出现一个微卫星序列高度变异（SSR 长度突变频率在每一世代每个位点大概是 10^{-7}~10^{-3}）。部区基序中最常见的是 $(CA)_n$ 和 $(TG)_n$。在植物核基因组中 $(AT)_n$ 最多。同一类微卫星 DNA 可分布在基因组的不同位置上，长度一般在 200 bp 以下。由于重复次数不同，造成了每个位点的多态性。一般认为微卫星 DNA 的多态性是由于减数分裂时的错配和不平等交换造成的。在分子连锁图谱中，SSR 标记已成为取代 RFLP 标记的第二代分子标记。

SSR 标记的基本原理见图 2.4。由于基因组中某一特定微卫星的侧翼序列通常都是保守性较强的单一序列，因而可以将微卫星侧翼的 DNA 片段克隆、测序，然后根据微卫星的侧翼两端互补序列人工设计合成引物，通过 PCR 反应扩增微卫星片段。一般地，同一类微卫星 DNA 可分布于整个基因组的不同位置上，通过其重复次数的不同及重叠程度的不完全而造成每个座位的多态性。目前在植物基因组中的 SSR 标记非常活跃。SSR 标记技术已广泛应用于拟南芥、大豆、棉花、花生、葡萄、小麦、水稻、番茄、甜菜和油菜等多种植物上。水稻基因组测序结果表明，水稻全基因组中以两碱基、三碱基为重复单元的 SSR 分别占 24%和 59%，平均 8 kb 就含一个 SSR，显示出 SSR 作为遗传标记的巨大潜力。另外，在叶绿体基因组中，目前也报道了一些以 A/T 序列重复为主的微卫星。由于单个微卫星位点重复单元数量的不同，因而能够用 PCR 的方法扩增出不同长度的 PCR 产物，将扩增产物进行琼脂糖或聚丙烯酰胺凝胶电泳，不同个体的扩增产物在长度上的变化就产生长度的多态性，这种多态性称为简单序列长度多态性（Simple Sequence Length Polymorphism，SSLP）。

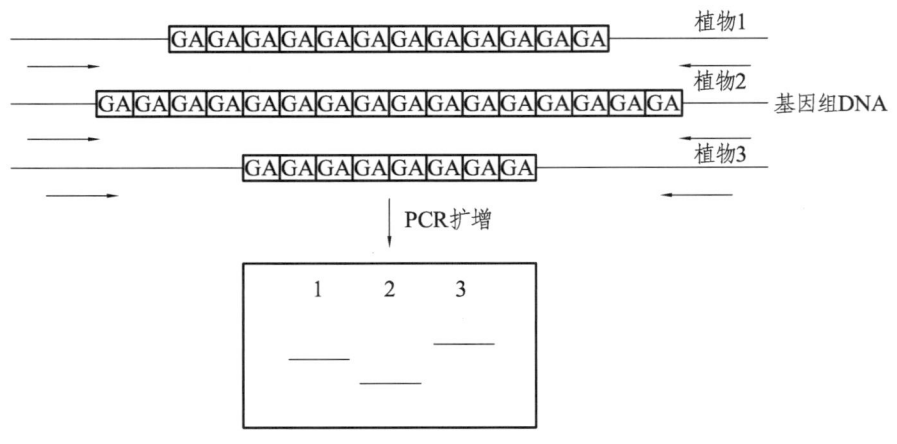

1，2，3—不同植物基因型。

图 2.4　SSR 多态性示意图

2.4.2　SSR 标记的特点

SSR 与其他 DNA 分子标记相比，具有以下优点：

（1）分布广且多态性丰富：SSR 在真核生物基因组中分布广且 SSR 序列在基因组中具有高度可变性，使得 SSR 分子标记能够在个体间或种群间显示出丰富的多态性。

（2）高度保守性：尽管 SSR 序列存在着重复单元的变异，但其周围的序列往往高度保守。这使得 SSR 分子标记在物种间的比较和遗传关系的研究中具有重要意义。

（3）简便易操作：通过电泳分离扩增产物，可以直接观察到不同长度的 DNA 片段。这种直观的可视化特点使得 SSR 分子标记成为一种简单、快速且直观的分析方法。

（4）易分析和解读：通过比较不同个体或种群的扩增产物，可以得到关于遗传多样性、亲缘关系和种群结构等方面的信息。这为遗传学、进化生物学和分子生态学等领域的研究提供了强有力的工具。

（5）PCR 扩增的可重复性高：既可以通过汇集独立的 PCR 产物，也可通过实时多重 PCR 产物。

（6）DNA 用量以及 DNA 质量要求不高：SSR 标记分析只需要很少量的 DNA 样品（每单株需 100 ng），且对 DNA 质量要求不太高，即便 DNA 降解，其亦能有效地分析鉴定。

（7）人工操作技术要求低，成本低廉。

（8）多数 SSR 无功能作用，增加或减少几个重复序列的频率高，因而在品种间具广泛的位点变异，比 RFLP 及 RAPD 分子标记具多态性。

SSR 也有以下缺点：（1）开发和合成新的 SSR 引物投入高、难度大，需要大量的劳动量，特别是对基因组 DNA 文库进行筛选时（尽管 SSR 富集文库可以商业化购买），并且自动化分析时起始费用高；（2）现有的 SSR 标记数量有限，不能标记所有的功能基因；（3）SSR 多态性的检测和应用很大程度上依赖 PCR 扩增的效果；（4）SSR 座位突变率高，对变异反应非常敏感等。当然，随着测序技术的迅速发展，SSR 标记的上述缺点目前也不复存在了。

2.4.3 SSR 标记的操作步骤

（1）SSR 引物设计。由于 SSR 标记是针对微卫星序列作特异 PCR 扩增，设计引物的前提是要知道引物所在座位的 DNA 序列。因此，微卫星两侧 DNA 的测序便成为微卫星标记开发的最大限制因素。目前，发展了很多 SSR 标记开发的方法，传统的 SSR 标记开发的一般程序是：

（1）建立基因组 DNA 文库。

（2）根据得到的 SSR 类型设计并合成寡聚核苷酸探针，通过菌落杂交筛选所需重组克隆。例如，欲获得的模体为（GT）/（AC）的 SSR，则可合成（CA）/（TG）作探针，通过菌落原位杂交从文库中选阳性克隆。

（3）对阳性克隆 DNA 插入序列测序。

（4）根据 SSR 两侧序列设计并合成引物。

（5）以待研究的植物 DNA 为模板，用合成的引物进行 PCR 扩增反应。

（6）用高浓度琼脂糖凝胶、非变性或变性聚丙烯酰胺凝胶电泳检测其多态性。

与此同时，人们也在不断探索能够简化技术环节、提高效率、降低成本的开发方法，并相继出现了多种采取富集步骤的微卫星标记开发方法，如基于 RAPD 的开发策略、引物延伸法、选择杂交法等。用以上方法开发出来的 SSR 称为 genomic SSR（gSSR），种属特异性较强。

随着高通量测序技术的快速发展，GenBank、EMBL/EBI、NCBI 以及 DDBJ 等公共数据库中各物种的基因组序列、转录组序列及 EST 序列等不断增多。结合在线软件 SSRIT 以及 SSRHunter 等来搜索 SSR 位点，利用 Primer Premier5.0，根据位点两侧保守核苷酸序列，设计特异性引物。

（2）PCR 扩增。根据实验目的配置不同的反应体系，如群体材料仅考察群体基因型表现可以采用 10 μl 的反应体系。PCR 反应程序可根据参试材料的基因组 DNA、引物的长度等因素综合考虑设置。

（3）PCR 扩增产物电泳检测。SSR 的 PCR 扩增产物可采用琼脂糖凝胶电泳或聚丙烯酰胺凝胶电泳进行检测。

（4）结果读取与数据分析。记录电泳检测条带的基因型表现，根据实验目的采用 SPSS、Joinmap、DPS 等软件进行数据分析。

2.5　ISSR 标记技术

ISSR（Inter Simple Sequence Repeat）又称为锚定简单重复序列，是 Zietkiewicz 等（1994）开发的一种基于微卫星序列的、利用重复序列并在 3'端或 5'端锚定的单寡聚核苷酸引物对基因组进行 PCR 扩增的标记技术。如果单个引物扩增条带过多，也可使用 2 个不同引物进行 PCR 扩增。

植物的遗传多样性研究能为植物育种和遗传改良提供理论指导，ISSR 技术多用于分析和评估植物种群的遗传结构和遗传多样性，从而探讨物种资源的现状，以及种群间产生遗传分化和基因流的各种影响因素，为保护和合理利用其遗传资源提供科学依据。

2.5.1　ISSR 标记的原理

ISSR 标记是通过在简单重复序列（SSR）的 3'或 5'端加上 1~4 个碱基作为扩增引物，通过 PCR 扩增两侧具有反向排列 SSR 的一段序列。例如在 AG 重复序列中人为加入特定的几个碱基 N 进行锚定，如图 2.5 所示。

该技术以锚定的微卫星 DNA 为引物，在 SSR 序列的 3'或 5'端加锚 2~4 个随机核苷酸，在 PCR 反应中，锚定引物可以引起特定位点退火，导致与锚定引物互补的间隔不太大的重复序列间 DNA 片段进行 PCR 扩增。所扩增的 ISSR 区域的多个条带可通过聚丙烯酰胺凝胶电泳或者琼脂糖凝胶电泳得以分辨。它结合了 RAPD 标记技术的优点，能够提供更多的基因组 DNA 信息。现已广泛应用于药用植物种质资源鉴定、进化与亲缘关系分析、遗传多样性与种群遗传结构检测、遗传作图、基因定位、分子标记辅助育种等方面的研究。

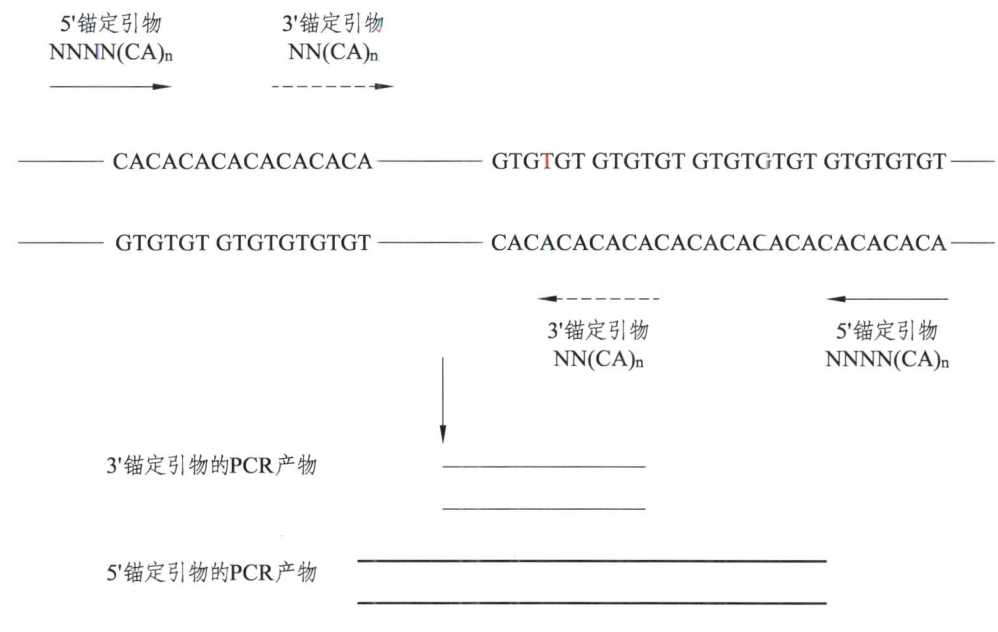

用重复序列(CA)n做为单引物，在引物的5'端或3'锚定1个至数个碱基

图 2.5　锚定 ISSR 示意图

2.5.2　ISSR 标记的特点

ISSR 分子标记的特点主要有：

（1）具有高度的多态性：ISSR 技术扩增的是基因组 DNA，适用于任何富含 SSR 重复单元的物种，既可以提供多位点信息，又可以揭示个体间的不同微卫星位点变异的信息。

（2）可重复性高：ISSR 技术采用了较长的引物，一般为在重复序列的 3'或 5'末端加锚 2~4 个核苷酸，使引物的总长度达到 20 bp 左右。因此具有更强的专一性，降低了杂带干扰的可能性，提高了实验结果的可重复性。

（3）无需知道任何靶标序列的 SSR 背景信息：用于 ISSR 分析的引物可基于任何在微卫星位点发现的 SSR 重复单元（2，3 或 4 个核苷酸等），并且侧翼靶标简单重复序列的任何一端均能够锚定基因组序列。

（4）为显性标记，符合孟德尔遗传规律。

ISSR 分子标记技术利用了基因组中丰富的 SSR 序列信息，同时克服了 RAPD 标记稳定性较差、RFLP 技术费用高、AFLP 技术操作繁琐和 SSR 技术需预先根据其靶序列设计引物等缺点。ISSR 具有操作简单、标记重复性好、稳定程度高、多态性丰富、DNA 用量少以及成本低等优点。

ISSR 技术由于引物较长，退火温度较高，这就增强了实验可重复性，同时实验操作简单、快速、高效，不需要繁琐的构建文库、设计引物、杂交、同位素显示等步骤。而且 ISSR 标记可以揭示整个基因组的一些特征，并呈孟德尔式遗传，因此该技术一问世就在动植物遗传分析中得到了广泛应用。如今，ISSR 分子标记技术已被广泛用于品种的鉴定、遗传多样性的分析、指纹图谱的建立等研究。

2.5.3　ISSR 标记的操作步骤

ISSR 标记的实验操作与 SSR 类似，详见 SSR 操作步骤。

2.6　EST 标记技术

2.6.1　EST 标记的原理

以 cDNA（complementary DNA，互补 DNA）测序为基础的 EST 计划是相应物种全基因组测序计划的有益补充。EST（Expressed Sequence Tag）是指通过对随机挑选的 cDNA 克隆 5'或 3'端进行单边测序（Single-Pass Sequence）后获得的一段核酸序列，其长度一般为 300～500 bp，平均长度（360±120）bp，代表了某个表达基因的一段信息。EST 来源于特定环境下从某个组织总 mRNA 所构建的 cDNA 文库。每一个 EST 代表一个表达基因的部分转录片段。通过对 EST 序列的分析，可从中获得大量基因表达信息。EST 技术的产生与发展主要得益于两个方面的因素：一是大规模自动化测序技术的日趋成熟与完善；二是多种模式生物基因组测序计划的启动。

EST 技术原理是指将 mRNA 反转录成 cDNA，克隆到质粒或噬菌体载体，构建成 cDNA 文库后，大规模的随机挑选 cDNA 克隆，并对其 5'或 3'端进行单向单次序列测定，然后将所获序列与已有数据库中的序列进行比较，从而获得对生物体生长、发育、代谢、繁殖、衰老及死亡等一系列生理生化过程认识的技术，如图 2.6 所示。EST 标记技术也是一种相对简便和快速鉴定大批基因表达的技术。

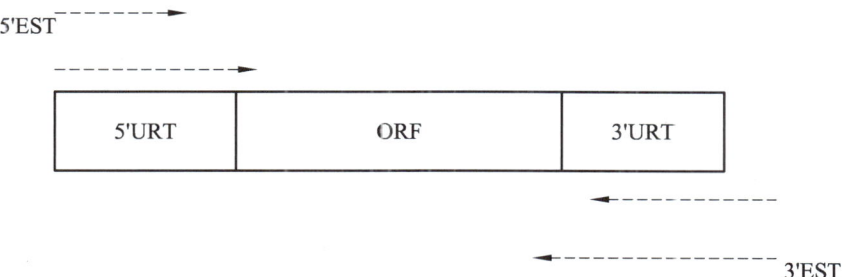

ORF—开放阅读框；URT—非编区。

图 2.6　EST 标记技术原理

EST 标记是根据表达序列标签本身的差异而建立的分子标记，它同样以分子杂交或 PCR 为核心技术。因此，EST 标记可分为两大类：第 1 类是以分子杂交为基础的 EST 标记，它是以表达序列标签本身作为探针，与经过不同限制性内切酶消化后的基因组 DNA 杂交而产生的，如很多 RFLP 标记就是利用 cDNA 探针而建立的；第 2 类则是以 PCR 为基础的 EST 标记，它是根据 EST 的核苷酸序列设计引物对基因组特定域进行特异性扩增后而产生的 EST-SSR 和 EST-PCR 标记等。

以 cDNA 为探针建立的 EST 标记称为 EST-RFLP，该类标记是共显性标记，可靠性高，在揭示植物的遗传信息和加速比较基因组研究等方面都起到了重要作用。但是，这种方法需要对探针进行标记，而且技术要求较高。以 cDNA 为探针建立的 EST 标记与一般的 RFLP 标记相似，只不过所用的探针是 cDNA，即 EST 本身。因此，多态性的产生依赖于探针与不同限制性内切酶之间的组合，这也是早期建立 EST 标记并将其绘制到遗传图谱的主要方法。

根据 EST 建立常规 PCR 标记也是一条可行的途径。每一个 EST 的核苷酸序列都是已知的，根据其序列就可设计引物（长度通常为 18~24 bp）对特定 DNA 区域在常规 PCR 的复性温度下进行扩增，这样就可能揭示出不同材料在编码区、非编码区及调控序列的差异。在 EST-PCR 中，一旦 DNA 片段被扩增，就能检测出等位基因是否存在差异。

由于 EST 来源于编码序列，具有很高的保守性，所以基于 PCR 的 EST 标记在种内的多态性较低。通过以下几种策略，可提高多态性 EST-PCR 标记的频率：

（1）在设计引物时，尽量使引物靠近 5'或 3'端的翻译区段，因为这些区域在不同材料间的变异性较高。

（2）对无多态性的扩增产物用不同的限制性内切酶消化，然后对酶切产物进行电泳分离。

（3）改进对 PCR 产物的分析手段。通常，PCR 产物都是通过琼脂糖凝胶电泳分离的，只能检测到扩增片段数目差异和较大的片段长度差异，对长度相差较小和内部序列或单个核苷酸的差异则难以检测。若采用分辨率较高的聚丙烯酰胺凝胶或变性梯度胶来分离，则可以检测到更高的多态性。

2.6.2　EST 标记的特点

由于 EST 来源于 cDNA 克隆，所以反映了基因组的结构和不同组织中的基因表达模式。利用 EST 标记可以直接获得基因表达信息，在很多方面都具有优越性：

首先，如果发现一个 EST 标记与一个有益性状在遗传上是连锁的，它很可能直接影响这一性状；其次，那些与某些候选基因或特定组织中差异显示的 EST，能够成为遗传作图的特定目标；再者，EST 来源于编码 DNA，通常其序列保守性程度较高，所以 EST 标记在家系和种间的通用性比来源于非表达序列的标记更高。正因如此，EST 标记特别适用于远缘物种间比较基因组研究和数量性状位点信息的比较。同样，对于一个特定物种，若缺少 DNA 序列的资料，来源于其他物种的 EST 也可作为有用的遗传图谱制作基础来使用。用 EST 绘制的遗传图谱将加速种间连锁信息的传递速度。具体说，EST 标记作用表现在：

（1）用于构建基因组的遗传图谱与物理图谱。
（2）作为探针用于放射性杂交。
（3）用于定位克隆。
（4）借以寻找新的基因。
（5）作为分子标记。
（6）用于研究生物群体多态性。
（7）用于研究基因的功能。
（8）有助于药物的开发、品种的改良。
（9）促进基因芯片的发展等方面。

2.6.3　EST 技术的操作步骤

首先，从样品组织中提取 mRNA，在逆转录酶的作用下用 oligo（dT）作为引物进行 RT-PCR 合成 cDNA，再选择合适的载体构建 cDNA 文库。其次，对各菌株加以整理，将每一个菌株的插入片段根据载体多克隆位点设计引物进行两端一次性自动化测序。最后，对测序的数据处理后（去除载体序列、宿主序列和聚类分析、拼接、数据库查询等）并进行生物信息学分析，这就是 EST 序列的产生过程。EST 的获取如图 2.7 所示。

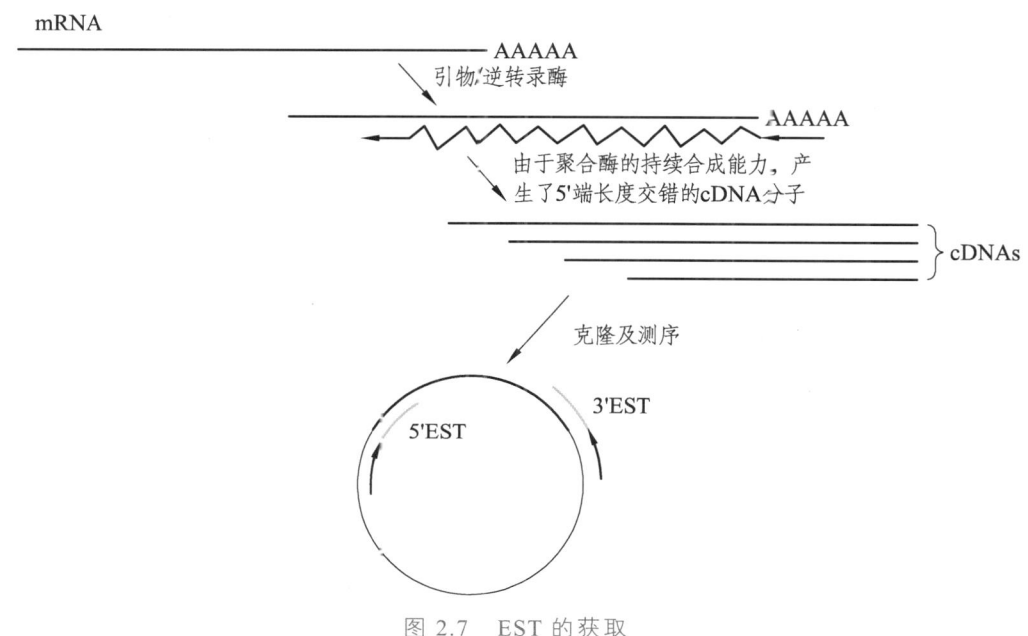

图 2.7　EST 的获取

（1）cDNA 文库的构建：为了尽可能完整地提取与分离植物 RNA，有效地构建 cDNA 文库，必须从不同组织和不同发育阶段的植物材料中提取 RNA。以 1994 年 Ewman 等构建的拟南芥 cDNA 文库为例，所用的 mRNA 来自 4 种组织等量的 poly(A)+RNA，这 4 种组织分别是：发芽 7 d 的黄化幼苗、通过组织培养所得的根、暗中收获的在持续光照或者 16 h 光周期下生长的不同时间的拟南芥莲座叶、气生组织。

cDNA 文库构建时，取材应该要具有代表性和广泛性。例如，在不同环境条件和发育阶段取不同的特异组织、不同表型的植株建立 cDNA 文库。这样得到的 EST 信息量高，不仅有助于高密度的转录图的构建进行图位克隆，而且有助于人们复杂的生理过程。

（2）序列测定：通常使用 Sanger 测序方法或者自动测序仪，利用载体上的多克隆位点的互补序列作为通用引物，从 5'端定向 EST 测序，每次测出 250～400 bp cDNA 的片段。另外，也有人采取先从 5'端进行测序，后从 3'端对所有不冗余克隆进行测序。这样来自两个末端的 cDNA 序列往往能够用于鉴定包含两个或者不同片段 mRNA 的嵌合克隆。

（3）序列分析：在利用手工编辑的方法去除所测得的 EST 序列中载体和末端的

多余序列后，得到所需的 EST 序列。然后，把这些 EST 序列与 dbEST 数据库中的数据比较，找出哪些代表已知基因，哪些代表未知基因，哪些代表已知 EST 最后，进行综合评价分析，获得所需的 EST 标记。

（4）引物的设计：每一个 EST 的核苷酸序列都是已知的，根据其序列就可设计引物（长度通常为 18～24 bp）对特定 DNA 区域在常规 PCR 的复性温度下进行扩增，这样就可能揭示出不同材料在编码区、非编码区及调控序列的差异。在 EST-PCR 中，一旦 DNA 片段被扩增，就能检测出等位基因是否存在差异。

由于 EST 来源于编码序列，具有很高的保守性，所以以 PCR 为基础的 EST 标记在种内的多态性较低。通过以下几种策略，可提高多态性 EST-PCR 标记的频率：

① 在设计引物时，尽量使引物靠近 5'或 3'端非翻译区段，因为这些区域在不同材料间的变异性较高。

② 对无多态性的扩增产物用不同的限制性内切酶消化，然后对酶切产物进行电泳分离。

③ 改进对 PCR 产物的分析手段。

（5）EST 标记的检测：通常，PCR 产物都是通过琼脂糖凝胶电泳分离的，只能检测到扩增片段数目差异和较大的片段长度差异，对长度相差较小和内部序列或单个核苷酸的差异则难以检测。若采用分辨率较高的聚丙烯酰胺凝胶或变性梯度胶来分离，则可以检测到更高的多态性。具体实验操作与 SSR 类似，详见 SSR 操作步骤。

2.7 SNP 分子标记

SNP 是指某一个核苷酸的变异导致不同 DNA 序列间存在多态性，通常是由单个碱基的替换引起。在基因组中的数量最多，分布最广，SNP 已经广泛应用于基因定位、关联分析、基因组育种中，是目前应用范围最广的分子标记。

2.7.1 SNP 标记的原理

SNP 是指某一个核苷酸的变异导致不同 DNA 序列间存在多态性，通常是由单个碱基的替换引起。SNP 在染色体上的分布十分广泛，在 25 个常见的玉米样本中，大约每隔 106 bp 就存在一个 SNP。水稻中大概 250 bp 就有 1 个 SNP 标记。SNP 已经广泛应用于基因定位、关联分析、基因组育种中，是目前应用范围最广的分子标记。

SNP 标记是指染色体基因组水平上某个特定位置单碱基的置换、插入或缺失引起的序列多态性。大部分物种都具有各自稳定的基因组序列，但是对于某一物种群体中的每一个体，在其 DNA 序列上的其些特定的位置却会出现不同的碱基。例如，来自两个个体的 DNA 片段序列 AAGCCTA 和 AAGCTTA，包含一个单核苷酸的差异。在这种情况下有两个等位基因分别含有 C 和 T。理论上，SNP 既可能是二等位多态性，也可能是 3 个或 4 个等位多态性。但实际上后两者很少见。因此，通常所说的 SNP 都是二等位多态性的。其中，单个碱基的转换（transition）和颠换（transversion）最为常见。转换是指同型碱基之间的替换，如嘌呤与嘌呤（G/A）、嘧啶与嘧啶（T/C）间的替换；颠换是指发生在嘌呤与嘧啶（AT、AlC、C/G、G/T）之间的替换。依据排列组合原理，SNP 一共可以有 6 种替换情况，即 AG、A/T、A/C、C/G、CT 和 G/T。SNP 原理图如图 2.8 所示。实际上转换的发生频率更高，主要以 C/T 转换为主，例如 C/T 颠换在人类的 SNP 标记中占 67%，在植物中也发现具有相似的概率，原因是 CpG 的 C 是甲基化的，容易自发脱氨基形成胸腺嘧啶 T，CpG 也因此成为突变热点。

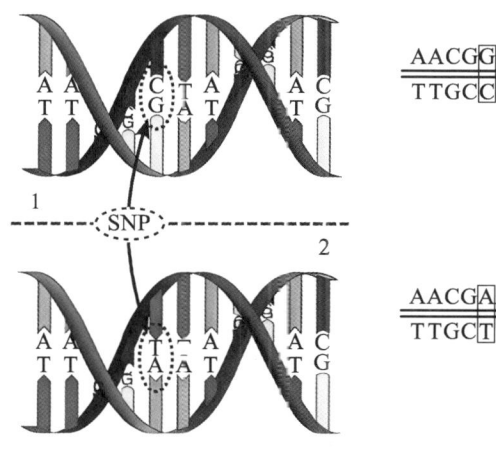

图 2.8　SNP 原理示意图

就两个序列的比较而言，SNP 可指同一位点的不同等位基因之间个别碱基的差异；就遗传群体而言，是指在基因组内特定位置上存在两种不同的碱基且其出现频率大于 1%（若出现频率低于 1%，则视为点突变，是不可能作为标记的）。它又被称为第 3 代新型多态性标记。SNP 可分为两种：一种是遍布在基因组非编码序列中的碱基变异；另一种是分布在基因编码序列中的 SNP，这种基因编码区的功能性突变，又称为非同义 SNP。从理论上来说，SNP 是目前覆盖了基因组所有 DNA 多态性的唯一标记方法。

根据 SNP 在基因中的位置，SNP 可分为基因编码区 SNP（coding SNP，cSNP）、基因周边 SNP（peripheral SNP，pSNP）以及基因间 SNP（intronic SNP，ISNP）3 类。从对生物的遗传性状的影响上来看，cSNP 又可分为两种：一种是同义 cSNP（synonymousc cSNP，scSNP），即 SNP 引起的编码序列的改变并不影响其翻译的蛋白质的氨基酸序列，突变碱基与未突变碱基的含义相同；另一种是非同义 cSNP（non-synonymouse cSNP，nscSNP），指碱基序列的改变可使以其为蓝本翻译的蛋白质序列发生改变，从而影响了蛋白质的功能，这种改变常是导致生物性状改变的直接原因。cSNP 中约有一半为非同义 SNP。总的来说位于编码区内的 SNP 比较少，因为在外显子内，其变异率仅及周围序列的 1/5。但它在遗传性疾病研究中却具有重要意义，因此 cSNP 的研究更受关注。

在遗传学分析中，SNP 作为一类遗传标记得以广泛应用。SNP 大约占人类遗传变异的 90%，每 100~300 bp 就有 1 个。已构建好能解释"Nipponbare"（日本晴的一个亚种）和"93-11"（印度稻的一个亚种）之间的多态性的数据库，包含 1 703 176 个 SNP 和 479 406 个 indel，这相当于在水稻基因组中每 268 bp 就有 1 个 SNP。用改良的全基因组鸟枪测序法对粳稻和籼稻水稻的序列进行比对，SNP 变异的频率从编码区 3 SNP/kb 到转录因子区域 27.6 SNP/kb，也即全基因组的 15 SNP/kb 或 1 SNP/66 bp。基于部分基因组测序信息，很多作物已经显示出 SNP 的频率，包括大麦、豌豆、甘蔗、玉米、木薯、番茄和棉花。在植物中，典型的 SNP 频率是每 100~300 bp 有 1 个。

2.7.2 SNP 标记的特点

SNP 标记主要特点如下：

（1）分布广泛，密度高，SNP 在人类基因组的平均密度估计为 1/1 000 bp，在整个基因组的分布达 3×10^6 个，遗传距离为 2~3 cM，密度比 SSR 更高，可以在任何一个待研究基因的内部或附近提供一系列标记。

（2）富有代表性，某些位于基因内部的 SNP 有可能直接影响蛋白质结构或表达水平，因此，它们可能代表重复性状遗传机理中的某些作用因素。

（3）检测方便，在对基因组筛选时往往只需对 SNP 进行扩增产物有无的分析，而无需进行 DNA 片段的长度分析，这就有利于发展高通量、自动化的基因型分析系统。

（4）遗传稳定性高，与 SSR 相比，SNP 具有更高的遗传稳定性。

（5）在 DNA 分子上分布不均匀，多在 CpG 位点上发生 CT 的转换，约占总 SNP 的 25%，大多数的 C 是甲基化的，它能够自发脱氨基产生 T。在转录序列中，SNP

的频率低于非转录序列中 SNP 的频率,而且转录区的 SNP 非同义突变的频率比其他突变类型的频率要低得多。

(6)双等位型标记(biallclic marker):理论上,单碱基替换包括 1 个转换 C/T (G/A)和 3 个颠换 C/A(G/T)、C/G(G/C)、A/T(T/A),但它们的频率各不相等,其中转换和颠换之比为 2∶1,而且第 3、第 4 种类型很少,几乎无法检出。

虽然 SNP 标记表现出一些其他分子标记无可比拟的优越性,但是在制作 SNP 图、SNP 分型、SNP 结果分析等方面还存在一些问题:

(1)制作 SNP 图理论上需要约 500 个有代表性的个体,以开发一套密度至少在 100 000 左右的 SNP。即使多重 PCR 和 SNP 芯片取得了很大进展,仍需要大量单个扩增反应对每个 SNP 进行靶扩增。但由于成本太高,一般实验室难以开展该工作。统计学上的准确性需要增加 SNP 的密度,但大批量扩增和检测反应所产生的错误信号也随之增加。

(2)难以确定用哪个 SNP 解决错误的遗传问题,并对数据进行有效的分析。目前,对导致复杂性状的多因素遗传基础还缺乏了解,经典的孟德尔概念(两个等位基因,正常对异常)常常用于分析复杂的问题。实际上,只有当导致复杂疾病的基因仅有一个野生型和一个易感等位基因,并且等位基因杂合度较低时,才能用统计学方法去分析遗传标记与疾病表型的关系。连锁分析在确定复杂性状的基因方面几乎未取得成功,遗传统计方法和工具也有待于开发和完善。

(3)难以确定用哪个 SNP 解决错误的遗传问题,并对数据进行有效的分析。目前,对导致复杂性状的多因素遗传基础还缺乏了解,经典的孟德尔概念(两个等位基因,正常对异常)常常用于分析复杂的问题。实际上,只有当导致复杂疾病的基因仅有一个野生型和一个易感等位基因,并且等位基因杂合度较低时,才能用统计学方法去分析遗传标记与疾病表型的关系。连锁分析在确定复杂性状的基因方面几乎未取得成功,遗传统计方法和工具也有待于开发和完善。

(4)SNP 改变了基因原有的结构和连锁率,从而表现为生物对外界反应的不适应,因此,随着 SNP 的增加,致命性疾病可能会增加。

2.7.3 SNP 技术的操作步骤

发现和检测 SNP 的方法有多种。原则上任何用于检测单个碱基突变或多态的技术都可用来发现和识别 SNP。按其研究对象主要分为两大类:

(1)对未知 SNP 进行分析,即找寻未知的 SNP 或确定某一未知 SNP 与某性状的关系。

（2）通过对已有 DNA 序列进行分析比较来鉴定 SNP 标记，即对不同生物群 SNP 遗传多样性检测。在实际应用中许多检测未知 SNP 的方法也可用来对已知 SNP 进行检测，而对已知 SNP 检测的方法也可用于对未知 SNP 的粗筛，筛选后再用测序方法确定 SNP 突变类型及其位置。其中，最直接的方法是对已定位的序列标签位点（Sequence Tagged Sites，STS）和表达序列标签（Expressed Sequence Tag，EST）进行再测序或者通过设计特异的 PCR 引物扩增某个特定区域的 DNA 片段，通过测序和遗传特征的比较，来鉴定该 DNA 片段是否可以作为 SNP 标记。

1. 基于分子杂交的 SNP 检测方法

基因芯片（Gene Chips）又称 DNA 芯片（DNA Chips）或生物芯片（Biological Chips），是用标记的探针去杂交固定的样品，最后通过检测杂交信号的强弱判断样品中靶分子的数量。近年来已经在晶体上用"光刻法"实现原位合成，直接合成高密度的可控序列寡核苷酸，使 DNA 芯片法显示出强大威力，对 SNP 的检测可以自动化、批量化，并已在构建 SNP 图谱方面有实际应用。

基于液相探针杂交的靶向基因型检测（GBTS）技术：GenoBaits 工作原理是基于目标探针与靶向序列互补结合进行定点捕获。首先对要测试的材料进行 gDNA 文库构建。同时根据 DNA 互补原理，在每个待测位点设计覆盖目标 SNP 的探针，采用生物素标记对目标探针进行修饰。然后，在液态中利用生物素修饰的探针与基因组目标区域杂交形成双链。随后利用链霉亲和素包被的磁珠对携有生物素修饰的探针进行分子吸附，从而捕获与探针杂交的靶点。最后，对捕获的靶点序列进行洗脱、靶点扩增和测序，最终获得目标 SNP 的基因型。利用 GenoBaits 技术，目前可以对 4.5 万个目标位点进行单管同时检测。

传统的 SNP 标记，一般是根据每一个 SNP 标记设计一对特定的扩增引物，在所获得的扩增子内产生一个 SNP 标记，即一个扩增子对应一个 SNP 标记。因此总体来看，所检测到的 SNP 在基因组上形成单个的均匀分布。为了最大限度地利用每对引物扩增所获得的 DNA 片段的信息，发展了一种在单个扩增子内可以检测多个 SNP，称之为多聚单核苷酸多态性（multiple single-nucleotide-polymorphism cluster，mSNP 或 multiple dispersed nucleotide polymorphism，MNP）的技术。mSNP 开发共包括 6 个步骤：

（1）获得该物种的参考基因组和重测序/变异组信息。

（2）选出变异位点中 MAF>0.05、缺失比例<20%、杂合比例<5%（自交物种）的位点作为候选位点集。

（3）以 100 bp 为窗口，计算候选位点在窗口区段内的 SNP 数量，筛选 SNP 数量大于 2、小于 10 的区段作为目标候选区段集。

（4）依据 PIC 值，选 PIC 最高的十万个区段作为候选区段集，利用染色体均匀分布的原则筛选候选区段集，构成候选目标区段集。

（5）利用其他区段和 SNP 信息对候选目标区段集中的染色体空洞部分（标记之间的距离≥基因组大小÷目标区段数量×10）进行补充，最终构成目标区段集。

（6）利用 GenoBaits 探针设计软件对目标区段进行设计，并合成测试，最终完成标记位点组合的开发。

2. PCR 扩增目的序列及其产物测序法

PCR 扩增目的序列及其产物测序法是鉴别 SNP 的最简捷的方法。所扩增的目的序列通常是靶基因的非编码区域（如内含子、3'-UTR）或已知 EST。根据这些目的序列设计特异引物，其扩增的产物为 400~700 bp 的 DNA 片段。以不同个体的基因组 DNA 为模板，用同一 PCR 反应体系进行扩增。对所获得的扩增产物在 3'和 5'两个方向上直接测序，仔细核对各个体的 PCR 产物的序列，就可查明该目的序列在所测各个体基因组之间是否存在 SNP。采用 PCR 法检测 SNP 的群体通常是目标性状具有高水平多态性的群体。

依据所研究种质的多态性高低，对 PCR 扩增子进行预筛选有利于发现 SNP 多态性。例如玉米等作物 SNP 多态性较高，从不同个体所扩增的 80 个或更多的扩增子都具有序列多态性。然而，对水稻等作物的 PCR 扩增子进行预筛选是必要的。可用的预选方法有：变性高压液相色谱法、单链构象多态性（SSCP）、化学或酶解法。预筛选通常还需要有参照等位基因，以生成杂种双链核酸分子，或用于比较电泳迁移率。

单链构象多态性（Single-Strand Conformation Polyorphism，SSCP）电泳，包含 SNP 的 PCR 扩增产物经 SSCP 电泳分析后，可产生多态性。SSCP 电泳的分析原理是单链 DNA 在凝胶中的迁移率除了与其长短有关，更取决于 DNA 单链间所形成的构象。在非变性条件下，DNA 单链内部可以折叠形成具有一定空间结构的构象，这种构象由 DNA 单链的碱基排列顺序所决定，即便是相同长度的 DNA 单链都会因其碱基顺序不同，甚至单个碱基的改变造成单链空间构象产生变化，引起单链在凝胶中电泳迁移率的差异，从而表现出多态性。特异引物延伸法，该方法除了扩增 SNP 区域的通用引物，在 SNP 区域还设计了特异引物；特异引物只能与其中的一种碱基互补，因此，含错配碱基的序列只有一个扩增产物，否则有两个扩增产物。

高分辨溶解曲线（High Resolution Melting Curve，HRM）分析，HRM 技术主要是基于核酸分子物理性质的不同。不同核酸分子的片段长短、GC 含量、GC 分布等是不同的，因此任何双链 DNA 分子在加热变性时都会有自己熔解曲线的形状和位置。HRM 技术的基本原理就是根据熔解曲线的不同来区分样品。

3. 电子 SNP（eSNP）法

基于鸟枪法建立的基因组文库和表达序列标签（EST）文库可应用电子 SNP（electronic SNP，eSNP）法鉴定新的 SNP。如果一个基因组文库是用一组多态性个体的基因组 DNA 构建的，且有足够的丰度，对文库中的序列运用计算机软件进行比较分析，是检测 SNP 的一条有效途径。例如，拟南芥 Columbia 生态型全基因组测序完成后，Celeron Genomics 公司已开展了 Landsberg 生态型全基因组测序（散弹测序法）工作，并将所获得的序列与 Columbia 生态型的序列作比较分析，已检测出 37 344 个 SNP，18 579 个插入或缺失（InDels）和 747 个大的 InDels。GeneBank 数据库中登录有许多玉米序列标签位点，这些 STS 来自于两个多态性水平较高的玉米自交系-B73 和 Mo17，而且含有许多 SNP 和插入或缺失多态性。

EST 序列亦可同样用于 SNP 检测（Picoult-Newberg 等，1999；Beutow KH 等，1999）。已报道的玉米 EST 序列有 114 000 多个（dbEST 数据库公布的有 112 601 个）。这些序列来自于几个不同的自交系，因此，是进一步检测 SNP 的良好资源。

第 3 章

PCR 体外扩增技术

聚合酶链反应（Polymerase Chain Reaction，PCR）简称PCR技术，是由诺贝尔奖得主美国科学家Kary Mullis在1985年发明的一种用于体外快速扩增特定DNA片段的分子生物学技术。初始的PCR技术仅采用非常简单的3种温度的水浴，应用大肠杆菌DNA聚合酶I的Klenow片段催化引物的延伸反应。由于在变性温度下该酶会失活，所以每一轮反应都需重新添加，这样反应只能扩增短片段，产物得率不高，操作较为繁琐，成本也较高，应用和发展受到限制。直到1988年随着耐热DNA聚合酶（Taq酶）和商用PCR仪的应用和研发，使得PCR技术在生命科学的不同领域得到了极大的推广和应用，近年来更是迅速渗透到生命科学的各个领域，特别是在基因工程领域发挥了至关重要的作用，包括基因诊断、分子克隆、分子遗传标记、遗传操作、微生物鉴定、法医学鉴定等。PCR技术也相应地衍生出各种各样的实用技术，如PCR直接测序、反转录PCR（Reverse Transcription PCR，RT-PCR）、原位PCR（In Situ PCR）、多重PCR（Multiplex PCR）、免疫PCR（Immuno PCR）、实时荧光定量PCR（Real-time PCR）、锚定PCR（Anchored PCR，APCR）、巢式PCR（Nested PCR）等等。有关PCR反应本身的研究也在各个方面深入地发展，如反应所使用的聚合酶的种类、反应的效率、反应的忠实性、引物设计、反应污染的控制等等方面。本章主要介绍PCR技术原理、方法、类型以及在烟草检测领域的应用。

3.1　PCR技术的检测原理

3.1.1　PCR的基本原理

PCR的原理实质上是在体外试管中模拟生物细胞DNA复制的过程。PCR反应极其迅速，可在短短几小时内，将极少量的基因组DNA样品（DNA Template）中的特定基因片段扩增上百万倍。PCR的特异性是由两个人工合成的引物（primers）序列决定的。所谓引物，就是与待扩增的DNA片段两翼互补的寡核苷酸，其本质是ssDNA片段（单链DNA）。在PCR管中（PCR Tube），除加入与待扩增的DNA片段两条链两端已知序列分别互补的两个引物外，还需加入适量的缓冲液（Buffer Solution）、微量的DNA模板、4种脱氧核糖核苷酸（dNTPs）溶液、Mg^{2+}和耐热Taq DNA聚合酶（Taq Polymerase）等。PCR所需基础条件如图3.1所示。

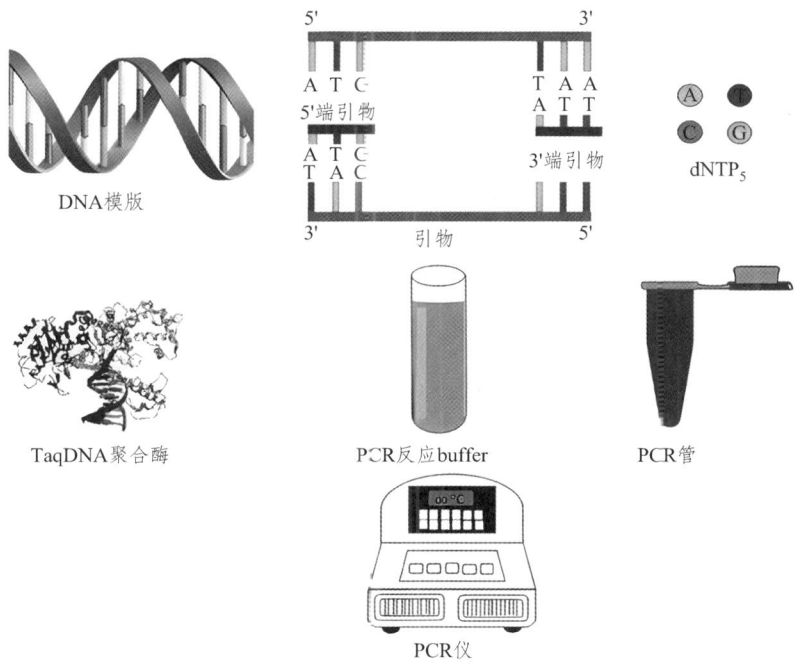

图 3.1　PCR 技术所需基础条件

反应时，首先将上述溶液加热，使模板 DNA 在高温下变性，双链解开为单链状态，称为变性；然后降低溶液温度，使合成引物在低温下与其靶序列特异配对（复性），形成部分双链，称为退火；此时，两引物的 3'相对，5'相背，在合适的条件下，以 dNTP 为原料，由耐热 DNA 聚合酶（Taq DNA 聚合酶）催化引导引物沿 5'→3'方向延伸，形成新的 DNA 片段，该片段又可作下一轮反应的模板，此即引物的延伸。如此重复改变温度，由高温变性、低温复性和适温延伸组成一个周期，反复循环，使目的基因得以迅速扩增。因此 PCR 是一个在引物介导下反复进行热变性→退火→引物延伸 3 个步骤而扩增 DNA 的循环过程，如图 3.2 所示。

（1）模板 DNA 变性（denaturation）：DNA 在加热到 94 ℃~96 ℃时，双螺旋结构的氢键断裂，双链解开成为单链，称为 DNA 的变性。变性温度与 DNA 中 G/C 含量有关，因为 G/C 之间由三个氢链连接，而 A-T 之间只有两个氢键相连，所以 G/C 含量高，其解链温度（T_m）就高。一般 G/C 含量每增加 1%，解链温度增加 0.4 ℃。哺乳动物基因组 DNA 中 G/C 含量在 40%时，T_m 约为 87 ℃；其含量在 60%时，T_m 约为 95 ℃。DNA 变性所需要的温度和时间取决于 DNA 的复杂性、G/C 的含量、扩增仪的种类和 PCR 反应的体积等。在一般 PCR 中，变性温度为 94 ℃~96 ℃，加热时间 1~2 min。

（2）模板 DNA 与引物的退火（annealing）：将反应混合物降温（37 ℃~65 ℃），使寡核苷酸引物与单链 DNA 模板（或从 mRNA 逆转录而来的 cDNA）上互补的序列复性，形成模板-引物复合物，即退火。退火所需要的温度和时间，取决于引物与靶序列的同源性程度及寡核苷酸的碱基组成。一般要求引物的浓度要大大高于模板 DNA 的浓度。并由于引物的长度显著短于模板的长度，因此在退火时，引物与模板中的互补序列配对速度比模板之间重新配对成双链的速度要快得多，退火时间一般为 1~2 min。

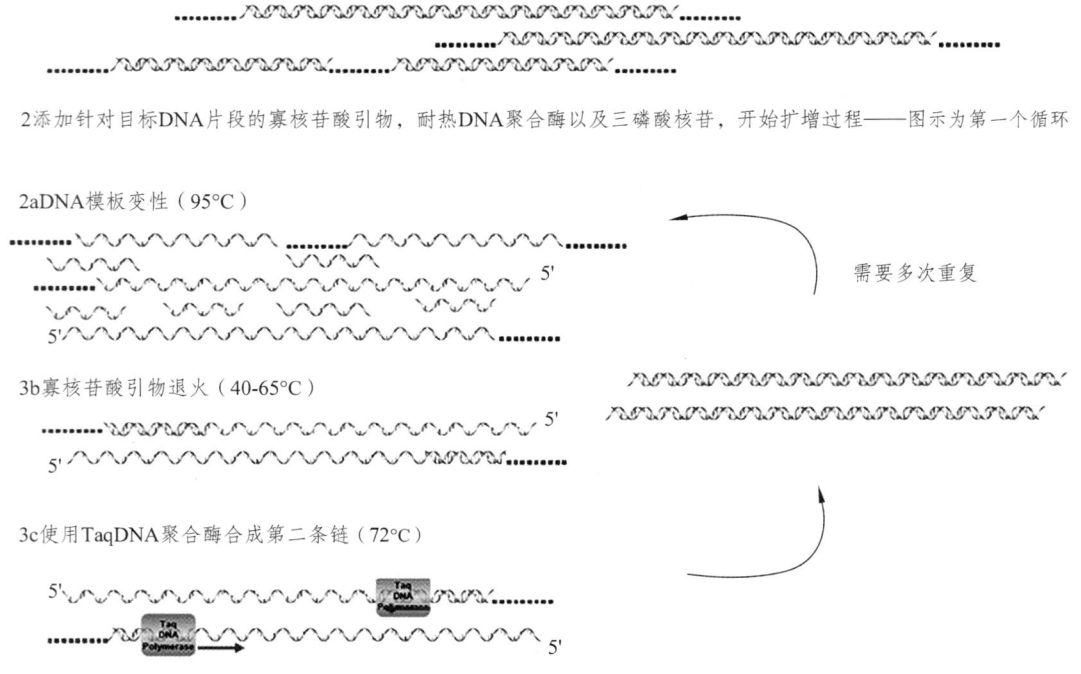

图 3.2　PCR 反应基本原理

（3）引物的延伸（elongation）：PCR 扩增过程中，链的延伸是有方向性的。它总是以引物为固定起点，DNA 模板—引物复合物在 Taq DNA 聚合酶的作用下，以靶序列为模板，dNTP 为反应原料，按碱基配对与半保留复制原理，合成一条与模板 DNA 链互补的新链，新链延伸的方向仍然是 5'→3'，延伸所需要的时间取决于模板 DNA 的长度。实验证明：迅速加入 Taq DNA 聚合酶 2 单位，混匀，置反应混合物于 70 ℃，在酶的作用下以 dNTP 为原料，从引物的 3'端开始，沿 5'→3'方向，按照模板链上的序列，合成一条新的 DNA 链，其序列与模板序列互补，延伸时间决定于扩增片段的长度，新链合成的速度非常快，每秒可延伸 40~60 个碱基。

经过上述高温变性→低温退火→中温延伸这样一个循环，模板 DNA 拷贝数增加 1 倍，在以后进行的循环过程中，新合成的 DNA 链都起着模板的作用，因此，每经过一个循环，DNA 拷贝数便增加 1 倍（×2）。n 次循环后，拷贝数增加 $2n$ 倍，进行 25~30 个循环，拷贝数即可扩增上百万倍（10^6），扩增的 DNA 片段长度基本上都限定在两引物 5'端以内，在凝胶电泳上显示为一条特定长度的 DNA 区带。每完成一个循环需 2~4 min，一次 PCR 经过 30~40 次循环，为 2~3 h。

（4）PCR 的反应动力学：对于 PCR 反应的动力学过程已经有一些研究报道，根据 PCR 的基本原理进行了 PCR 动力学推导和模拟，增加 PCR 实验结果的可预见性。研究认为 PCR 反应过程中的 DNA 扩增量可用 $Y=(1+X)n$ 计算。其中，Y 代表 DNA 片段扩增后的拷贝数，X 表示平均每次的扩增效率，n 代表循环次数。平均扩增效率的理论值为 100%，但在实际反应中，扩增产物的指数式增加不是无限制进行的，平均效率达不到理论值。反应初期，靶序列 DNA 片段的增加呈指数形式。随着 PCR 产物的逐渐积累，被扩增的 DNA 片段不再呈指数增加，而进入线性增长期或静止期，即出现"停滞效应"，也称"平台效应"，此时称为平台期。由于引物和底物的消耗、Taq DNA 聚合酶活力下降等因素的影响，大多数情况下，平台期的到来是不可避免的。一般 PCR 反应中，进行循环数的函数关系 30 个循环后，扩增产物的拷贝数一般可达到 10^6~10^{10}。也有研究报道反应初期靶序列 DNA 片段的扩增产物数量是很少的，在线性扩增后的 10 多次循环中产物才大量增加，并且随着时间的延长，扩增产物积累的速度在逐渐降低。PCR 的反应动力学解释了关于 PCR 反应为什么会在一定的循环次数后，由指数扩增方式转变为线性扩增的必然性，阐明了其分子基础，完善了 PCR 技术理论，并为 PCR 技术的进一步开发与应用奠定了理论基础，为 PCR 产物定量与定量 PCR 技术提供了基本的理论根据。

（5）PCR 扩增产物：PCR 扩增产物可分为长产物片段和短产物片段两部分。短产物片段的长度严格地限定在两个引物链 5'端之间，是需要扩增的特定片段。短产物片段和长产物片段是由于引物所结合的模板不一样而形成的。以一个原始模板为例，在第一个反应周期中，以两条互补的 DNA 为模板，引物是从 3'端开始延伸，其 5'端是固定的，3'端则没有固定的止点，长短不一，这就是"长产物片段"。进入第 2 周期后，引物除与原始模板结合外，还要同新合成的链（即"长产物片段"）结合。引物在与新链结合时，由于新链模板的 5'端序列是固定的，这就等于这次延伸的片段 3'端被固定了止点，保证了新片段的起点和止点都限定于引物扩增序列以内，形成长短一致的"短产物片段"。不难看出"短产物片段"是按指数倍数增加，而"长产物片段"则以算术倍数增加，几乎可以忽略不计，这使得 PCR 的反应产物不需要再纯化，就能保证足够纯 DNA 片段供分析与检测使用。

3.1.2 PCR 技术的特点

（1）特异性强 PCR 反应的特异性决定因素：
① 引物与模板 DNA 的正确结合。

② 碱基配对原则。
③ Taq DNA 聚合酶合成反应的忠实性。
④ 靶基因的特异性与保守性。

其中引物与模板的正确结合是关键，它取决于所设计引物的特异性及退火温度。在引物确定的条件下，PCR 退火温度越高，扩增的特异性越好。由于 Taq DNA 聚合酶的耐高温性质，使反应中引物能在较高的温度下与模板退火，从而大大增加 PCR 结合的特异性。

（2）灵敏度高：从 PCR 的原理可知，PCR 产物的生成是以指数方式增加的，即使按 75% 的扩增效率计算，单拷贝基因经 25 次循环后，其基因拷贝数也在 10^6 倍以上，即可将极微量（pg 级）DNA，扩增到紫外光下可见的水平（μg 级）。

（3）简便快速：现已有多种类型的 PCR 自动扩增仪，只需把反应体系按一定比例混合，置于仪器上，反应便会按所输入的程序进行，整个 PCR 反应在数小时内就可完成。扩增产物的检测也比较简单，可用电泳分析，不用同位素，无放射性污染且易推广。

（4）对标本的纯度要求低：不需要分离病毒或细菌及培养细胞，DNA 粗制品及总 RNA 均可作为扩增模板。可直接用各种生物标本，如血液、体腔液、洗漱液、毛发、细胞、活组织等粗制的 DNA 扩增检测。

3.2　PCR 引物的设计

引物是指与待扩增的靶 DNA 区段两端序列互补的人工合成的寡核苷酸短片段，它通常包括引物 1 和引物 2 两种，引物 1 又称 Watson 引物，是 5'端与有义链互补的寡核苷酸，用于扩增编码链或 mRXA 链；引物 2 又称为 Crick 引物，是 3'端与反义链互补的寡核苷酸，用于扩增 DNA 模板链。两引物在模板 DNA 上结合位点之间的距离决定了扩增区段的长度。实验表明，1 kb 之内是理想的扩增跨度，2 kb 左右是有效的扩增跨度，而超过 3 kb 就无法得到有效的扩增，而且也难以获得一致的结果。因此，引物的选择与合成对 PCR 成功与否具有决定性意义。

3.2.1　引物的选择

位于高保守区互补的引物，可以特异性扩增某一目标 DNA，可用于目标基因的分离或鉴定（而随机引物可导致多区域扩增），产生特征性 PCR 扩增指纹图谱，从而用于快速基因分型。

待扩增的目标 DNA 不同，使用的引物也不相同。常用的引物选择方法有 3 种：第 1 种方法是根据文献选择，文献作者已使用过某对引物，并对其进行了灵敏度、特异性、循环参数、反应条件等诸多研究，可直接引用其序列，合成后作 PCR 扩增；此法的成功率很高。第 2 种方法是根据文献的 DNA 序列或基因数据库（如 EMBL 数据库）查询的 DNA 序列自行设计引物。第 3 种方法是对获得的目的 DNA 片段作核苷酸分析，然后自行设计引物。

3.2.2 引物设计的原则

引物设计的总原则是：提高特异性扩增，抑制非特异性扩增。主要标准如下：

（1）长度应为 15~30 bp，一般为 18~24 bp，与模板顺序互补。引物的有效长度 $[ln = 2(G + C) + (A + T)]$ 不能大于 38，因 $ln>38$ 时，最适延伸温度会超过 Taq DNA 聚合酶的最适温度（74 ℃），不能保证产物的特异性。

（2）碱基随机分布引物中四种碱基的分布最好是随机的，避免嘌呤、嘧啶一连串堆积。尤其在 3'端不应超过 3 个连续的 G 或 C，以免引物在 G+C 富集序列区错误引发。

（3）G+C 含量在 40%~60%间，以 45%~55%为宜，太少扩增效果不佳，G、C 过多易出现非特异条带。引物的 T_m 是寡核苷酸的解链温度。有效启动温度（T_p）一般高于 T_m 5 ℃~10 ℃。T_m 可以用公式（3.2.2-1）简单地计算。

有效引物的 T_m 应为 55 ℃~80 ℃，其 T_m 最好接近 72 ℃，以使复性条件最优。

$$T_m = 4(G + C) + 2(A + T) \tag{3.2.2-1}$$

（4）引物本身不应存在互补序列，否则引物自身会折叠成发夹状结构或引物本身复性，引物本身互补序列不能连续超过 3 个碱基；避免引物内部出现二级结构，因这种二级结构会因空间位阻而影响引物与模板的复性结合。

（5）引物之间两引物间不应有互补性，尤应避免 3'端重叠，这样可避免形成引物二聚体，产生非特异的扩增条带。引物间的连续互补不应超过 4 个碱基。

（6）引物的 3'端引物的延伸是从 3'末端开始的，3'末端的碱基，特别是最末及倒数第 2 个碱基，严格要求配对。实验表明，引物的 3'末端末位碱基在错误配对时，不同碱基的引发效率存在很大差异，当末位碱基为 T 时，即使在错配的情况下，也能引发链的合成，而末位碱基为 A 时，错配时引发效率最低，G、C 居于中间，所以 3'末端末位碱基最好选 A、G、C，而不选 T，尤其避免出现连续 2 个以上的 T。

（7）引物的 5'端引物 5'末端对扩增的特异性影响不大，只要与 DNA 结合的长度足够即可，因此 5'末端碱基可以不与模板 DNA 匹配而呈游离状态。在引物设计时可在 5'末端加上限制性内切酶位点、进行标记、引物 DNA 结合蛋白序列、引入突变位点、插入与缺失突变序列、引入一些启动子序列，以及一些特殊目的序列等。如有可能，酶切位点最好加在引物的中间。

（8）避开简并位点如扩增编码区域，不要使引物 3'端终止于密码子的第 3 位，因该位置易发生简并，而影响扩增的特异性与效率。

（9）引物的特异性引物与非特异扩增序列的同源性不要超过 70%或有连续 8 个互补碱基。而引物要与特异性扩增序列有较高的同源性。选自靶 DNA 序列两端保守区，可设计出不同特异性的引物，如检测病原微生物，可选择出针对属、种、型的共同抗原基因保守区的引物。应查出亲缘关系密切的微生物相关基因进行比较，以免交叉扩增。为保证引物扩增的特异性，应在待分析基因组中的高度保守区内设计引物。另外，有的病原体不同的保守区域内，引物的扩增敏感度不同，应加以注意。

（10）扩增片段的长度在临床检测中扩增片段长度一般在 100～800 bp，多在 200～600 bp，以利于循环参数的统一及扩增产物分析。

 3.2.3 引物设计的主要数据库和软件

目前，PCR 引物的设计多采用商用引物设计软件和在线大型核酸数据库。较为权威的引物设计国际 3 大核酸数据库分别为 NCBI（http://www.ncbi.nlm.nih.gov）、DDBJ（http://www.ddbj.nig.ac.jp）、EMBL（http://www.ebi.ac.uk/embl）。商用引物设计软件有：BlockMaker、CodeHop、clustalW2、Vector NT I Suit、Dnasis Omig a、DNAstar、DNAMAN、Oligo 6.0、Premier Primer 5.0 等。

进行引物设计时模板选择有两种情况：一种是扩增已知基因，需要在 GenBank 数据库中搜索相同物种该基因的 DNA 或者 mRNA 作为模板来设计引物；另一种是扩增未知基因，需根据比较基因组定位的原理，选择研究深入的高等动植物保守的功能基因的 DNA 或者 mRNA 序列为模板来设计引物。无论进行哪种模板选择，都要涉及商用引物设计软件和在线大型核酸数据库，引物设计的具体流程详如图 3.3 所示。

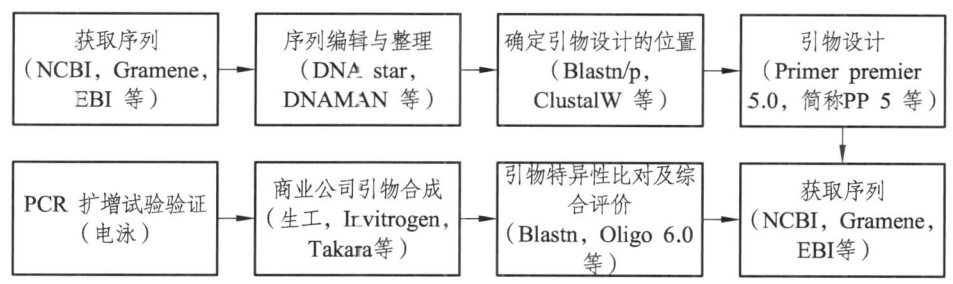

图 3.3 引物设计流程

（1）NCBI 搜索核苷酸序列。登录 https://www.ncbi.nlm.nih.gov/genbank/，可以从 GenBank 中获取基因序列作为模板。根据试验要求来确定需要扩增的 DNA 序列，并知道其编码结构基因区序列。具体方法如下：在 Search 对话框中选择 Nucleotide，在对话框中填入所要查找的 Nucleotide 名称，如输入 CPT，点击 Go 即得到与 CPT 相关的许多序列信息，从中选择物种相近的 1 个，然后将其序列与 GenBank 中相关序列进行比较。

（2）序列同源性分析与比较。运用 DNAStar 等相关软件进行序列比较，具体步骤为打开 DNAStar，点击 Meg Align，在 File 菜单中选择 Eenter Sequences，在查找范围对话框中将上述获得的目的序列复制，点击 Done，软件就自动把输入的所有序列进行比较，确定同源性区域。找出同源性较高的区域，在该区域内选择出引物设计的模板，通过以上的计算机操作便可以完成序列编辑与处理以及引物设计位置的确定。

（3）使用 Primer Premier 5.0 设计引物。Primer Premier 5.0 是目前使用较多的引物设计软件，利用其高级引物功能，进行引物数据库搜索、巢式引物设计、引物编辑和分析等，可以设计出有高效扩增能力的理想引物，也可以设计出用于扩增长达 50 kb 以上的 PCR 产物的引物序列。该软件主要由 GeneBank 序列编辑、Primer 引物设计、Align 序列比较、Enzyme 酶切分析和 Motif 基序分析等几个主要功能模块组成。以 CPT 为例设计引物，可以直接打开 Primer Premier 5.0，点击 File 菜单 New 中 DNA Sequence，然后在下面空白处输入 CPT 基因序列，出现新界面，点击 Primer，再点击 Search，弹出对话框，点击 OK 按钮，出现含有各种可能引物信息的新窗口。通过点击相应引物搜寻界面中的各对引物，便会相应显示引物的各种信息。最后在引物编辑窗口对程序自动和手工找到的引物序列进行编辑，并根据具体基因引物设计的类型、研究目的和意义进行选择。

Primer Premier 5.0 虽然能够全面地给出引物的各种参数，并从多个角度对引物做出有效的综合评价，但是在程序设计上还有很多不足之处，例如在错配预测的判断上不够准确，无法再使用结合错配的具体配对情况进行综合分析；另外，程序对

于产物的 T_m 值和引物 T_m 值之间的差异也未能给出评价等，因此，在引物设计过程中可以采用多个软件，以达到引物设计的目的。

（4）BLAST 比对。首先登录 http://www.ncbi.nlm.nih.gov，然后点击 BLAST；其次进入 Nucleotide blast，在 Search 对话框中将上述获得的序列复制粘贴，点击 BLAST 后 GenBank 将自动把输入的序列与序列资源库中所有相关序列进行比较。在比较结果中列出所有的相关序列比较的情况，当然也包括同一物种不同长度及不同物种已在 GenBank 中登记的相关基因序列的综合比较。

如果是对特异引物的特异性分析，还可以登录 www.gramene.org 进行前后引物 Blastn 位置分析，如前后引物均只在基因组的相近位置有完全匹配，则可认为具有较好特异性。然后可以根据研究目的选择使用相应的序列比较资料，也可以利用结果中提供的信息获得自己最需要的一种基因序列，为下一步的 PCR 引物设计打下基础。

（5）筛选后引物的综合评价。筛选后引物首先可以在软件上进行分析评价，设计引物的软件一般也具备引物分析评价功能。各种软件侧重点有所不同，在引物分析评价功能方面，通过综合比较，以 Oligo 6.0 软件最优秀，可快速设计出高成功率的引物。Oligo 6.0 是目前使用较为广泛的引物设计软件，除了可以简单快捷地完成各种引物和探针的设计与分析外，还具有很多其他同类软件不具有的高级功能。可以依照引物设计原则，运用 DNAStar 软件对引物进行分析：打开 DNAStar，点击 Primer Select，在 Report 菜单中分别选择 Primerself Dimers、Primer pair Dimers、Primer Hairpins，进行引物自身和引物之间的分析，筛选出符合要求的引物。

（6）商业公司引物合成。目前国内已经有较成熟的商业化的引物合成服务，国内较大的几家引物合成公司有上海生工、宝生生物、Invitrogen 等。仅需要在引物合成订单上填写设计好的引物序列、引物名称、纯化方式等，合成周期多在 7~15 天。合成的引物必须经聚丙烯酰胺凝胶法、离子交换法、高效液相色谱法（HPLC）、寡聚核苷酸纯化柱法或反向 HPLC 纯化。否则，合成的引物中含有相当数量的"错误序列"，其中包括不完整的序列和脱嘌呤产物，以及可检测到的碱基修饰的完整链和高分子质量产物。这些序列可导致非特异扩增和信号强度降低，因此，PCR 中所用引物质量要高，而且要纯化、定量。商业化合成的引物一般采用 DNA 合成仪，具有较为稳定的质量和准确的定量。

（7）PCR 扩增试验验证。商业合成的引物可以通过 PCR 扩增后的凝胶成像系统（或 PAGE 电泳、毛细电泳等）进行试验验证。一是验证 PCR 产物的量以及 PCR 扩增的特异性和效率；二是验证是否会形成引物二聚体条带；三是验证以 DNA 为模板设计引物时，PCR 扩增产物是否与预期 PCR 产物大小相当。

3.2.4 引物设计后基因的重新检测

引物设计后应进行基因的重新检测。引物多次筛选是为了在设计的多对引物中找出适合进行特异、高效 PCR 扩增的引物。主要应注意以下两点：一是将得到的一系列引物分别在 GenBank 中进行回检，即把每条引物在比对工具（http://www.ncbi.nlm.nih.gov/blast）的 blastnr 中进行同源性检索，弃掉与基因组其他部分同源性比较高的引物，也就是有可能形成错配的引物。一般连续 10 bp 以上的同源有可能形成比较稳定的错配，特别是引物的 3'端应避免连续 5~6 bp 的同源序列。二是以 mRNA 为模板设计引物时，要先利用生物信息学的知识大致判断外显子与内含子的剪接位点，然后弃掉正好位于剪接位点的引物。

3.2.5 引物设计的注意事项

（1）引物类型及应用范围。试验中一般涉及到的引物都是人工合成的短链 DNA，以便用于后期的 PCR 反应或者测序验证。目前所设计引物的主要类型为特异性引物、非特异性引物和简并引物。特异性引物通常有很大的特异性，可以扩增单个位点，主要用于特异分子标记、基因克隆、测序和 RT-PCR 等。非特异性引物具备很好的随机性，可以同时扩增多个位点，主要用于非特异分子标记等。简并引物，即有较强的简并性，如果一个 PCR 引物在其某几个位置有几个可能的碱基即被称为简并引物，主要用于同源基因或保守结构域克隆。

（2）引物自身及引物之间不应存在互补序列。引物自身存在的互补序列会形成发夹结构和引物二聚体，影响引物与模板的复性结合。自身连续互补的碱基数宜少于 4 个。引物二聚体及发夹结构如果不可避免，应尽量使其 ΔG 值不要过高，ΔG 值是指 DNA 双链形成所需的自由能，它反映了双链结构内部碱基对的相对稳定性，ΔG 值越大，则双链越稳定。

（3）引物长度以及 GC 含量要较合适以保证合适的 T_m 值。特异引物长度一般在 18~27 bp，但不应大于 38 bp，引物过短会影响到扩增的特异性，过长会导致其延伸温度大于 74 ℃，不适于 Taq 酶扩增反应，会影响扩增速率。如果扩增产物≤500 bp，引物长度为 16~18 bp 即可。若扩增产物为 4~5 kb，引物最好不要少于 24 bp。引物

3'末端应含有所研究基因特异序列中的 17~30 bp。

T_m 值是寡核苷酸的解链温度,即在一定盐浓度条件下,50%寡核苷酸双链解链的温度。T_m 值 55 ℃~80 ℃ 为宜,上下游引物间的 T_m 值差异最好在 10 ℃ 以内。GC 含量一般以 40%~60%为宜,上下游引物间的 GC 含量差异在 20%以内最好,这样可以适当提高引物的特异性。一般退火温度比 T_m 值低 5 ℃~15 ℃。两条引物的 T_m 值最好相同,相差不要超过 3 ℃。

(4)引物 3'端不能选择 A,最好选择 T。当引物的末位碱基为 A 时,即使在错配的情况下,也能引发链的合成,而为 T 时,错配的引发效率大大降低。G/C 错配的引发效率介于 A/T 之间,则 3'端最好选择 T,提高扩增效率。还应注意碱基分布的均衡性,引物应避免嘌呤或嘧啶的堆积现象,避免连续出现 4 个以上的同一碱基。

(5)引物序列在模板内应当没有其他相似性较高的序列。尤其是 3'端,如存在相似性较高的序列,容易导致错配。解决策略主要是使引物中 4 种碱基随机分布,尤其 3'端不应超过 3 个连续的 G/C,否则会使引物错配在 G/C 富集区。

(6)扩增产物的单链不能形成二级结构以及特异性引物要具有特异性。某些引物无效的主要原因是扩增产物单链二级结构的影响,选择扩增片段时最好避开二级结构区域。特异性分析方法为引物设计完成以后,应对其进行 BLAST 分析。DNA 序列的保守区是通过物种间相似序列的比较确定的,在 NCBI 上搜索不同物种的同一基因,通过序列分析软件比对各基因相同的序列就是该基因的保守区。

(7)引物 5'端可以修饰,3'端不可修饰且要避开密码子第 3 位。引物 5'端修饰包括加酶切位点、引入突变或插入缺失突变序列、引入启动子序列、标记各种生物素等。引物的 5'端对扩增特异性影响不大,可进行修饰,引物的延伸是从 3'端开始的,3'端不能进行任何修饰。如扩增编码区域,引物 3'端不要终止于密码子的第 3 位,因密码子的第 3 位易发生简并,会影响扩增的特异性与效率。另外,应当选用 5'端和中间 ΔG 值相对较高,而 3'端 ΔG 值较低的引物。

引物设计不仅是 PCR 的第一步,更是使其成功扩增的关键一步,好的引物不但能避免背景和非特异物的产生,而且也能识别 cDNA 和基因组模板。由于基因克隆成功关键步骤就在于 PCR 反应,扩增产物必须要具备高效性、特异性,所以只有科学严谨地抓住引物设计的每个环节,才会得到最理想的结果。

当然,设计特异性引物虽然有自身的一些规律可循,但是有较大的不确定性和偶然性,设计者只有查阅大量的文献,积累足够多的经验并不断探索,才能取得满意的结果。在该文中涉及到的所有生物分析软件的计算结果只是在软件所规定标准状态下的推理结果,必须要预先查看一下软件帮助中设计的环境要具备什么条件。在实际状态下,由于核酸杂质、有机物质浓度、pH 值、离子种类和浓度等很多因素影响,且核酸杂交也不是机械地对应杂交,它们只会按照最有利于自身杂交的状态去反应。因此,通常情况下,实际杂交状态是不可预知的,会存在许多未知性和不确定性。

3.3 PCR 引物的设计

3.3.1 PCR 反应体系的组成

（1）模板。作为 PCR 模板的核酸标本来源广泛，用于提取核酸的材料种类可能差异很大，如 1 000 多万年前的木兰科叶子化石、已灭绝动物皮中发现的肌肉、单根人类毛发和石蜡包埋的活组织标本等；也可以从培养的细胞和微生物中提取。虽然大多数 PCR 对模板的要求不高，纯度要求也不严，用量也低，待扩增核酸仍需要部分纯化，以除去核酸标本中的蛋白酶、核酸酶、Taq DNA 聚合酶抑制物以及能结合 DNA 的蛋白。纯化核酸的目的主要在于：

① 除去杂质，特别是除去干扰 Taq 酶活性的物质。

② 使待扩增的靶序列 DNA 暴露和浓缩，从而保证有足量的 DNA 模板启动 PCR 反应。

③ 有利于评价扩增体系的灵敏度，并根据产物对靶 DNA 进行定量分析。

提取 DNA 的基本过程是在 EDTA 存在的条件下，用蛋白酶 K 及 SDS 裂解细胞，消化蛋白质，使核蛋白解聚及胞内 DNA 酶失活；然后用酚、氯仿多次抽提以去除蛋白质，在 DNA 中若混有少量 RNA，可用 RNA 酶去除；最后用乙醇沉淀得到 DNA：在提取中应尽量保持 DNA 完整性和纯度，防止 DNA 降解。被扩增的 DNA 特定序列不需要事先从样品 DNA 中分离，因为 PCR 产物的序列，即反应的特异性是由寡核苷酸引物所决定的。单、双链 DNA 和 RNA 都可作为 PCR 的模板，如果起始模板为 RNA，须先通过逆转录得到第一条 cDNA 链后才能进行 PCR 扩增。理论上，PCR 可以扩增极其微量的核酸样品（甚至是单个细胞的 DNA），但是为了保证反应的特异性，PCR 反应中的模板加入量一般为 $10^2 \sim 10^5$ 个拷贝靶序列，即一般宜用 ng 量级的克隆 DNA，μg 级的染色体 DNA 或 10 倍的待扩增片段来做起始材料，人类基因组 DNA 1 μg 相当于 3×10^5 个单拷贝靶分子，大肠杆菌 DNA 1 ng 相当于 3×10^5 个单拷贝靶分子。因此扩增不同拷贝数的靶序列时，加入的含靶序列的 DNA 量也不同。另有资料认为，用小分子质量和线性模板 DNA 扩增效果较好。因此当使用极高分子质量的 DNA（如基因组 DNA）时，可以使用低频率切点的限制酶（如 *Not* I 或 *Sat* I）先进行消化，再作扩增效果好；闭合环状质粒作 PCR 模板时最好先线性化处理，以提高扩增效率。

（2）引物。一般 PCR 反应中每条引物的浓度为 0.1~1.0 mol/l，在此范围内 PCR 产物量基本相同。引物浓度过低则 PCR 扩增产量降低，引物浓度过高又会促进引物的错误引导，导致非特异扩增，还会增加引物二聚体的形成，非特异产物和引物二聚体又可作为 PCR 反应的底物，与靶序列竞争 DNA 聚合和 dNTP 底物，从而使靶序列的扩增量降低，且不经济。实验证明，低浓度引物不仅经济而且特异性好。

（3）dNTP。dNTP 是 dATP、dCTP、dGTP、dTTP 的总称，dNTP 储存液必须为 pH 7.0 左右，其浓度一般为 2 mmol/l。dNTP 的质量与浓度和 PCR 扩增效率有密切关系。dNTP 粉呈颗粒状，如保存不当易变性失去生物学活性。dNTP 溶液呈酸性，使用时应配成高浓度储存液后，以 1 mol/l 的 NaOH 或 1 mol/l 的 Tris-HCl 缓冲液将其 pH 调节到 7.0~7.5，最初的储存液可稀释到 10 mol/l，小量分装后于 $-20\ ℃$ 冰冻保存。多次冻融会使 dNTP 降解。PCR 反应体系中，每种 dNTP 的终浓度为 50~200 μmol/l，在此范围内，扩增产物量、特异性与合成忠实性之间的平衡最佳。dNTP 浓度过高会引起错误掺入，过低又影响产量。理论上，100 μl 反应液中两种 dNTP 的浓度为 20 μmol/l 时，足以合成 12.5 μg DNA 或合成 10 pmol 400 bp 的 DNA 片段。4 种 dNTP 的终浓度应该相同，任何一种的浓度明显偏高或偏低时，都会导致链延伸时的错误掺入增加，过早终止合成反应。如在 100 μl 的反应体系中，4 种 dNTP 的浓度为 20 μmol/l 可基本满足合成 2.6 μg DNA 或 10 pmol/l 的 400 bp 序列。另外，dNTP 的类似物也可加入 PCR 反应体系中，如 5-溴化脱氧尿嘧啶、生物素化脱氧尿嘧啶核苷或地高辛化脱氧尿嘧啶核苷，与 dNTP 的比例以 1：3 加入，生成的 PCR 产物即为非放射性标记的核酸探针，用于核酸探针杂交试验。

dNTP 会络合溶液中的 Mg^{2+}，而且大于 200 μmol/l 的 dNTP 会增加 Taq DNA 聚合酶的错配率。如果 dNTP 的浓度达到 1 mmol/l 时，则会抑制 Taq DNA 聚合酶的活性。

（4）缓冲液。目前最为常用的缓冲体系为 10~50 mmol/l 的 Tris-HCl（pH 8.2~8.3，20 ℃），PCR 标准缓冲液含有 10 mmol/l 的 Tris-HCl（pH 8.3）、50 mmol/l 的 KCl、1.5 mmol/l 的 $MgCl_2$、0.1 g/l 的明胶。

Tris-HCl 是一种双极性离子缓冲液，该缓冲液于 72 ℃ 保温时，pH 下降到 7.3。反应液中 50 mmol/l 以内的 KCl 有利于引物退火，50 mmol/l 的 NaCl 或 50 mmol/l 以上的 KCl 则抑制 Taq 酶的活性。有的反应液以氯化铵或醋酸铵中的 NH 代替 K，其浓度为 16.6 mmol/l。明胶有保护 Taq 酶的作用，有的反应中以小牛血清白蛋白（100 μg/ml）或吐温-20（0.5~1.0 g/l）代替明胶。反应中加入 5 mmol/l 的二硫苏糖醇（DTT）也有类似作用，尤其在扩增长片段延伸时间较长时，加入这些酶保护剂对 PCR 反应是有利的。有的实验室推荐在 PCR 缓冲液中加 100 g/L 二甲基亚砜（DMSO），其作用是打开 DNA 的二级结构，使模板 DNA 易于变性。

PCR 标准缓冲液对大多数模板 DNA 及引物都是适用的，但对某一特定模板和引物的组合，标准缓冲液并不一定就是最佳条件，因此各实验室可在此条件上，根据具体扩增项目进行改进。其中 Mg^{2+} 浓度对扩增作用的特异性和产量有明显影响。Taq 酶是一种 Mg^{2+} 依赖酶，Mg^{2+} 浓度一般为 1.5 mmol/l 左右。Mg^{2+} 浓度过低时，酶活力明显降低；过高时，酶可催化非特异性扩增。由于反应体系中的 DNA 模板、引物和 dNTP 都可能与 Mg^{2+} 结合，因此降低了 Mg^{2+} 的实际浓度。所以建议，反应中 Mg^{2+} 加量至少要比 dNTP 浓度高 0.5～1.0 mmol/l。

（5）Taq DNA 聚合酶。Taq 酶是一种耐热的 DNA 聚合酶，92.5 ℃ 时半衰期至少是 130 min。在不同的实验条件下，此酶的聚合酶活性为每秒 35～100 个碱基。在 70 ℃ 延伸时，链的延伸速度每秒可达 60 个碱基。在 100 µl 标准体积的 PCR 反应液中，一般加 Taq 酶 2.5 U，足以达到每分钟链延伸 1 000～4 000 个碱基。Taq 酶除了聚合作用，还具有 5'→3' 外切酶活性，但缺乏 3'→5' 切酶活性，因此不能纠正链延伸过程中核苷酸的错误掺入。估计每 9 000 个碱基出现一次错误，而合成 41 000 个核酸可能导致一次框码移位。由于错误掺入碱基有终止链延伸的倾向，这就使得发生了的错误不会继续扩大。

在 DNA 的高温合成过程中，Taq DNA 聚合酶和其他热稳定 DNA 聚合酶的酶促特性、生化和结构特性及其辅助蛋白的复制识别的特性等，都有待于进行更深一步的研究，只有全面了解了这些特性，才能提高 PCR 合成产物的产量，提高其特异性，并增强检测微量靶 DNA 的敏感性。

（6）反应促进剂。PCR 反应中，加入一定浓度的添加剂如 DMSO（二甲基亚砜）、甘油或甲酰胺等，可提高 PCR 扩增效率及特异性。但目前，关于添加剂对 PCR 扩增效率的影响机制尚不清楚。可能是添加剂消除了引物和模板的二级结构，降低 DNA 双链的解链温度，使 DNA 双链变性完全。同时，添加剂还可增进 DNA 复性时的特异配对，增加或改变 DNA 聚合酶的稳定性，提高 PCR 扩增效率。现已发现不同温度条件下，添加剂会影响 Taq 酶的半衰期。反应中加入小牛血清白蛋白（100 µg/ml）或明胶（0.01%）或吐温-20（0.05%～0.1%）有助于酶的稳定，反应中加入 5 mmol/l 的二硫苏糖醇（DTT）也有类似作用，尤其在扩增长片段（此时延伸时间长）时，加入这些酶保护剂对 PCR 反应是有利的。

对于不同的 PCR 反应体系，添加剂的浓度及其对 PCR 扩增的影响是不同的，当添加剂的浓度超过某一范围时，反而会抑制 PCR 扩增。如表 3.1 所示归纳了几种添加剂对 PCR 反应的影响。

表 3.1　影响 PCR 反应添加剂的浓度

名称	抑制	促进	名称	抑制	促进
DMSO	>10%	>5%	甘油	>20%	10%～15%
PEG	>20%	5%～15%	吐温 20	未测定	0.1%～2.5%
甲酰胺	>10%	5%			

① 二甲基亚砜（DMSO）：许多耐热 DNA 聚合酶厂家推荐在 PCR 反应中加入 10%DMSO，这可能是 DMSO 有促进 DNA 变性的作用。DMSO 的使用对大肠杆菌 DNA 聚合酶 I Klenow 片段是有益的，但对 TaqDNA 聚合酶有抑制作用，一般反应中应尽量不用 DMSO。不过，在复合 PCR 中可以用。

② 甘油：有报道指出，反应中加入 5%~15%甘油有助于 PCR 反应的复性过程，尤其对 G+C 含量高和二级结构多的靶序列以及扩增长片段（>1 500 bp）更适用，应注意的是，DMSO 和甘油并非对所有 PCR 均有益，因此，是否加入这些试剂应根据具体情况而定，也需要操作者的探索。

③ 氯化四甲基铵（TMAC）：在反应中加入 $1 \times 10^{-5} \sim 1 \times 10^{-4}$ mol/l 的 TMAC 可促进 PCR 去除非特异扩增，而不抑制 *Taq* DNA 聚合酶。

④ T4 噬菌体基因 32 蛋白质(gp32)：加入 0.5~1.0 μl 的 gp32 1 nmol/l(Pharmacia 公司)，可使 Tag 聚合酶对长片段 DNA 的扩增改善至少 10 倍。

3.3.2 循环参数

（1）变性时间和温度。模板 DNA 和 PCR 产物的变性不充分是 PCR 失败的主要原因。DNA 在其链分解温度 t_{ss} 时的变性只需几秒钟，但反应管内达到 t_{ss} 还需一定时间，变性温度太高会影响酶活力。适宜的变性条件是 95 ℃×30 s，或 97 ℃×15 s，若低于 94 ℃，则需延长变性时间。使用较高的温度是适宜的，特别是对 G+C 比较丰富的模板序列。变性不完全，DNA 双链会很快复性，因而减少产量。在变性中，温度太高或反应时间过长，又会导致酶活力的损失。为提高起始模板的变性效果，保存酶活力，常常在加入 Taq 酶之前 97 ℃ 先变性 7~10 min，再按 94 ℃ 的变性温度进入循环方式，这对 PCR 的成功有益处。Taq DNA 聚合酶活力半衰期在 92.5 ℃ 为 2 h 以上，95 ℃ 为 40 min，97 ℃ 为 5 min。

（2）引物的退火。退火温度和所需时间取决于引物的碱基组成、长度和浓度。实际使用的退火温度要低于扩增引物在 PCR 条件下真实 T_m 值的 5 ℃。引物越短（12~15 bp），退火温度越低（40 ℃~45 ℃）。Taq DNA 聚合酶的活性温度范围很宽，退火温度在 55 ℃~72 ℃ 之间会得到好的结果。在典型的引物浓度时(如 0.2 μmol/l)，退火仅需数秒即完成。若降低复性温度（37 ℃）可提高扩增产量，但引物与模板间错配现象会增多，导致非特异性扩增上升；若提高复性温度（56 ℃~70 ℃），虽扩增反应的特异性增加，但扩增效率下降。理想的方法是：设置一系列对照反应，以确定扩增反应的最适复性温度。一些 PCR 的研究者建议 PCR 的扩增，使用两种温度范围效果较好，55 ℃～75 ℃为退火和延伸温度，94 ℃～97 ℃为变性温度。

（3）引物的延伸。Taq DNA 聚合酶虽能在较宽的温度范围为催化 DNA 的合成，但不合适的温度仍可对扩增产物的特异性、产量造成影响。延伸温度一般选择在 70 ℃～75 ℃（较复性温度高 10 ℃左右），此时 Taq DNA 聚合酶具有最高活力。

延伸时间长短取决于模板序列的长度和浓度以及延伸温度的高低。在最适温度下，核苷酸的掺入率为 35～100 nt/s，这也取决于缓冲体系、pH、盐浓度和 DNA 模板的性质等，延伸 1 min 对长达 2 kb 的扩增片段是足够的，延伸时间过长会导致非特异扩增带的出现，但在循环的最后一步延伸时，为使反应完全，提高产量，可将延伸时间延长 4 min～10 min。如果底物的浓度非常低时，较长的扩增时间对初期的循环是十分有帮助的，在稍后的循环中，当扩增产物的浓度超过酶的浓度（约 1 μmol/l），dNTP 减少，适当增加引物延伸时间对扩增有较好的帮助，所以最后一轮延伸时间常定为 5～7 min。

（4）循环次数。PCR 的循环次数主要取决于模板 DNA 的浓度，一般为 25～35 次，此时 PCR 产物的积累即可达最大值，刚刚进入"平台期"。即使再增加循环次数，PCR 产物量也不会再有明显的增加。"平台期"是指 PCR 后期循环产物的对数积累趋于饱和，并伴随 0.3～1 pmol 靶序列的累计。随着循环次数的增加，一方面由于产物浓度过高，以致自身相结合而不与引物结合，或产物链缠结在一起，导致扩增效率的降低；另一方面，随着循环次数的增加，Taq DNA 聚合酶活性下降，引物及 dNTP 浓度下降，易发生错误掺入，非特异性产物增加。因此，在得到足够产物的前提下应尽量减少循环次数。

3.4　PCR 扩增产物的检测分析

目前检测 PCR 扩增产物的方法包括凝胶电泳、层析技术、核酸探针杂交、酶切图谱分析、单链构型多态性分析、核酸序列分析等。

3.4.1　脂糖凝胶电泳

琼脂糖凝胶电泳是检测 PCR 扩增产物最常用的方法之一。不同目的的电泳可使用各种浓度的凝胶；不同浓度的琼脂糖凝胶可以分离 DNA 片段大小的范围参数如表 3.2 所示。

表 3.2　琼脂糖浓度与分离片段的关系

琼脂糖浓度/%	长链 DNA 分子有效分离范围/bp	琼脂糖浓度/%	长链 DNA 分子有效分离范围/bp
0.3	5～60	1.2	0.4～6
0.6	1～20	1.5	0.2～4
0.7	0.8～10	2.0	0.1～3
0.9	0.5～7	—	—

核酸凝胶电泳结果的检测方法有溴化乙锭染色、银染色及同位素放射自显影等，其中溴化乙锭染色法由于其较高的灵敏度和经济性使用较为普遍。溴化乙锭（Ethidium Bromide，简称 EB）是一种荧光剂，由于 EB 分子插入在 DNA 双螺旋结构的两个碱基之间后，能形成一种在紫外光激发下发出很强橙红色荧光的络合物，所以十分容易观察。检测的灵敏度非常高，1 μg/ml 的溴化乙锭溶液可检出 10 ng 或更少的 DNA 样品。溴化乙锭产生的荧光在紫外光源下放置时间过长能被淬灭，也容易受一些化学物质的污染而淬灭。值得注意的是 EB 是一种 DNA 诱变剂，具有一定挥发性和较强的毒性。研究表明 EB 作为诱变性的化合物，它在人体中诱导突变的机制是不可逆转的。科学家曾使用果蝇作为模式生物，将幼虫暴露在 EB 光照下 15 天，实验组果蝇分别出现不同程度的畸形：如翅膀丢失，胸背部缺失等，表现出严重的遗传毒理学伤害。因此，使用 EB 时应注意避免与皮肤接触，做好实验防护。实验室中的 EB 污染物应妥善处理，EB 溶液的污染物不能直接倒入下水道及垃圾中，含有 EB 的凝胶应在干燥后烧毁。

由于 EB 对实验人员和环境有潜在的危害，目前已经研发出较多的用于凝胶电泳较为安全的 EB 商业替代品。如美国 Biotium 公司开发的红色荧光 GelRed™ 和绿色荧光 GelGreen™ 染料。GelRed™ 和 GelGreen™ 两种染料具有膜不通透性，在工作浓度不易穿透细胞，不会结合活细胞的 DNA，因而具有无毒无突变性，可作为无害废料处置。

用琼脂糖凝胶电泳法测定 DNA 片段的分子质量，是在同一块凝胶板上样品槽中加待测样品，加一个标准分子量样品（DNA ladder）同时进行电泳，然后用 EB 染色，通过生物凝胶成像分析系统或紫外灯比较样品与标准品的位置，即可估计出待测样品的分子量大小范围。一般商品化的 DNA ladder 分子量范围为 10 bp 到 48.5 kb，实验室最常用的 DNA ladder 为 100～2 000 bp 和 250～15 000 bp 两种分子量范围。

 3.4.2　聚丙烯酰胺凝胶电泳

聚丙烯酰胺凝胶电泳基本原理是利用聚丙烯酰胺凝胶的分子筛效应和电荷效应来实现样品中不同分子大小和电荷性质的物质的分离。

在聚合过程中，四甲基乙二胺（TEMED）的游离羟基促进过硫酸铵[$(NH_4)_2S_2O_8$]的水溶液产生 SO_4^{2-} 自由基，自由基使单体丙烯酰胺和 N, N'-亚甲基双丙烯酰胺的 C-C 双键打开而被活化，活化的自由基丙烯酰胺之间能发生聚合形成丙烯酰胺长链，同时活化的甲叉双丙烯酰胺在不断延长的丙烯酰胺链间形成甲叉键交联，从而形成交联的三维网状结构。当电流通过含有样品的凝胶时，带电粒子会受到电场力的作用而向相反极性的电极移动。由于聚丙烯酰胺凝胶具有孔径不均一的特性，大分子物质由于不能通过小孔而被阻挡在后面，而小分子物质则可以快速通过凝胶；同时，由于不同的物质有不同的电荷密度，因此它们在电场中的迁移速度也不同，从而实现了对样品中各种成分的分离。需要注意的是，聚丙烯酰胺凝胶的浓度和交联度会影响凝胶的孔径大小和形状，进而影响到样品的分离效果。此外，在实际操作中还需要考虑缓冲液的 pH 值和离子强度等因素，以确保实验结果的准确性。

聚合后的聚丙烯酰胺凝胶的强度、弹性、透明度、黏度和孔径大小均取决于胶的浓度和交联度。聚丙烯酰胺凝胶电泳的浓度控制是非常关键的一环，因为它直接影响到凝胶的孔径大小和形状，进而影响到样品的分离效果。一般来说，聚丙烯酰胺凝胶的浓度越高，形成的凝胶孔径越小，分离的效果越好。但是，过高的浓度会导致凝胶过于紧密，使得样品不易进入凝胶内部，反而降低了分离效果。因此，选择合适的凝胶浓度是非常重要的。聚丙烯酰胺凝胶的孔径可以通过改变丙烯酰胺和甲叉双丙烯酰胺的浓度来控制。通常情况下，丙烯酰胺的浓度可以在 3%~30% 之间。低浓度的凝胶具有较大的孔径。不同浓度的聚丙烯酰胺凝胶，可以分离 DNA 片段大小的范围参数如表 3.3 所示。

表 3.3 聚丙烯酰胺凝胶含量与分离 DNA 片段大小的关系

聚丙烯酰胺凝胶含量/(g/l)	有效分离范围/bp	溴酚蓝位置相当于双链 DNA 片段/bp
35	1 000~2 000	100
50	80~50	65
80	60~400	45
120	40~200	20
150	25~150	15
200	6~100	12

除了凝胶浓度外，交联度也是影响凝胶孔径的重要因素。交联度是指聚丙烯酰胺分子之间形成交联键的比例，交联度越高，凝胶的强度越大，但孔径也会变小。因此，在制备凝胶时，需要根据实验需求来调整交联度。总之，聚丙烯酰胺凝胶电泳的浓度控制是一个非常精细的过程，需要根据实验目的和样品特性来进行适当的调整，以获得最佳的分离效果。

聚丙烯酰胺凝胶因有许多突出的优点而得到广泛的应用。其主要的优点有：

（1）可以随意控制胶浓度和交联度，从而得到不同的有效孔径，用于分离不同分子量的生物大分子。

（2）能把分子筛作用和电荷效应结合在同一方法中，达到更高的灵敏度，且聚丙烯酰胺凝胶是由-C-C-键结合的酰胺多聚物，侧链只有不活泼的酰胺基-CO-NH$_2$，没有带电的其他离子基团，化学惰性好，电泳时不会产生"电渗"。

（3）聚丙烯酰胺凝胶具有良好的分辨率和分离效率，能够将不同大小和电荷的物质有效地分离出来。

（4）因为可以制得高纯度的单体原料，电泳分离的重复性好；且凝胶机械强度好，有弹性，不易碎，便于操作和保存，还可以用作固定化酶的惰性载体。

（5）凝胶透明度高，便于照相和复印，且无紫外吸收，不染色就可以用于紫外波长的凝胶扫描作定量分析。

（6）操作简便：制备聚丙烯酰胺凝胶的过程相对简单，不需要特殊设备和技术，而且可以在较短的时间内完成。

 3.4.3 毛细管凝胶电泳

传统的琼脂糖凝胶电泳和聚丙烯酰胺凝胶电泳虽然具有操作简单，对DNA专属性高，可以满足大多数实验要求等优点，但仍存在一些不足还未解决：

（1）凝胶制备和样品分离消耗时间较长、效率低。

（2）染色剂和电泳缓冲液具有一定毒性和腐蚀性（EB、甲醛、硼酸等），对操作者和环境有潜在危害。

（3）无法准确计算DNA的含量以及DNA片段的大小。

毛细管凝胶电泳综合了毛细管电泳和凝胶电泳的优点，其原理是在毛细管内填充有凝胶或其他筛分介质，这些介质在结构上类似于分子筛。应用最多的介质是交联和非交联聚丙烯酰胺凝胶，主要模仿用于常规凝胶电泳的凝胶，可以理解为常规凝胶电泳的毛细管版。交联聚丙烯酰胺凝胶是由丙烯酰胺单体与亚甲基双丙烯酰胺作交联剂聚合而成，非交联线性聚丙烯酰胺凝胶在无交联剂存在下聚合而成。除聚丙烯酰胺凝胶外，琼脂糖、甲基纤维素、羟丙基甲基纤维素、聚乙烯醇等属于非胶筛分介质。当带电的被分析样品在电场作用下进入毛细管后，这些聚合物起到类似"分子筛"的作用，小分子容易进入凝胶而首先流出毛细管，大分子则因受到较大的阻力而后流出毛细管，流经凝胶的物质按照分子的大小顺序而被分离。与传统的凝胶电泳相比，毛细管凝胶电泳具有分辨率高、凝胶机械强度良好、较少的小分子扩散试样消耗少、易实现自动化、易定量等优点。目前，已经有较为成熟的商品化毛

细管凝胶电泳系统，可以实现电泳的全过程自动化，如安捷伦公司的 ZAG DNA 分析系统（如图 3.4 所示）。但由于此类商品化毛细管凝胶电泳系统均受专利保护，并且必须采用专用试剂盒，使用成本较高。

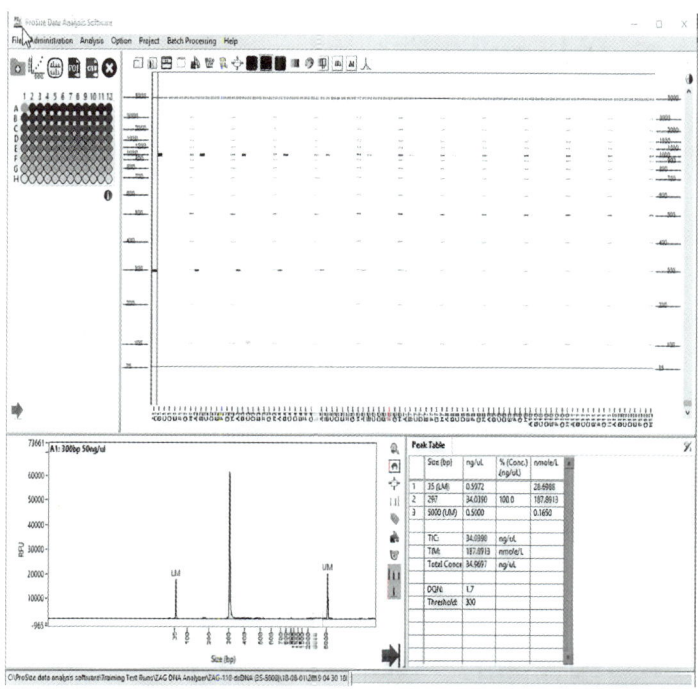

图 3.4　安捷伦 ZAG DNA 分析系统软件界面

3.4.4　核酸探针杂交鉴定法

为了确定 PCR 产物是否是预先设计的目的片段，或产物是否有突变，都需做分子杂交检测。分子杂交包括点杂交和 Southern 印迹杂交。点杂交无需进行电泳，直接对产物进行分析鉴定，还可将样品稀释成一系列不同浓度，对扩增产物进行定量分析。

该法灵敏度较高，特别适用于特异性不高的 PCR 扩增产物分析。其基本过程是将扩增产物固定到尼龙膜或硝酸纤维素膜上，用放射性或非放射性标记的探针杂交，还可将不同的探针固定到膜上，用标记的扩增产物进行杂交，称为"反向点杂交法"，该法可同时检测多个突变位点或多种病原体。目前主要用寡核苷酸探针杂交（ASO）检测点突变。

采用常规的 Southern 印迹杂交可鉴定 PCR 产物的大小和特异性，检测灵敏度可达 10 ng。基本过程是 PCR 产物进行常规的琼脂糖凝胶电泳，然后印迹转移到尼龙膜上，再用标记的探针进行杂交检测。

3.4.5　限制性内切酶分析

酶切分析是鉴别 PCR 扩增产物特异性的一种简便方法。根据目标基因的已知序列资料可以查出包含的酶切位点，用某种限制性内切酶消化扩增产物后进行电泳，观察消化片段的数目及大小是否与序列资料相符，从而确定产物的特异性。酶切分析的另一种用途是遗传病的诊断和传染病病原体的基因分型。酶切位点的改变是序列差异的遗传路标，因此可利用高频率切点的限制酶消化 PCR 扩增产物，根据限制性片段长度多态性（RFLP）进行目标基因分析和分型。

特异性鉴别可选用识别 6 个碱基的限制性内切酶，从已知序列资料中查出。基因分型可用识别 4 个碱基的限制性内切酶，常用的有 *Alu* I、*Msp* I、*Taq* I、*Hinf* I、*Mbo* I、*Dde* I、*Mse* I、*Bbu* I、*Mae* I、*Mae* Ⅲ、*Fnu* 4HI、*Hha* I、*Rsa* I 等。

3.4.6　PCR 扩增产物的直接测序

PCR 技术在进行分子克隆和模板制备的大部分工作中显示了极大的优势，它不仅省略了通常制备 DNA 片段的繁琐步骤，也避免了使用亚克隆的经典程序。结合自动化测序技术，PCR 将为了解核苷酸序列信息提供最快和最有效的手段。直接序列分析是指在 PCR 扩增基因组 DNA 序列的基础上，直接进行基因核苷酸序列分析的方法，是检测基因突变最有效、最直接的方法。用于直接序列分析的方法主要有化学降解法、*Taq* DNA 聚合酶测序法、三引物法、不对称 PCR 法等。

3.5　PCR 技术的发展

近年来，PCR 技术被大力发展和应用，许多 PCR 改良方法相继出现，PCR 相关技术发展很快，这些 PCR 改良方法主要与临床诊断和应用有关，目前常用的几种 PCR 技术主要有巢式 PCR、多重 PCR、增效 PCR 和不对称 PCR 等。

3.5.1 巢式 PCR

有时由于扩增模板含量太低,为了提高检测灵敏度和特异性,可采用巢式 PCR (Nested PCR, nPCR 或 N-PCR)。nPCR 是 PCR 改良方法中最常用的方法。nPCR 能够极大地增加 PCR 扩增反应的敏感性和特异性,而这种高敏感性和高特异性是通过第二对引物(内引物)与由第一对引物(外引物)在第一轮扩增中产生的靶 DNA 内的序列进行退火杂交后进行的第二轮扩增而达到的。对应的序列在模板外侧的引物,称外引物(outer-primer),互补序列在同一模板的外引物的内侧引物,称内引物(inter-primer),即外引物扩增产物较长,含有内引物扩增的靶序列,这样经过两次 PCR 放大,可将单拷贝的目的 DNA 片段检出。

(1) nPCR 优点:

① 克服了单次扩增"平台期效应"的限制,使扩增倍数提高,从而极大地提高了 PCR 扩增的敏感性。

② 由于模板和引物的改变,降低了非特异性反应连续放大进行的可能性,保证了反应的特异性。

③ 内侧引物扩增的模板是外侧引物扩增的产物,第二阶段反应能否进行,也是对第一阶段反应正确性的鉴定,因此可以保证整个反应的准确性及可行性。

(2) nPCR 的缺点。

进行二次 PCR 扩增引起交叉污染的几率大。为了克服此缺点,可采用同一反应管中巢式 PCR(One-tube Nested PCR)。主要利用内外引物 T_m 值不同。外引物 T_m 值高,内引物 T_m 值低,PCR 反应开始的若干轮循环采用较高的退火温度,内引物由于 T_m 值低,高温下无法与模板结合不能延伸,而外引物可与模板退火延伸,再采用较低的退火温度进行后面的循环,内引物则可与模板退火延伸,这样实际上进行了二次扩增,但只进行一次操作,可减少交叉污染的机会。

在典型的 nPCR 扩增方法中,第一轮 PCR 扩增使用外引物扩增 15~30 个循环;然后将第一轮扩增产物转移至一个新的反应管内,使用一对内引物进行第二轮扩增反应,第二轮扩增一般为 15~30 个循环,最后用凝胶电泳鉴定扩增产物。nPCR 常用于检测低拷贝的病原体及某些细菌。

3.5.2 逆转录 PCR

自从 1987 年 Powell 等报道了 mRNA 的逆转录并对所合成的 cDNA 进行 PCR 扩

增以后，逆转录 PCR（RT-PCR）已经作为一种快速、敏感和特异性的技术被广泛地用作检测癌细胞、遗传疾病和许多不同病原体的实验室检测方法，为疾病的诊断、疾病的进程、疾病愈后的判断以及药物的疗效提供了有价值的信息。目前，RT-PCR 在我国临床分子诊断中主要用于 RNA 病毒的检测。有些病毒基因组只以 RNA 形式存在，而且在它们的病毒复制周期中不经过 RNA 逆转录至 DNA 的过程，因此检测病毒的 RNA 可以诊断由这类病毒感染而引起的传染病。另外，RNA 的检测也可以应用到鉴定含有数千个 mRNA 或 rRNA 分子的较高级微生物，如细菌和真菌。

从 RNA 逆转录至 cDNA 需要逆转录酶，然而这些酶不耐高温，在 42 °C 以上容易失活，并由于单链模板 RNA 易形成稳定的二级结构，使 RNA 逆转录成为 cDNA 的效率变化很大。逆转录的最低效率只有 5%，因此，逆转录酶的低效率是影响特异性检测 RNA 靶序列的一个大障碍。1994 年，已经上市的重组 Tth DNA 聚合酶（rTth 酶）能够同时进行逆转录和 PCR 扩增。在 cDNA 合成之前，高温破坏 mRNA 二级结构的稳定性，使热稳定性酶如 rTth 酶增加了 RT-PCR 检测的敏感性而产生极其有效的逆转录。高温也能够增加逆转录的特异性，在高温下只有特异性引物与靶 mRNA 退火杂交。使用具有逆转录和 DNA 扩增两种功能的酶，可以避免 cDNA 的转移和降低污染的可能性，简化了操作过程。RT-PCR 反应示意图如图 3.5 所示。

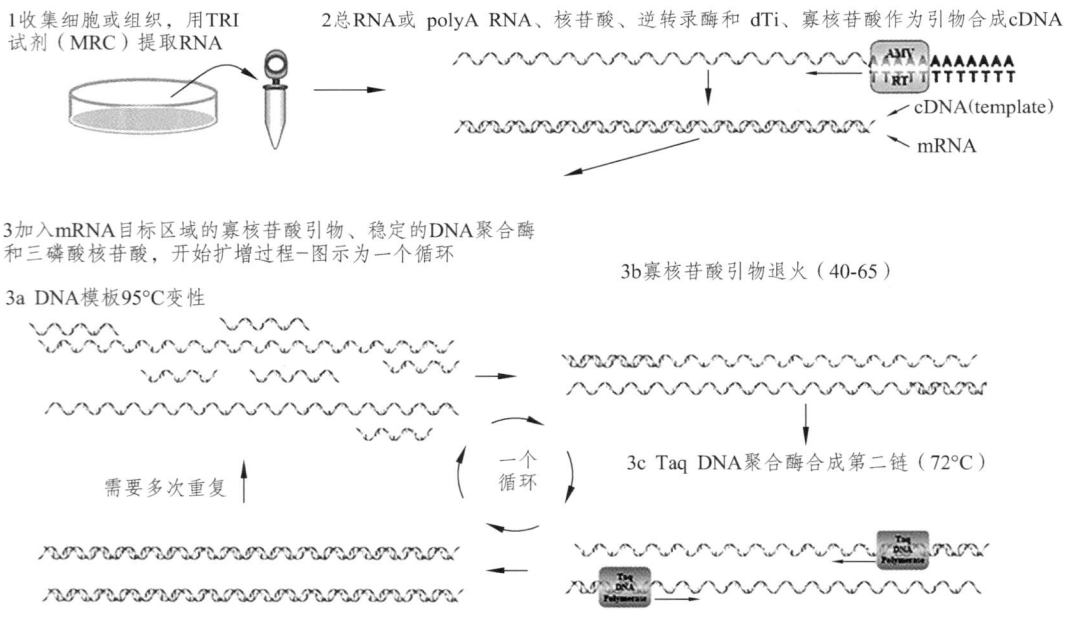

图 3.5　RT-PCR 反应示意图

3.5.3 多重PCR

普通 PCR 由一对引物扩增，只产生一个特异的 DNA 片段。许多情况下，欲检测的基因十分庞大，可达上千个 kb，这些基因常常多处发生突变或缺失，而且这些改变相距数十至数百个 kb，超过 PCR 扩增 DNA 片段的长度，欲检测整个基因的异常改变，采用一般 PCR 需分段进行多次扩增，费时费力，采用多重 PCR（multiplex PCR）则可克服上述问题。多重 PCR 就是首先设计合成位于多个缺失好发区域两侧的引物，每对引物之间核苷酸长度尽量不同，以使扩增后电泳分析时有各自的条带位置，然后将多对引物加入反应体系，进行常规 PCR 扩增，30～40 个循环后，对 PCR 产物进行电泳检测。如果基因某一区段缺失，则相应的电泳图谱上此区段 PCR 扩增产物长度变短或片段消失，从而发现基因异常。多重 PCR 具有灵敏、快速的特点，特别适用于检测单拷贝基因缺失、重排、插入等异常改变，其结果与 Southern 杂交结果同样可靠，且多重 PCR 尚可检测小片段缺失。

引物的设计及各对引物浓度的确定，对多重 PCR 的成功尤为重要，各个引物的 3'端要避免互补，引物长度比一般 PCR 反应引物稍长，以 22 bp～30 bp 为宜。引物的浓度需根据具体实验确定，加入终浓度为 10%DMSO 可提高反应的灵敏度。

3.5.4 热不对称性PCR

热不对称性 PCR（thermal asymmetric interlaced PCR，TAIL-PCR）就是建立在 PCR 技术基础上的染色体步移技术，为扩增已知序列旁侧的未知 DNA 片段提供了捷径，该技术由 Liu 和 Whitter 于 1995 年首先研究并报道。以基因组 DNA 为模板，使用高退火温度的长特异引物和短的低退火温度的简并引物，通过特殊的热不对称（高严谨性 PCR 和低严谨性 PCR 交替）循环程序，有效扩增特异产物，该技术具有简单快速、特异性度好、分离出的 DNA 序列可以用于图位克隆、遗传图谱绘制和直接测序等优点，近年来，被分子生物学研究者广泛应用，成为分子生物学研究中非常实用的基因侧翼序列克隆技术。

TAIL-PCR 技术的基本原理是利用目标序列旁的已知序列设计 3 个嵌套的特异性引物（special prime，简称 SP1，SP2，SP3，约 20 bp），用它们分别和 1 个具有低 T_m 值的短的（14 bp）随机简并引物（arbitrary degenerate prime，ADP）相组合，以基因组 DNA 作为模板，根据引物的长短和特异性的差异设计不对称的温度循环，通过分级反应来扩增特异引物。

TAIL-PCR 包括 3 轮 PCR 反应。第 1 轮 PCR 反应包活 5 次高严谨性反应、1 次低严谨性反应、10 次较低严谨性反应和 12 次热不对称的超级循环，首先 5 次高严谨性的反应，使长的高退火温度的特异引物 sp1 与已知的序列退火并延伸，目标序列扩增成直线型上升，由 ADP 结合产生的非特异性产物的浓度则较低。而后进行 1 次低退火温度的反应，目的是使简并引物结合到较多的目标序列上，接下来 10 次较低严谨性的反应可以使两种引物均能与模板退火，从而使原来由高严谨性活环所产生的单链靶 DNA 复制成双链 DNA，为下轮线性扩增模板做准备。最后是进行 12 次热不对称的 TAIL 循环（超级循环即高特异性和低特异性循环交替）目的片段得以指数性地扩增，扩增的量大大超过了非目标片段。经过上述一系列的反应得到了不同浓度的 3 种类型产物：TAIL-PCR 中间会出现 3 种奖型的产物，类型 I 是特异引物和任引物之间扩增的产物（即目标产物）；类型 II 是单独由特异引物扩增的产物；增型 III 是单独由任意引物引发的产物，该方法由 3 步连续的 PCR 扩增过程构成，经过第一阶段的 PCR 扩增后，II 型产物的分子数目在 3 种产物中最多，I 型产物稍低，在第二阶段的扩增中，I 型产物的分子数逐新升至最高，II 型产物分子数目基本保持不变，而 III 型产物的分子数目仍然保持很低。在第三阶段结束后，基本上只有 I 型产物，即目的产物。

TAIL-PCR 的技术难点，首先是引物设计，和一般的 PCR 反应相比，TAIL-PCR 反应对引物的要求较高，因此，引物的设计显得尤为重要。特异性引物和简并引物的选择直接影响扩增的效果。TAIL-PCR 特异引物设计的一般原则为：3 个嵌套的特异性引物长度一般在 20 bp ~ 30 bp 之间，T_m 值一般设为 58 ℃ ~ 68 ℃。SP1、SP2 和 5P3 之间最好相距 100 bp 以上以便在电泳时更容易区分 3 轮 PCR 产物，简并引物是按照物种普存在的蛋白质的保守氨基酸序列设计的，相对较短，长度一般是 14 bp 左右，T_m 值介于 30 ~ 48 ℃之间。ADP 否适合与它的简并度、引物长度和核苷酸序列组成有很大关系。

虽然 TAIL-PCR 相对于一般的 PCR 来说有简便、特异、高效、快速和灵敏等很多的优点，但是它同样存在不足如：ADP 的结合位点有限，因而成功的几率不够高；在第 2 及第 3 轮中仍可检测到非特异带，而理想的状况是要么出现特异带，要么没有任何带；特异产物大小难以控制，常扩增到<500 bp 产物。

3.5.5 反向 PCR

对于已知序列的 DNA 片段，只要设计合适的引物，常规 PCR 就可扩增位于两个引物之间的 DNA 片段，但不能扩增引物外侧的 DNA。然而在分子生物学研究中，经常需要鉴定紧邻已知顺序的 DNA 片段，如编码 DNA 的上游及下游区域、转位因子插入位点等。在 PCR 技术出现以前，要测定已知基因两侧未知的序列是非常繁杂的。

一般都需先用限制性内切酶进行消化，再用已知顺序的侧翼区段作为探针进行 Southern 杂交，来鉴定合适大小的末端片段，然后从制备性凝胶上纯化这些片段，克隆到载体上，得到的重组子进一步与已知顺序的侧翼区探针杂交，以鉴定合适的克隆。为测定未知的侧翼区顺序，还常需亚克隆出各种片段。

反向 PCR（Inverse PCR，IPCR）可以扩增一个已知 DNA 片段的未知旁侧序列，该方法的基础是将侧翼区 DNA 转变成为引物内围区域。其做法是首先用合适的限制性内切酶在已知 DNA 序列之外切割，再将形成的限制性 DNA 片段自身连接成环状分子。所用的引物仍然和已知序列两端顺序同源，不同的是它们的 3'端方向转向侧翼区的未知 DNA 序列。经过一般的 PCR 扩增之后，其产物就是该环状分子中未知序列的 DNA 片段。也可将环化 DNA 线性化后再进行 PCR 扩增，有报道认为，用线性化 DNA 进行 IPCR 扩增，效率可提高 100 倍。

限制性内切酶的选择对 IPCR 很重要，将已知的 DNA 序列称作核心 DNA，第一步消化基因组 DNA 模板时，必须选择核心 DNA 上无酶切位点的限制性内切酶，若产生黏性末端 DNA 片段则更易于环化。此外，限制性内切酶消化后产生的 DNA 片段大小要适当，太短（<200~300 bp）则不能环化，太长的 DNA 片段则受 PCR 本身扩增片段有效长度的限制。

反向 PCR 的主要优点是简单、快速，可以研究许多独立的克隆。但也有其局限性：第一，由于旁侧序列是未知的，故在选择合适的限制性内切酶时，常需要用几种酶做预试验，或选择几种可以产生片段大小合适的酶；第二，许多常用的限制性内切酶不但在插入序列上有切点，同时在载体上不合适的位置也有切点。

3.5.6 增效 PCR

PCR 反应中引物浓度一般为 0.1 μmol/l。实验证明，当模板数小于 1 000 个拷贝，而引物浓度很高时，由于引物二聚体的形成及非特异产物竞争引物和酶，PCR 产量会明显减少。采用增效 PCR（Booster PCR，BPCR）扩增模板量很低的样品时，可明显提高 PCR 产量。

这种方法的原理是：在适当稀释的引物条件下，反应中引物相对碰撞机会减少，而利于引物与模板复性。但由于引物的减少会明显影响待扩增序列的产量，因此需在扩增一定循环后再补加引物，于正常 PCR 条件下扩增，使产物呈指数增加。增效 PCR 是分两期进行的：第 1 期是在引物与模板均少的状态下进行，引物浓度仅为每升数十皮摩尔，延长退火时间，进行 15~20 个循环。这一期扩增的主要目的是增加模板量，有效地防止第 2 期扩增时加入过多引物间的相互反应，阻止引物二聚体的形成。第 2 期中补加引物至 0.1 μmol/l，再于常规条件下进行 20 个循环。由此可见，增效 PCR 的第 1 期是为增加特异性，第 2 期是为增加特异靶序列产量而设计的。

3.5.7　RNA 的聚合酶链反应

目前常用的 RNA 检测方法有原位杂交、点杂交、Northern 印迹杂交及核酸酶保护试验等，这些方法的普遍缺点是难以检测低丰度的 mRNA，且操作繁琐，将 RNA 反转录和 PCR 结合起来建立的 RNA 聚合酶链反应（RT-PCR），则可克服上述困难。

RT-PCR 先在反转录酶的作用下以 mRNA 为模板合成 cDNA，再以 cDNA 为模板进行 PCR 反应，这样低丰度的 mRNA 被扩增放大，易于检测。RT-PCR 是一种快速、简便且敏感性极高的检测 RNA 方法，运用此法可检测单个细胞中少于 10 个拷贝的特异 RNA。RT-PCR 可应用于：① 分析基因的转录产物；② 克隆 cDNA 及合成 cDNA 探针、改造 cDNA 序列等。

RT-PCR 中的关键步骤是 RNA 的反转录，要求 RNA 模板必须是完整的，且不含 DNA、蛋白质等杂质。若 RNA 模板中污染了微量 DNA，扩增后会出现特异 DNA 的 PCR 产物，而 cDNA 扩增产物却很少，必要时可用无 RNase 的 DNase 处理反转录产物，消除 DNA 后再进行 PCR 扩增。蛋白质未除净可与 RNA 结合，从而影响反转录和 PCR 反应。

3.5.8　锚定 PCR

研究者经常要分析一段序列未知的基因片段，而一般的 PCR 必须预先知道欲扩增 DNA 片段两侧的序列，这就限制了 PCR 技术的应用。锚定 PCR（Anchored PCR，A-PCR）则可克服未知序列带来的障碍。该法的基本原理是：在基因未知序列端添加同聚物尾，人为赋予未知基因末端序列信息，再用人工合成的与多聚尾互补的引物作为锚定引物，在与基因另一侧配对的特异引物参与下，扩增带有同聚物尾的序列。反应过程概括如下：

（1）提取总 RNA 或 mRNA，以 mRNA 为模板，在反转录酶作用下合成 cDNA。

（2）在 DNA 末端转移酶作用下，在 cDNA3'端添加 Poly dC 尾。

（3）加入与目的基因特异面对的引物作为 3'端引物，锚定引物 poly dC 作为 5'端引物，为了保证扩增特异性，锚定引物多核苷酸 dC 长度需大于 12，同时为了克隆操作的方便，其 5'端可增加限制性内切酶的识别位点或其他序列信息，PCR 扩增出带有 Poly dC 尾的 cDNA 序列。锚定 PCR 对分析未知序列基因有特殊价值。另外，当已知某蛋白质氨基端或羧基端氨基酸序列时，A-PCR 还可用于从基因组 DNA 克隆该蛋白质的基因。

3.5.9　原位 PCR

随着 PCR 技术与形态学研究相结合的应用，Haase 等于 1990 年首次报道了原位聚合酶链式反应（In Situ PCR，IS-PCR）技术，当时称为"细胞内 PCR"（In Cell PCR）。该方法就是利用完整的细胞作为一个微小的反应体系来扩增细胞内的目的片段，在不破坏细胞的前提下，利用一些特定的检测手段来检测细胞内的扩增产物。既往鉴定细胞内特异序列一般采用原位杂交，但在每个细胞中目的片段的拷贝数少于 10 的情况下，该方法的敏感度就明显下降。而标准的 PCR 则可扩增出细胞内单拷贝的序列，敏感度很高，但却未能与细胞形态学研究相结合。

IS-PCR 则可把原位杂交（In Situ Hybridization，ISH）技术与标准的 PCR 这两者结合起来，成为细胞学诊断中一种崭新的检测技术。其原理是通过在单细胞或组织切片上对特异的 DNA（或 cDNA）进行 PCR 扩增，然后采用原位杂交或免疫组织化学反应、荧光检测等技术在原位检测其扩增产物，进行细胞内特定核酸序列的检出及定位的分子技术。原位 PCR 多采用非放射性标记物，如地高辛、生物素、5-嗅-脱氧尿嘧啶（BrdU）或荧光分子，也有采用放射性同位素标记。采用标记物的目的，是为了把扩增信号通过一定的处理转化为材料上的直接视觉信号。该技术能够检测到低拷贝至单个拷贝的 DNA 或 RNA，并在细胞形态学上准确定位。通过揭示细胞内低拷贝核酸的分布，可进一步进行病毒感染、基因突变、染色体易位、基因重排、基因低水平表达和基因治疗等研究。因此，到 20 世纪末时已在人类及动物研究中应用较广，目前在植物中的应用也有很快的发展。研究对象从完整细胞悬液发展为细胞涂片、细胞离心标本、冰冻切片和石蜡切片、中期染色体标本等。

3.5.10 免疫 PCR

1971 年，Engvall 和 Perlmann 在免疫酶的理论实践基础上发明了酶联免疫吸附测定技术（Enzyme Linked Immunosorbent Assay，ELISA）以定量测定 IgG。该技术是将抗原或抗体的固相化及抗体或抗原进行酶标记，使其既有抗原抗体结合的特异性，又具备酶促反应的敏感度。

为了提高基础免疫学的灵敏度，1992 年，Sano 等建立了基于酶联吸附法的免疫 PCR 体系。免疫 PCR 与传统 ELISA 技术原理基本类似，只是采用特定的 DNA 替代了抗原或抗体上的酶标记，再利用分子手段来放大信号。理论上，任一能被抗体特异性识别的抗原都可利用免疫 PCR 技术进行检测分析。免疫 PCR 是将对蛋白质的检测转化成对核酸的检测，整个反应体系主要由两个部分组成：第 1 部分是抗原与抗体的结合反应；第 2 部分是常规的 PCR 扩增及结果检测，通常采用琼脂糖凝胶电泳。由于免疫 PCR 结合了 ELISA 的抗原抗体结合的专一性和 PCR 扩增的快速及高敏感性的优点，与传统 ELISA 相比，既能确保反应的特异性，又能将最低检测限提高 10 ~ 1 000 倍，且具备宽阔的线性检测范围，约 6 个数量级。同时，PCR 结果与抗原抗体结合呈正比，若采用定量核酸分析技术，即可建立适合的数量关系，用于抗原的定量试验。鉴于其高灵敏度和优良的定性能力，免疫 PCR 被广泛应用于临床医学、生物学和环境化学等领域。

3.5.11 环介导等温扩增

环介导等温扩增（Loop-Mediated Isothermal Amplification，LAMP）是由日本科学家 Notomi 等建立的在 60 ℃ ~ 65 ℃ 恒温条件下，能快速高效检测，特异性强的新型核酸扩增技术。此技术的实现，主要是借助 4 种能够识别 200 ~ 300 bp 靶序列上 6 个特异区域的引物和具有链置换特性的 *Bst* DNA 聚合酶。目前，该技术已被应用于病毒、细菌、寄生虫等方面的检测。

LAMP 技术具有以下几个显著的特点：

（1）优良特异性。4 个特异性引物去识别靶基因上 6 个区域确保了对靶基因的专一结合，有效地避免体系中的基质干扰。

（2）高敏感性，检测限低。同常规 PCR 相比，LOD 仅为几个拷贝数，提高了 2 ~

3 个数量级。

（3）耗时短。基于 LAMP 的实验原理，过程中省略了仪器升温和 DNA 链变性复性，一般在 40~60 min 完成扩增反应。

（4）操作简便，成本低廉。目的基因只需在恒定温度（约 65 ℃）下进行延伸，因此，简单水浴即能满足需求，不需要 PCR 仪等昂贵设备，也不需要对操作人员进行专业培训，大大降低了成本。

（5）产物易检测。由于 LAMP 扩增效率高，随着 DNA 链合成，副产物焦磷酸镁沉淀累积，最终出现肉眼可见的白色沉淀，也可通过凝胶电泳检测。

3.5.12 实时荧光定量 PCR

实时荧光定量聚合酶链式反应（Real-time PCR）最早由 Higuchi 等于 1992 年提出，1996 年正式推出。其核心原理为将荧光基团加入聚合酶链式反应体系中，并利用此荧光信号对未知模板进行监测和分析。在 PCR 反应过程中模板 DNA 浓度呈指数增长时，加入的荧光基团结合扩增产物，与模板 DNA 的对数成正比，且扩增产物量与荧光基团量也成正比，所以定量未知 DNA 样本量是通过检测荧光基团量来实现的。Real-time PCR 中的几个重要参数包括：C_q 值，即在荧光信号累积至荧光阈值时，反应进行的循环数；荧光阈值指某个特定的荧光信号值；ΔR_n 表示为模板的初始数值，与 C_q 值成反比。

Real-time PCR 主要分为两大类：探针类和染料类。探针类的特异性高于染料类，因为其扩增产物可与具有靶序列的探针特异性杂交，从而可以定量产物的表达量；而染料类主要包括 LC Green TMI 染料和 SYBR Green I 染料，其扩增产物结合的是双链 DNA 螺旋小沟区，通过结合后的发光基团完成表达量的读取，其成本低于探针类且该技术操作门槛更低。

与常规 PCR 反应相比，实时荧光定量 PCR 具有较强的特异性、较高的灵敏度以及较好的稳定性，克服了常规 PCR 在许多方面的缺陷，是现代分子生物学研究中重要的技术工具，已被广泛地应用于医学、农业基础研究、植物检疫等多个领域。

第 4 章

DNA 分子遗传图谱的构建

遗传连锁图是指通过遗传重组分析得到的基因（或遗传标记）在染色体上的线性排列图，基因间（或遗传标记）的距离通常用遗传重组值来表示。利用遗传学的原理和方法，构建能反映基因组中遗传标记之间遗传关系的连锁图谱，一直是遗传学家研究的目标，也是基因组研究的一项重要内容。检测出的每个分子标记反映的都是相应染色体座位上的遗传多态性状态。

由于育种目标和材料的不同，育种程序也会存在差异。因此，在不同的育种程序中分子标记辅助选择的具体方法也有所不同。然而，无论什么方法都需要构建高质量的分子标记连锁图谱。借助高质量的遗传连锁图，可快速定位、分离重要性状基因，一旦分子标记显示与目标基因紧密连锁，就需要建立基因和基因附近区域物理距离之间的关系，为基因克隆和功能验证打下基础。通过建立分子遗传图谱，可同时对多个重要性状基因进行定位。

利用 DNA 标记构建遗传连锁图谱在原理上与传统遗传图谱的构建是一样的。其基本步骤包括：选择适合作图的 DNA 标记；根据遗传材料之间的 DNA 多态性，选择用于建立作图群体的亲本组合；建立具有大量 DNA 标记处于分离状态的分离群体或衍生系；测定作图群体中不同个体或株系的标记基因型；对标记基因型数据进行连锁分析，构建标记连锁图。迄今，许多植物尤其是作物的高密度分子标记遗传连锁图谱被构建公开。许多农作物已构建了以分子标记为基础的遗传图谱，这些图谱是重要性状基因定位、基因图位克隆、比较作图以及分子标记辅助选择等遗传研究的重要工具。本章侧重介绍利用 DNA 标记构建分子遗传连锁图谱的原理与方法。

4.1　遗传图谱研究概况

4.1.1　遗传图谱的概念

遗传图谱是指以染色体重组交换率为长度单位的基因组图谱，是对基因组进行系统研究的基础，分为经典遗传图谱和分子遗传图谱。经典遗传图谱是根据连锁交换规律和遗传交换学说构建的基因位点连锁图，主要是研究基因及其在所构成的连锁群中的线性关系。由于受遗传标记的限制，经典遗传图标记数量较少，因此难以建立较饱和的遗传图，并且不同遗传图的整合十分困难。另外，由于受上位性效应和基因互作的影响，标记性状不能充分表现，而且常常不能在同一个群体中检测。经典遗传图谱不能告诉人们某个基因的具体位置，更不能克隆这一基因。因此，较低的作图效率和应用价值使经典遗传图在近半个多世纪里进展缓慢，应用受到很大限制。

分子遗传图是利用 DNA 标记构建的遗传连锁图，是数量性状基因定位、基因图位克隆、比较基因组学研究及分子标记辅助选择等工作的基础。20 世纪 80 年代以来，DNA 分子标记的发现为分子遗传图的构建提供了技术支撑，分子遗传图的构建及以此为基础的 QTL 定位和效应分析成为当前遗传育种领域的热点课题。

4.1.2　分子遗传图谱

Botstein 最早提出利用 RFLP 标记构建基因与分子标记的连锁关系，进而确定基因的位置。第一张 RFLP 标记图谱是在 1985 年由美国科学家 Mark Skolnick 和他的同事们绘制出来的，它展示了人类第 22 号染色体上的一些基因和 DNA 序列的位置关系。这张图谱的出现标志着遗传图谱研究的一个重要里程碑，因为它为科学家们提供了第一个详细的、基于分子标记的人类染色体图谱。这项工作也为后续的基因定位、基因克隆和基因组测序等研究奠定了基础。

高密度的分子标记遗传图谱是指基于大量分子标记来绘制的遗传图谱。相比于传统的遗传图谱，高密度的分子标记遗传图谱具有更高的精度和分辨率，能够更详细地揭示基因和染色体之间的相互关系。PCR 技术的发展和应用，多种其他 DNA 分子标记（如 SSR、SNP、RAPD 等）的开发利用，使得构建高密度的分子标记遗传图成为可能。在模式植物拟南芥、水稻、烟草等作物中，已成功地构建了多张高密度遗传连锁图谱。在此遗传图谱的基础上，定位和克隆了多个符合孟德尔因子遗传规律的重要基因；同时，高密度的遗传连锁图谱为全基因组的完全测序和基因组框架图的建立提供了重要的基础。随着新的标记技术的发展，遗传作图的构建工作在许多物种中得到了飞速发展，图谱上标记的密度也越来越高。由于在植物上可方便地建立和维持较大的分离群体，分子连锁图构建工作的开展速度超过了动物的同类研究。迄今为止，已构建了包括各种主要农作物的高密度分子标记连锁图，如拟南芥、番茄、水稻、小麦、大豆、马铃薯、大麦、黑麦、燕麦、玉米、高粱、棉花、油菜和烟草等作物中都构建了出了高密度分子标记连锁图谱，并且随着新型标记的不断出现，图谱上的位点数也在不断地增加。这些遗传图谱的绘制已使一些作物的遗传研究（如控制作物的各种病虫害基因的克隆，改良作物产量、品质性状等方面）取得了重大进展，并对分子标记辅助选择产生了巨大的推动作用。

近年来，SNP 等高通量的分子标记发展迅速，由于 SNP 在基因组内的数量巨大，且目前各种新技术如 DNA 芯片或微列阵技术开发和检测手段的进步，可以允许人们迅速地检测大数量的 SNP；此外，由于基因组测序技术的快速发展及更新迭代，使得其他高通量的分子标记甚至直接测序的分子标记得到更多的应用，从而使构建更趋饱和、覆盖全基因组的高密度遗传连锁图谱成为现实。进而使植物的精细物理图谱、核苷酸序列图谱构建也逐渐成为可能。

4.1.3　遗传图谱与物理图谱

生物染色体上基因之间的交换和重组除与遗传距离有关外，还受许多其他因素的影响。遗传图谱和物理图谱都是用来描述基因和染色体之间关系的工具，但它们之间还是有一些区别的。因此，遗传图谱中基于重组率所确定的遗传图距只能显示标记之间的相对距离，它并不能直接反映核苷酸对数。遗传图谱是一种基于遗传学原理来绘制的地图，它主要反映了基因和染色体之间的相对位置关系以及基因之间的连锁关系。而物理图谱则是一种基于物理方法来绘制的地图，它主要反映了染色体上基因和 DNA 序列的实际物理位置关系。

用含有 STS 对应序列的 DNA 的克隆片段连接成相互重叠的克隆片段重叠群，是物理图谱的基本形式。物理图谱通常使用测序技术或者其他物理方法来测定 DNA 片段的精确长度和顺序，并据此绘制出物理图谱。它能反映出核苷酸序列间的位置和距离。利用相互重叠、覆盖某一区域的 DNA 片段序列信息，便可在这一区域寻找基因或做这一区域基因组的研究。将以 STS 为路标的物理图谱与已建的遗传图谱进行对比，可以把某一区域遗传学上的遗传间距粗略地转换成物理间距。但在不同生物的遗传图谱上，或者即使同一遗传图谱上的不同区域，每一图谱单位代表的实际核苷酸对数（Mb/cM）往往存在很大的差异。因此，饱和遗传图谱的构建完成，并不意味着物理图谱或者序列图谱就能顺利完成。当然，遗传图谱的构建是其他图谱构建的基础。

因此，遗传图谱和物理图谱虽然都描述了基因和染色体之间的关系，但它们的角度和方法有所不同。遗传图谱更加关注基因之间的遗传关系和连锁关系，而物理图谱则更加注重基因和 DNA 序列的实际物理位置。在实际研究中，遗传图谱和物理图谱常常被结合起来使用，以便更全面地了解基因和染色体的结构和功能。

4.2 遗传图谱构建的原理

遗传作图的原理与经典连锁测验一致，即基于染色体的交换与重组。在细胞减数分裂时，非同源染色体上的基因相互独立，自由组合；而位于同源染色体上的连锁基因在减数分裂前期 I 非姊妹染色单体间的交换而发生基因重组，基因位点间的遗传距离用重组率来表示，图距单位为 cM（厘摩，centi Morgan），1 cM 的大小大致符合 1%的重组率。遗传图谱只表示基因位点间在染色体上的相对位置，并不反映 DNA 的实际长度。

4.2.1 染色体遗传理论

染色体遗传理论是现代遗传学的基础之一，由孟德尔在 19 世纪末首次提出。该理论认为，遗传信息是由位于染色体上的基因决定的，基因在亲子代之间通过配子传递。1903 年 W. S. Sutton 和 T. Boveri 分别提出了遗传因子位于染色体上的理论，他们将染色体看作是孟德尔基因的物理载体。

具体来说，染色体遗传理论基本要点如下：

（1）染色体是遗传物质的主要载体：细胞分裂时，染色体会复制一份并分配给每个新生成的细胞。这意味着每一个后代都会从父母那里继承一套完整的染色体。

（2）基因是控制遗传特征的基本单位：基因是染色体上的一小段 DNA，它决定了一个特定的遗传特征，如眼睛颜色、身高、血型等。

（3）遗传信息通过配子传递：在有性生殖过程中，父母亲会分别产生精子和卵子这两种配子。每个配子只包含一套染色体，其中一半来自父亲，另一半来自母亲。当精子和卵子结合时，就会形成一个新的个体，这个个体将会继承父母双方的遗传信息。

（4）遗传特征的表现受到基因型和表现型的影响：基因型是指个体所携带的全部基因组合，而表现型则是指这些基因在实际生活中的表现。同一个基因可能有不同的变种，这些变种被称为等位基因。有些等位基因可能会掩盖其他等位基因的效果，这称为显性遗传；而有些等位基因只有在两个都是隐性基因纯合子时才会表现出效果，这称为隐性遗传。

（5）遗传特征的传递遵循一定的规律：孟德尔通过豌豆杂交实验发现了遗传规

律,即基因在亲子代之间按照一定的比例传递,如分离定律和自由组合定律等。

总之,染色体遗传理论为我们理解和解释遗传现象提供了重要的框架和工具。它是现代遗传学、分子生物学和生物医学等领域研究的基础。

4.2.2 基因重组和连锁理论

连锁图谱构建的理论基础是染色体的交换与重组。在细胞减数分裂时,非同源染色体上的基因相互独立、自由组合,同源染色体上的基因产生交换与重组,交换的频率随基因间距离的增加而增大。位于同一染色体上的基因在遗传过程中一般倾向于维系在一起,而表现为基因连锁。它们之间的重组是通过一对同源染色体的两个非姊妹染色单体之间的交换来实现的。

Bateson 和 Punnett 以甜豆作材料做了一个紫花、长花粉粒的纯系与红花、圆花粉粒的纯系进行双因子杂交,观察到 F_2 出现背离典型的 9∶3∶3∶1 的分离比的反常现象,即性状连锁的遗传现象,但在当时并未对此合理的解释。连锁遗传现象直到摩尔根利用果蝇才获得了证据。只有位于同一染色体上的基因才表现出连锁现象,这就意味着位于同一染色体上的任意两个基因越靠近,所表现出的连锁强度越大。

假设某一对同源染色体上存在 A-a,B-b 两对连锁基因,现有两个亲本 P_1 和 P_2,它们的基因型分别为 AABB 和 aabb,两亲本杂交产生 AaBb 双杂合体。F_1 在减数分裂过程中应产生 4 种类型的配子,其中两种为新型配子 AB 和 ab,两种为重组型配子 Ab 和 aB。由于 A-a 和 B-b 位于同一染色体上,要产生重组型配子必须在这两个基因的连锁区段上发生交换。重组型配子所占的比例取决于减数分裂细胞中发生交换的频率。交换频率越高,则重组型配子的比例越大。重组型配子最大可能的比例是 50%,这时在所有减数分裂的细胞中,在两对基因的连锁区段上都发生交换,相当于这两对基因间无连锁,表现为独立遗传。

在第一次减数分裂中,物理性交换是一种正常事件,通过该交换实现异质同源染色体重排而形成新的结合即重组,重组可发生在一个染色体上的任何两个基因之间,而交换发生的数量是基因在染色体上距离的函数。如果两个基因相距很远,例如,位于染色体的两端,交换和非交换发生的频率相同,基因相距越近则交换事件发生的频率越低,从而非交换配子的数量大于交换配子的数量。而染色体上相邻的两个基因发生交换的可能性就很低。

重组型配子占总配子的比例称为重组率,用 r 表示。重组率的高低取决于交换的频率,而两对基因之间的交换频率取决于它们之间的直线距离。重组率的值变化于完全连锁时的 0%到完全独立时的 50%之间。重组率为 50%的 2 个标记可看成是不连锁的，从而可假设在同一染色体上相距很远或位于不同的染色体上。因此，重组率可用来表示基因间的遗传图距，图距单位用厘摩（cM）表示，以纪念著名的果蝇遗传学家 Thomas Hunt Morgan，1 cM 的大小大致符合 1%的重组率。

4.2.3 图谱制作的统计学原理

1. 两点测验

如果两个基因座位于同一染色体上且相距较近，则在分离后代中通常表现为连锁遗传。对两个基因座之间的连锁关系进行检测，称为两点测验。在进行连锁测验之前，必须了解各基因座位的等位基因分离是否符合孟德尔分离比例，这是连锁检验的前提。在共显性条件下，F_2 群体中一个座位上的基因型分离比例为 1：2：1，而 BC_1 和 DH 群体中分离比例均为 1：1；在显性条件下，F_2 群体中分离比例为 3：1，而 BC_1 和 DH 群体中分离比例仍为 1：1。检验 DNA 标记的分离是否偏离孟德尔比例，一般采用 χ^2 检验。

只有当待检验的两个基因座各自的分离比例正常时，才可进行这两个座位的连锁分析。在 DNA 标记连锁图谱的制作过程中，常常会遇到大量 DNA 标记偏离孟德尔分离比例的异常分离现象，这种异常分离在远缘杂交组合的分离群体及 DH 和 RIL 群体中尤为明显。目前在水稻中已发现了十余个与异常分离有关的基因座位，这些基因座位可能影响配子生活力和竞争力，导致配子选择，从而产生异常分离。

当摩尔根认识到部分连锁可以通过减数分裂中的交换给予解释后，他就在考虑如何设计一种方法来确定基因在染色体上的相对位置。实际上，关键性的突破不是摩尔根本人取得的，而是他的一位研究生——Arthur Sturtevant（Sturtevant，1913）。Sturtevant 假设交换是一种随机事件，则并列的染色单体上任何位点发生交换的机会是均等的。如果该假设是正确的，那么彼此靠近的 2 个基因交换而分离的频率要比远离的 2 个基因之间发生分离的频率小。或者说，因交换使两个连锁基因分开的频率与它们在染色体上所处位置的距离成正比，重组率（Recombination Fequency）则成为测量基因间相对距离的尺度。只要获得不同基因间的重组率，就可绘制一份基因在染色体上相对位置的图谱。

摩尔根利用红眼、正常翅（$pr^+pr^+vg^+vg^+$）的果蝇与紫眼、退化翅（$prprvgvg$）的果蝇杂交，通过减数分裂形成 4 种不同的 F_1 配子亲本型配子无需任何额外的过程就可形成，而重组型配子则需通过交换（Crossing Over）过程产生。摩尔根随后对双因子杂合的雌果蝇用双隐性雄果蝇（prprvgvg）测交，测交是一种有效的方法，因为来自测交亲本的所有配子均是纯合隐性的，从而可以追踪被测亲本的减数分裂事件。对该例而言，测交种配子的基因型是prvg，因而测交后代将表现为F_1配子的分布。根据孟德尔第二定律，对于双因子杂种，进行测交其后代4种基因型的分离比应为1∶1∶1∶1。但是摩尔根所观察到的并非如此。

除了利用测交来确定连锁距离外，还可以使用其他的杂交方法。利用测交法测定交换值因植物的不同而有难易，玉米是比较容易的，它授粉方便，一次授粉即可获得大量种子。可是像小麦、水稻、豌豆及其他自花授粉植物就比较困难，不仅去雄和授粉比较困难，而且一次授粉只能获得少量种子，对于此类植物可利用自交法测定交换值。

异常分离会使连锁的检验受到影响，一些本来不存在连锁的标记由于各自的异常分离，可能误导得出连锁的结论，而另一些本来连锁着的标记也有可能由于异常分离而无法检测到连锁。发生严重异常分离的标记一般不应用于连锁作图。将分离比的检验与连锁检验相结合，是实际分析过程中解决异常分离的常用方法。

两个连锁座位不同基因型出现的频率是估算重组值的基础。在很多遗传学的文献和教材中，重组值的估计是根据分离群体中重组型个体占总个体的比例来估计的。这种估计方法无法得到估计值的标准误差，因而无法对估值进行显著性检验和置信区间估计。采用最大似然法进行重组率的估计可解决这一问题。最大似然法以满足其估计值在观察结果中出现的概率最大为条件。

在人类遗传学研究中，由于通常不知道父母的基因型或父母中标记基因的连锁相是相斥还是相引，因而无法简单地通过计算重组体出现的频率来进行连锁分析，而必须通过适当的统计模型来估算重组率，并采用似然比检验的方法来推断连锁是否存在，即比较假设两座位间存在连锁（$r<0.5$）的概率与假设没有连锁（$r=0.5$）的概率。这两种概率之比可以用似然比统计量来表示，即$L(r)/L(0.5)$，其中$L(x)$为似然函数。为了计算方便，常将$L(r)/L(0.5)$取以10为底的对数，称为LOD值。为了确定两对基因之间存在连锁，一般要求似然比大于1 000∶1，即$LOD>3$；而要否定连锁的存在，则要求似然比小于100∶1，即$LOD<2$。

在其它生物遗传图谱的构建中，似然比的概念也用来反映重组率估值的可靠性程度或作为连锁是否真实存在的一种判断尺度。

下列系谱将用于示范确定基因间距离的另一种方法，该方法已被广泛地应用于不同的系统，并已根据这一技术研制出遗传程序，如图4.1所示。

从该系谱可以获得如下几点信息：即使我们面对的是同样的两种基因，指甲膝盖骨综合征和血型，在该系谱中该病的显性等位基因似乎与A血型等位基因相连。记住在该例中显性的指甲膝盖骨综合征等位基因与B等位基因连锁。两个基因的等位基因间的连锁在一个物种中并非始终不变,这是遗传学中的重要论点。原因何在?因为在该家族血统的某一点上该病的等位基因通过重组而与另一种血型等位基因形成新的连锁。在其他血统中该病的等位基因与 O 型血等位基因连锁。下面让我们确定两个基因间的连锁距离。如你所见在 8 个后代中有 1 个重组体,由此可得重组频率为 0.125,连锁距离为 12.5 cM。

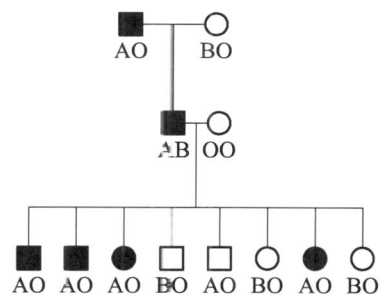

指甲膝盖骨综合征 ● 或 ■
血型 OO,AB,BO,AO

图 4.1 遗传系谱图

现在介绍一种计算连锁距离的新方法——LOD 值方法,该方法由 Newton E. Morton 发明,这种方法是一种迭代的方法。

估计一个连锁距离,在此估值下,计算某一特定的出生序列的可能性,将该值除以非连锁条件下这一出生序列的可能性,计算该连锁距离的 LOD 值。利用另一连锁距离估值重复这个同样的过程。利用不同的连锁距离获得一系列值而最高 LOD 值所对应的连锁距离即为连锁距离的估值。LOD 数的计算公式如下:

$$LOD \text{ 值} = Z = \log \frac{\text{某一特定连锁下出生顺序的概率}}{\text{无连锁时出生的概率}}$$

利用上面的例子说明这个原理。首先用 0.125 作为重组率的估值,第一个出生的个体具有亲代基因型,该事件的概率为(1 - 0.125)。因为存在两种亲代类型,该值除以 2 得 0.437 5。在该系谱中共有 7 个亲代类型,另有 1 个重组类型,该事件的概率为 0.125 除以 2,因为有 2 个重组类型。

如果这些基因间不存在连锁,则出生的顺序应是什么?当两个基因间无连锁时,重组率是 0.5,因此,任一基因型的概率均应为 0.25。

现在将整个方法一起考虑,特定的出生顺序的概率是每个独立事件的乘积。因此,基于 0.125 的重组率估值的出生顺序的概率等于$(0.437\,5)^7(0.062\,5)^1 = 0.000\,191\,7$,而基于无连锁的出生顺序的概率为$(0.25)^8 = 0.000\,015\,3$。现在以连锁的概率除以无连锁的概率可得 12.566,对该值取 log 得 1.099,该值即为 LOD 值。

正像上面所提及的这是一系列重组率估值的重复过程，如表 4.1 所示给出了 6 个不同的连锁估值的 *LOD* 值。

表 4.1 不同连锁估值的 *LOD* 值

重组率	0.050	0.100	0.125	0.150	0.200	0.250
LOD 值	0.951	1.088	1.099	1.090	1.031	0.932

正如表中所示，最大的 *LOD* 值对应于连锁估值 0.125。实际上我们希望获得一个大于 3.0 的 *LOD* 值，该值表示在该连锁距离上连锁的可能性为不存在连锁的 1 000 倍。*LOD* 值是一个得到广泛使用的技术，不仅用于人类研究，而且也用于植物和动物连锁分析。在植物作图研究中广泛使用的一个重要的软件 MAP MAKER 就是部分地基于 *LOD* 值方法。

2. 多点测验

两点测验是最简单，也是最常用的连锁分析方法。然而，在构建分子标记连锁图中，每条染色体都涉及到许多标记位点。遗传作图的目的就是要确定这些标记位点在染色体上的正确排列顺序及彼此间的遗传图距。所以，这里涉及到一个同时分析多个基因位点之间连锁关系的问题。这个问题看似简单，其实挺复杂，因为对于 m 个连锁座位，就有 $m!/2$ 种可能的排列顺序。例如，若 $m = 10$，则共有 1 814 400 种可能。要从这么多种可能中挑选出正确的顺序，确实没那么容易。这项工作用两点测验方法是难以完成的，因为它每次只能分析两个位点间的连锁关系。由于两点测验估得的重组率存在误差，因此，根据比较不同座位之间重组率大小来确定位点的排列顺序是不可靠的，很可能存在错误。

为了解决这个问题，就必须同时对多个位点进行联合分析，利用多个位点间的共分离信息来确定它们的排列顺序，也就是进行多点测验。在事先未知各基因位点位于哪条染色体的情况下，可先进行两点测验，根据两点测验的结果，将那些基因位点分成不同的连锁群，然后再对各连锁群（染色体）上的位点进行多点连锁分析。

与两点测验一样，多点测验通常也采用似然比检验法。先对各种可能的基因排列顺序进行最大似然估计，然后通过似然比检验确定出可能性最大的顺序。在每次多点测验中，不能包含太多的座位，否则可能的排列数会非常大，即使使用高速的计算机，也要花费很长的时间。在一条染色体上，经过多次多点测验，就能确定出最佳的基因排列顺序，并估计出相邻位点间的遗传图距，从而构建出相应的连锁图。

对于在两点测验中没能归类到某个连锁群（染色体）的基因座，可在各连锁群的连锁图初步建成之后，再尝试定位到某个连锁群上。但在构建分子标记连锁图谱的实际研究中，往往总有一些标记无法定位到染色体上。造成这种现象的原因，主要可能是在测定标记基因型时存在错误。

Sturtevant 关于随机交换的假设极富创见但并不完全正确。遗传图谱与基因在 DNA 分子上的实际位置（通过物理图谱和 DNA 测序显示）的比较表明染色体上的一些区段比其他区段有更高的交换频率，成为重组热点。这表明遗传图谱的距离无法表示两个标记间的物理距离。另外，同一染色单体可同时发生多次交换的现象，当多次交换发生在两个基因之间时会产生距离减少的假象。尽管遗传图谱存在这些偏差，但连锁分析给出的遗传标记在染色体上的排列次序是相当准确的，也提供了基因间的大致距离，为基因组测序提供了有价值的工作框架。

3. 交换干扰与作图函数

随着间距的增加，两个基因座之间便可能在两处同时发生遗传物质的交换，即双交换。在染色体某区段上发生的双交换，其实际频率往往少于由单交换概率相乘所估得的理论值。这是因为一个位置上所发生的交换会减少其周围另一个单交换的发生，这种现象称为交叉干扰。干扰的程度可用符合系数 C 表示，符合系数 C 为实际双交换值与理论双交换值的比值。理论双交换值是指两个相邻的单交换同时独立发生的概率。

$$C = \frac{\text{实际双交换}}{\text{理论双交换值}} = \frac{\text{实际双交换}}{r_1 r_2}$$

其中，r_1 和 r_2 分别为两个相邻染色体区段发生单交换的概率。符合系数 C 的值变动于 $0 \sim 1$。当 $C = 0$ 时，表示完全干扰，没有双交换发生；当 $C = 1$ 时，表示没有干扰，两单交换独立发生。一般而言，两单交换的位置相距越远，则彼此干扰的程度就越低，符合系数就越大。

要计算两个相距较远的基因座之间的图距时，如果中间没有其他基因座可利用，则两个基因座之间实际发生的双交换就不能被鉴别出来，因此，采用一些数学方法进行矫正是必要的，否则，从重组率估计出的图距就会比真实图距小。这种矫正可通过作图函数来实现。

在 $C = 1$ 的假定下，图距 X 与重组率 r 之间的关系服从 Haldane 作图函数：

$$X = -(1/2)\ln(1-2r)$$

其中，X 以 M 为单位。1 M = 100 cM（厘摩），1 cM 为一个遗传单位，即 1% 的重组率。根据 Haldane 作图函数，20% 的重组率相当于图距为 $-(1/2)\ln(1-2 \times 0.20) = 0.255$ M，即 25.5 cM。

Haldane 作图函数的不合理之处在于假定了完全没有交叉干扰。为了将交叉干扰的因素考虑进去，一种比较合理的假设是，双交换符合系数与重组率之间存在线性关系，即 $C = 2r$。该式表示，C 值随 r 的增加而增加，干扰相应减弱。当 $r = 0.5$（即没有连锁）时，$C = 1$（即没有干扰）。根据这一假设推导出了 Kosambi 作图函数：

$$X = (1/4)\ln\frac{1+2r}{1-2r}$$

根据上式可以算出，当 $r = 0.2$ 时，$X = 21.2$ cM。可见 Kosambi 作图函数算出的图距比 Haldane 作图函数的小。由于 Kosambi 作图函数比 Haldane 作图函数更合理，因此它在遗传学研究中得到了更广泛的应用。

基因和标记间距离的重要性前面已有讨论，标记间距离越大，减数分裂期间重组的机会越多。连锁图上的距离通过遗传标记间的重组率测定。这需要作图函数将重组率转换为遗传距离厘摩（cM）。因为重组率与交换率并非线性相关，当图谱距离较小（<10 cM）时，图谱距离等于重组率，但这一关系不能应用到大于 10 cM 的情形。两种常用的作图函数是 Kosambi 作图函数和 Haldane 作图函数，前者假设重组事件影响相邻重组事件的发生，后者则假设交换事件间没有干扰。不同植物种遗传图距与物理图距的关系如表 4.2 所示。

表 4.2　不同植物种遗传图距与物理图距的关系

物种	单倍体基因组大小/kb	遗传图谱的距离/cM	碱基对/（kb/cM）
拟南芥	7.0×10^4	500	140
番茄	7.2×10^5	1 400	510
水稻	4.4×10^3	1 575	275
小麦	1.6×10^7	2 575	6 214
玉米	3.0×10^6	1 400	2 140

连锁图谱上的距离并不直接与遗传标记间 DNA 的物理距离有关，不同植物的基因组大小而有差异（Paterson，1996）。因而，一条染色体上的遗传距离与物理距离间的关系不同（Kunzel 等．，2000；Tanksley 等．，1992；Young，1994）。例如，存在重组的"热点"和"冷点"，前者表示染色体区段重组频繁，后者则表示重组发生的机会少（Faris 等．，2000；Ma 等．，2001；Yao 等．，2002）。

4.3　遗传作图群体的类型

要构建好的遗传图谱，首先应选择合适的亲本及分离群体，这直接关系到建立遗传图谱的难易程度、遗传图谱的准确性及所建图谱的适用性。狭义的遗传群体指由两个纯合的亲本杂交产生的 F_2 衍生而成、包含双亲全部基因型的家系群。这样的群体理论上含有全部纯合或杂合的座位，在亲本中有明确的等位基因。遗传群体培育的基本原则是，不进行任何人为的选择和干预，但实际上由于生殖障碍导致不育、环境胁迫导致死亡和人为因素导致丢失等原因，往往不能得到全部基因型。

用于分子标记的遗传作图群体一般分为两类：一类为暂时性分离群体，包括 F_2 群体、回交后代（Back Cross，BC）群体等；另一类为加倍单倍体（Doubled Haploid Lines，DH）和重组近交系（Recombinant Inbred Lines，RIL）等永久性分离群体。如图 4.2 所示展示了用两个或多个亲本构建的群体之间的关系。下面介绍一些常用的作图遗传群体的特点和构建注意事项。

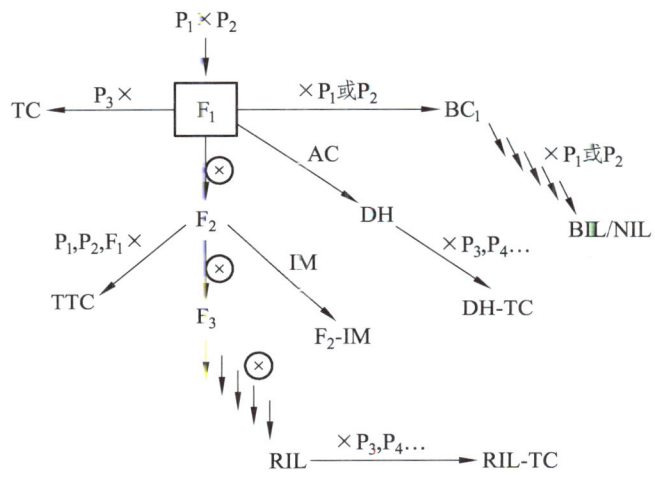

AC—花药培养；BC—回交群体；BIL—回交自交系；DH—双单倍体；IM—互交群体；NIL—近等基因系；RIL—重组自交系；TC—测交群体；TTC—三交群体（徐云碧—2014）。

图 4.2　两个或多个亲本构建的群体之间的关系

4.3.1　亲本的选择

要构建好的遗传图谱，首先应选择合适的亲本，这直接关系到建立遗传图谱的难易程度、遗传图谱的准确性及所建图谱的适用性。亲本间的差异不宜过大，否则会降低后代的结实率及所建图谱的准确度。而亲本间适度的差异范围因不同作物而异。通常多态性高的异交作物可选择种内不同品种作杂交亲本；而多态性低的自交作物则需选择不同种间或亚种间品种作杂交亲本。如玉米的多态性极好，一般品种间配制的群体就可成为理想的分子标记作图群体，而番茄的多态性较差，因而选用不同种间的后代构建分子标记作图群体。

亲本的选择直接与遗传群体的适用范围有关，比如进行粒重的 QTL 定位时，其遗传群体两亲本的籽粒大小尽量要有显著差异；进行抗赤霉病 QTL 分析时一定选抗病性有差异的两个亲本杂交；进行品质性状的 QTL 定位时最好选用一个强筋品种和一个弱筋品种，性状差异大的亲本构建的群体才能有较大的遗传多样性，适用于相关性状的 OTL 分析。当然，两个亲本间可能在几个性状上有差异，构建的群体可用于相应性状的遗传分析。亲本的选配一般应从以下考虑：

（1）亲本间的遗传差异。亲本间的遗传差异既不能过大又不能太小。若差异过大就会抑制杂种染色体之间的配对和重组，导致连锁位点之间的重组率偏低，偏分离现象严重，群体的可信度降低，严重的可导致杂交不育，影响群体的构建；若差异过小，亲本间 DNA 多态性就会比较低，具有多态性的分子标记偏少，定位精度降低。

（2）亲本的纯度。亲本选配时可通过自交纯化保证亲本的纯度。

4.3.2　作图群体的类型

1. F_2 群体及其衍生的 F_3 家系

F_2 群体即杂种二代群体，由所选择的亲本杂交获得 F_1，再自交得到的分离群体。由于雄配子和雌配子来自重组分离的减数分裂，F_2 群体几乎可产生所有可能的基因型，能提供最丰富的遗传信息，作图效率高、群体构建比较省时，不需要很长时间便可得到一个较大的群体。但 F_2 群体应用方面有很大的局限性：第一，表现型鉴定以单株为基础，对于遗传力低的农艺性状的 QTL 检测有较大的影响；第二，是一种暂时性群体，不易长期保存，有性繁殖一代后，群体的遗传结构就会发生变化，难以进行多年多点的重复实验；第三，存在杂合基因型，对显性标记无法识别显性纯合基因型和杂合基因型，会降低作图的精度。所以，应用 F_2 群体，只有效应较大和表达较稳定的 QTL 才能检测到。补救的办法是利用 F_2 衍生的 F_3 家系，即所谓的"混合 F_2"方法。具体做法是，从每个 F_2 自交产生的 F_3 个体中混合提取 DNA，分析各个 F_2 植株的基因型。

如果分析每个 F_3 家系中的单个植株，也可构建一张遗传图。对于一个基因座，它的分离比例不再是 1∶2∶1，而是 3∶2∶3（因为在 F_2 中一个杂合座位只有一次机会，在 F_3 固定为 2 个），但这样做也会增加工作量并容易造成抽样误差。

2. BC_1 群体

BC_1 也是一种常用的作图群体，由 F_1 与亲本之一回交获得。BC_1 群体中每一分离的基因座只有两种基因型，它直接反映了 F_1 代配子的分离比例，因而 BC_1 群体的作图效率最高，这是它优于 F_2 群体的地方。但它也与 F_2 群体一样，存在不能长期保存的问题，即只能使用一代，且信息量少。因此 BC_1 群体直接应用于 QTL 作图较少。但在研究某些特殊问题（如杂交不亲和）时就需要利用回交群体。在这些研究中，也可以采用 BC_1 群体内各株系连续自交来产生"永久"的 BC_1F_x 群体。

3. DH 群体

只包含单套染色体的细胞或植株称为单倍体。来源于二倍体的单倍体称为一倍体，来源于多倍体的单倍体称为多元单倍体。由单倍体通过染色体加倍得到的二倍体称为双单倍体。DH 方法的优点使其在遗传学研究和植物育种中很有用。

DH 群体是通过对 F_1 进行花药离体培养或通过特殊技术（如棉花的半配生殖材料、玉米单倍体诱导系）得到单倍体植株后代，再经染色体加倍而获得的纯合二倍体分离群体。在分子图谱构建和 QTL 定位中，经常利用花药离体培养产生的单倍体植株经染色体加倍形成的群体（如图 4.3 所示）。花药培养或雄核发育是由花粉粒产生单倍体植株的一种途径。花药培养常常是农作物中产生双单倍体优先选用的方法。进行花药培养需要良好的无菌操作技术。但这种方法通常比较简单，可以应用到许多农作物中。一般来说，离体产生的单倍体植株来自花药中的小孢子，需要进行染色体加倍处理。单倍体植株中的染色体数目可以自然加倍，也可以通过秋水仙素处理加倍。

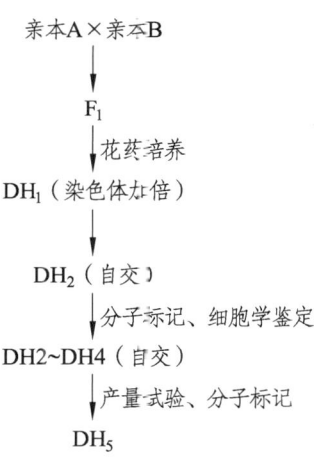

图 4.3 DH 群体构建示意图

DH 群体属于"永久性"群体，可以进行重复试验以减少性状鉴定的试验误差，可以种植于不同环境，用来研究基因型和环境的互作效应，是构建遗传连锁图谱、QTL 定位以及研究基因型和环境互作的理想材料。建立 DH 群体需要的时间相对较短，在初始的杂交后需要 1~1.5 年。DH 群体的遗传结构直接反映了配子中基因的分离和重组，且基因型是纯合的，因此有利于 QTL 的精细定位。但是，DH 群体也存在不足之处，即产生 DH 植株依赖组培技术，且花培过程可能对不同基因型的花粉产生选择效应，从而破坏群体的遗传结构，造成较严重的偏分离现象。此外，DH 群体重组只来自形成花粉时的一次减数分裂，故重组信息量相对较少，缺少杂合体，只能分析 QTL 的加性效应，不能分析显性效应，这些都会不同程度地影响作图的准确性。

4. 重组自交系群体

重组自交系（Recombinant Inbred Line，RIL）或随机自交系（Random Inbred Line）群体是由两亲本杂交后产生的 F_1 通过单粒传法（每一代选择一个单株进行自交）连续多代自交产生的永久群体。亲本杂交后，产生 F_2 单株，每个单株连续的近交（如自交）导致分离的固定，因此由 F 中各个植株所代表的两个亲本基因组的每个遗传组合都可以由一个 RIL 来代表（如图 4.4 所示），两个亲本基因组的遗传组合被固定在 RIL 群体中。

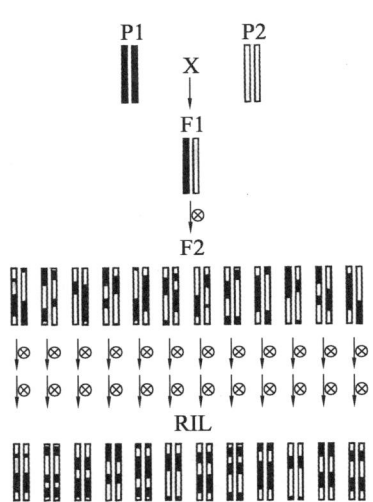

注：两个亲本品系 P_1 和 P_2 杂交产生 F_1，F_1 自交产生 F_2。自交过程一直持续到达到某个纯合水平。终产物为一套 RIL，其中每一个 RIL，是亲本品系的一个固定的重组体。

图 4.4 RIL 系群体构建示意图

RIL 群体家系内个体基因型均纯合稳定，而家系间基因型各不相同。与 DH 群体一样，RIL 也可以进行多年多点的重复试验。由于多代自交使染色体的重组概率大大增加，RIL 群体中连锁基因之间的交换得到最充分的表现，因此应用 RIL，群体有利于将处于同一染色体区段的不同 QTL 分解开，是 QTL 定位和基因型与环境互作研究的理想材料。RIL 在基因组学研究有很多优点：

（1）每个系只需要进行一次基因型鉴定。

（2）可以对每个系中的多个个体进行表型鉴定，以降低个体的、环境的和测量的变异性。

（3）可以在同一套基因组上获得多个侵害性的（破坏性的）表现型。

（4）由于在 RIL 中比在只有一次减数分裂的群体中有更高频率的重组，因此在遗传作图中可以达到更高的分辨率。RIL 群体的局限性在于构建群体需要的时间较长，而且连续自交过程中容易丢失一些株系，导致偏分离。

5. 近等基因系群体

近等基因系（Near Isogenic Line，NIL）群体是通过两亲本杂交后产生的 F_1 与轮回亲本多次回交获得的一组遗传背景相同或相近，只在个别染色体区段上存在差异的株系，称为近等基因系。近等基因系的培育主要是通过多次的定向回交，它与原来的轮回亲本就构成了一对近等基因系。在回交导入目标性状基因的同时，与目标基因连锁的染色体片段将随之进入回交子代中。

NIL 作图的基本思路是通过鉴别位于导入的目标基因附近连锁区内的分子标记，借助于分子标记定位目标基因。利用这样的品系可在不需要完整遗传图谱的情况下，先用一对近等基因系筛选与目标基因连锁的分子标记，再用近等基因系间的杂交分离群体进行标记与目的基因连锁验证，从而筛选出与目标基因连锁的分子标记。

NIL 群体是一类特殊的群体，定位目标基因所需分子标记少于其他群体，实际上近等基因系是在相同的遗传背景下，将影响某一性状的多个 QTL 分解成单个孟德尔因子，将数量性状转化为质量性状，消除了遗传背景的干扰，并能消除主效 QTL 对微效 QTL 的掩盖作用，从而可以进行基因的精细定位和目标基因的图位克隆。

6. 染色体片段替换系

Eshed 和 Zamir（1994）提出了渐渗系（Introgression Line，IL），也称为染色体替换系（Chromosome Substitution Line，CSSL）或渐渗系库（IL Library）。CSSL 是采用多个供体亲本对受体亲本进行连续回交，建立一套覆盖全基因组的、相互重叠的染色体片段代换系，有的也称为代换系。重叠群片段的渗入主要是通过遗传重组来实现的。通过回交即可选育出几乎来自供体亲本任意基因组区域的近等基因渗入系。在回交过程中，所采用的选择方式多种多样，选择的最终目标是出现供体亲本单一的纯合的染色体片段，而遗传背景完全是受体亲本的基因型。

与常规群体相比，渐渗系有以下几个优点：

（1）它们是进行高效的 QTL 或基因检测及精细定位的有用材料。

（2）它们可以用于检测 QTL 之间的上位性互作。

（3）它们可以用来对新的、区域特异的 DNA 标记进行作图。

（4）可以促进对复杂性状进行大规模 QTL 克隆和功能基因组研究。

（5）解析控制复杂表型的基因网络和代谢途径。

7. 永久 F_2 群体

永久 F_2 群体（IF_2 群体）是将普通的 F_2 分离群体和 RIL 等永久群体两者优势结合起来的特殊群体。IF_2 群体由永久群体中的每个纯合株系按一定组配方案两两杂交获得，既有群体信息量大、可以估计显性效应和上位性效应的优点，又具有 RIL 或 DH 等永久群体可以组配出足量的种子满足多年多点试验需要，以取得准确的表型观测值，有利于鉴别紧密连锁的 QTL 标记的特点。

利用永久 F_2 群体可以在多年多点条件下进行作物性状杂种优势的 QTL 分析，这是单独使用 F_2 分离群体和 RIL 等永久群体做不到的。但永久 F_2 群体在实施上也有以下困难：

（1）杂交组合配制工作量大、难度高，很多组合难以得到足够的种子，造成数据缺失。

（2）不同 RIL 或 DH 系的抽穗期很不一致，对于大量配组来说，很难做到完全随机。这些因素会导致构建的永久 F_2 群体往往偏离正常的理论比，从而导致 QTL 位置、效应的估计出现偏差。

4.3.3 作图群体的大小

遗传图谱的分辨率和精度，很大程度上取决于群体大小。群体越大，则作图精度越高。但群体太大，不仅增大实验工作量，而且增加费用。因此确定合适的群体大小是十分必要的。合适群体大小的确定与作图的内容有关。大量的作图实践表明，构建 DNA 标记连锁图谱所需的群体远比构建形态性状特别是数量性状的遗传图谱要小，大部分已发表的分子标记连锁图谱所用的分离群体一般都不足 200 个单株或家系。而如果用这样大小的群体去定位那些控制农艺性状尤其是数量性状的基因，就会产生很大的试验误差。从作图效率考虑，作图群体所需样本容量的大小取决于以下两个方面：一是从随机分离结果可以辨别的最大图距，二是两个标记间可以检测到重组的最小图距。因此，作图群体的大小可根据研究的目标来确定。作图群体越大，则可以分辨的最小图距就越小，而可以确定的最大图距也越大。如果建图的目的是用于基因组的序列分析或基因分离等工作，则需用较大的群体，以保证所建连锁图谱的精确性。

在实际工作中，构建分子标记骨架连锁图可基于大群体中的一个随机小群体（如

150个单株或家系），当需要精细地研究某个连锁区域时，再有针对性地在骨架连锁图的基础上扩大群体。一般来说，标记图谱的构建比QTL的精细定位需要较小的作图群体。构建高密度的分子图谱仅需要200个单株的群体，而为了克隆一个基因通常要求超过1 000个单株的群体。一个可选的方案是构建一个包含500个甚至更多单株的群体，在开始构建遗传图谱时，从群体中选用一个亚群（大约150株）进行框架图谱的构建；当需要对特定染色体上的某一区域进行精细定位时，再使用群体的所有单株。这种大小群体相结合的方法，既可达到研究的目的，又可减轻工作量。

考虑到作图能力，确定群体大小的依据是可分辨的最大图谱距离和两个遗传标记重组可检测的最小图谱距离。用一个较大的作图群体，可以定位标记较小的遗传距离，也能定位微弱的遗传连锁。举个例子，对一个100株的群体来说，一个重组代表1%的重组率（大约1 cM）。对一个50株的群体来说，一个重组代表2%的重组率（大约2 cM），而对一个1 000株的群体来说，一个重组代表0.1%的重组率（大约0.1 cM）。

作图群体大小还取决于所用群体的类型。如常用的F_2和BC_1两种群体，前者所需的群体就必须大些。这是因为，F_2群体中存在更多种类的基因型，而为了保证每种基因型都有可能出现，就必须有较大的群体。一般而言，F_2群体的大小必须比BC_1群体大约大1倍，才能达到与BC_1相当的作图精度。所以说，BC_1的作图效率比F_2高得多。在分子标记连锁图的构建中，DH群体的作图效率在统计上与BC_1相当，而RIL群体则稍差些。总的说来，在分子标记连锁图的构建方面，为了达到彼此相当的作图精度，所需的群体大小的顺序为F_2>RIL>BC_1和DH。

4.3.4 同作图群体的比较

遗传作图群体一般分2类：
（1）暂时性分离群体，包括F_2群体、回交后代（Back Cross，BC）群体等。
（2）永久性分离群体，包括加倍单倍体（Doubled Haploid Lines，DH）群体和重组近交系（Recombinant Inbred Lines，RIL）群体等。

不同作图群体的特点见表4.3。F_2群体构建较省时，常用于近交种的图谱构建。由于F_2群体含有杂合基因型，性状易分离，只能使用一代。若通过远缘杂交构建的F作图群体，易发生两极疯狂分离，标记比例易偏离3∶1或1∶2∶1。上述原因限制了F_2群体在遗传图谱构建中的应用。BC群体是由F_2与亲本之一回交产生的群体，常用于远交种的作图。BC群体的配子类型较少，因此统计及作图分析较为简单。由于回交群体中少了一种纯合基因型，不能计算显性效应，遗传信息量少于F_2群体，且可供作图的材料有限，不能多代使用。

表 4.3 不同作图群体特点比较

群体类型	F_2	BC_1	DH	RIL
群体构建方法	F_1自交	F_1回交	F_1花药培养（在玉米中通过F_1孤雌生殖诱导系杂交）	F_1个体多代自交
性状研究对象	单个植株	单个植株	株系	株系
准确度	低	低	高	高
群体规模	大	大	中	中
分离比例	1:2:1 或 3:1	1:1	1:1	1:1

通过 RIL 或 DH 群体系间随机交配获得的 F_1 构建的永久 F_2 群体，既具有信息量大可以估计显性效应以及与显性有关的上位性效应的优点，又能为多单位合作研究或多环境互作研究源源不断提供大量试验材料，有助于进一步揭示杂种优势的遗传实质。永久性群体至少有两个方面的优点：

（1）群体中各品系的遗传组成相对固定，可以通过种子繁殖代代相传，不断增加新的遗传标记，并可在不同的研究小组之间共享信息。

（2）可以对性状的鉴定进行重复试验以得到可靠的结果。这对于某些病害的抗性鉴定以及受多基因控制且易受环境影响的数量性状的分析尤为重要。

由 RIL 群体系间随机交配构建的永久 F_2 群体有利于鉴别紧密连锁的标记和 QTL。然而，永久群体在实施上仍有一些困难：

（1）杂交组合配制工作量大，难度高，很多组合难于得到足够的种子，造成数据缺失。

（2）不同 RIL 或 DH 系的抽穗期很不一致，对于大量配组来说，很难做到完全随机。这些因素会导致构建的永久群体往往偏离正常的理论比，从而导致 QTL 位置、效应的估计出现偏差。

4.3.5 群体构建的注意事项

用于不同研究目的的遗传群体的构建方法不同，其构建的注意事项也有差异。从共性方面看具有以下几点特征：

（1）形成 F_1 的两亲本选择时，一定要与研究目的相符。在此前提下，供体亲本（DP）一般用核心种质或不能直接利用的特异材料，受体亲本（RP）则一般选用当地最好的品种（系）。

(2) 形成 F_1 的两亲本一定要保证高纯度，在杂交当代选留杂交株上其他穗子的种子低温保存，以备群体建成后繁育使用。轮回亲本每世代都要用套袋自交的种子，切勿出现假杂交种。

(3) 除 F_2 群体构建需要做大量的 F_1 杂交穗外，其他群体的初始杂交一般做 1~2 个穗子，一定要选典型单株去雄，去雄要彻底，严防自花授粉，出现假杂种。回交 F_1 一般随机做 3~6 个单穗（分别取自不同单株，下同）；BC_2F_1 一般随机做 20 个单穗（株）；BC_2F_1 自交产生的 BC_2F_2 的种子量应达 1 kg 以上。

(4) 各代做表现型鉴定时，$F_2(BC_2F_2)$ 和 F_6 代一定用好地，其他世代可用一般地。温室或异地加代一定要种植好、收获好，防止株系丢失，特别要注意防止因气候或条件不好导致的群体大部分损失或全军覆没。

(5) 构建近等基因系、回交群体和 DNA 小片段渗透系等样体时，最好结合 SSR 标记或生化标记鉴定来自供体亲本的特异基因，根据表现型调查和基因型鉴定，加快群体构建过程，提高群体质量。

4.4 DNA 标记多态性与数据处理

利用 DNA 标记鉴定亲本间的差异（即多态性标记）是影响连锁图谱构建的重要因素。重要的是在亲本间存在足够的多态性以便构建连锁图谱。一般而言，异花授粉植物与自交植物相比，DNA 多态性水平较高，自花授粉植物的作图一般需要选择亲缘较远的亲本。在许多情况下，可根据亲本的遗传多样性水平选择多态性适当的亲本。作图标记的选择可根据标记的可用性或特定标记对于特定物种的合适性而定。

4.4.1 分离数据的收集与数字化

从分离群体中收集分子标记的分离数据，获得不同个体的 DNA 多态性信息，是进行遗传连锁分析的第一步。通常各种 DNA 标记基因型的表现形式是电泳带型，将电泳带型数字化是 DNA 标记分离数据进行数学处理的关键。

下面以 SSR 为例来说明将 DNA 标记带型数字化的方法。假设某个 SSR 座位在两个亲本（P_1，P_2）中各显示一条带，由于 SSR 是共显性的，则 F_1 个体中将表现出两条带，而 F_2 群体中不同个体的带型有 3 种，即 P_1 型、P_2 型和 F_1（杂合体）型。可以根据习惯或研究人员的喜好，任意选择一组数字或符号，来记录 F_2 个体的带型。例如，将 P_1 带型记为 1，P_2 带型记为 3，F_1 带型记为 2。如果带型模糊不清或由于其他原因使数据缺失，则可记为 0。假设全部试验共有 120 个 F_2 单株，检测了 100 个 RFLP 标记，这样可得到一个由 100（行）×120（列）的、由简单数字组成的 RFLP 数据矩阵。

进行 DNA 标记带型数字化的基本原则是，必须区分所有可能的类型和情况，并赋予相应的数字或符号。比如在上例中，总共有 4 种类型，即 P_1 型、F_1 型、P_2 型和缺失数据，故可用 4 个数字 1、2、3 和 0 分别表示之。如果存在显性标记，则 F_2 中还会出现两种情况。一种是 P_1 对 P_2 显性，于是 P_1 型和 F_1 型无法区分，这时应将 P_1 型和 F_1 型作为一种类型，记为 4。另一种情况正好相反，P_2 对 P_1 显性，无法区分 P_2 型和 F_1 型，故应将它们合为一种类型，记为 5。

在分析主基因控制的质量性状与遗传标记之间的连锁关系时（实际上是主基因定位），应将表型数字化，用相同的赋值方法对群体各株系赋值。例如，糯稻和非糯稻杂交后代，出现糯与非糯性状分离，如果亲本 P 是糯稻，则后代中的糯与非糯稻分别赋值 1 和 2。相反，如果亲本 P 是非糯稻，则后代中的糯与非糯稻分别赋值 2 和 1。经过这样的赋值后，这个主基因就可以和 DNA 标记一起进行连锁分析，直接将其定位在连锁图谱上。

对于 BC_1、DH 和 RIL 群体，每个分离的基因座都只有两种基因型，不论是共显性标记还是显性标记，两种基因型都可以识别，加上缺失数据的情况，总共只有 3 种类型。因而用 3 个数字就可以将标记全部带型数字化。

在分析质量性状基因与遗传标记之间的连锁关系时，也必须将有关的表型数字化，其方法与标记带型的数字化相似。例如，假设在 DH 群体中，有一个主基因控制株高，那么就可以将株系按植株的高度分为高秆和矮秆两大类，然后根据亲本的表现分别给高秆和矮秆株系赋值，如 1 和 2。将质量性状经过这样的数字化处理，就可以与 DNA 标记数据放在一起进行连锁分析。

DNA 标记数据的收集和处理应注意以下问题：

（1）应避免利用没有把握的数据。由于分子多态性分析涉及许多实验步骤，很难避免出现错误，经常会遇到所得试验结果如条带不清楚等问题。如果硬性地利用这样没有把握的数据，不仅会严重影响该标记自身的定位，而且还会影响到其他标记的定位。因此，应删除没有把握的数据，宁可将其作为缺失数据处理，或重做试验。

（2）应注意亲本基因型，对亲本基因型的赋值（如 P_1 型为 1，P_2 型为 2），在所有的标记座位上必须统一，千万别混淆。如果已知某两个座位是连锁的，而所得结果表明二者是独立分配的，这就有可能是把亲本类型弄错引起的。

（3）当两亲本出现多条带的差异时，应通过共分离分析鉴别这些带是属于同一位点还是分别属于不同位点。如属于不同位点，应逐带记录分离数据。

4.4.2 遗传图距与物理距离对应关系的估计

不同生物的 1 cM 图距所对应的实际物理距离（碱基对数量）存在很大差异。一般而言，生物越低等或越简单，1 cM 图距平均对应的碱基对数量就越少。表 4.4 中给出的各种生物中遗传图距与物理距离之间的对应关系只是一个大约的平均值，实际上它变化很大。在一条染色体上，由于不同区域上发生交换的频率存在差异，因而遗传图距与物理距离之间的对应关系可以有很大的变化。例如，在着丝粒附近，染色体交换受到抑制，因而所估计的遗传图距小于平均对应的物理距离。在同一种生物中，两个特定基因位点之间的遗传图距会因遗传背景的不同而改变，甚至有时由同一对亲本所产生的遗传背景相同的不同群体间也存在很大差异。

表 4.4 不同生物中单位图距所相当的平均物理距离

物　种	基因组大小/kb	遗传图距/cM	kb/cM
嗜菌体 T_4	1.6×10^2	800	0.2
大肠杆菌	4.2×10^3	1 750	2.4
酵　母	2.0×10^4	4 200	4.8
真　菌	2.7×10^4	1 000	27.0
线　虫	8.0×10^4	320	250.0
果　蝇	1.4×10^5	280	500.0
水　稻	4.5×10^5	1 500	300.0
小　鼠	3.0×10^6	1 700	1 800.0
人　类	3.3×10^6	3 300	1 000.0
玉　米	2.5×10^6	2 500	1 000.0

4.4.3 构建 DNA 标记图谱的计算机软件

在分离群体中，每一标记位点上的基因型可通过分子标记带型来确定。通过两位点上不同基因型出现的频率来估算重组交换值，或通过适当的统计方法（如似然比检验）对两个基因位点是否呈连锁遗传作连锁分析。无论是两点测验还是多点测验，通常采用似然比（Likelihood Ratio 或 Odds Ratio）检验法比较两个标记间以重组率 r 相连锁的概率与备择假设（即非连锁时 $r=1/2$）概率的比值。为计算方便，将该比值取以 10 为底的对数（Logarithm Of Odds，LOD），称为 LOD 值。构建连锁图谱时一般使用 LOD 值>3，表示两个标记间存在连锁比不连锁的概率高 1 000 倍。多点测验时先对各种可能的标记排列顺序进行最大似然估计，然后通过似然比检验确定出可能性最大的顺序，并计算出这些标记间的重组率。

用于构建连锁图谱的常见软件有 Mapmaker/EXP（Lander 等，1987）、MapManager QIX（Manly 等，2001）、JoinMap（Stam，1993）、QTL IciMapping（王建康等，2009）。连锁图谱构建主要分 3 步：

（1）分群（grouping）：就是把具有遗传连锁关系的标记放在一个标记群中。如果标记已覆盖全基因组，则理想的分群结果是，有多少染色体，就把标记分成多少个群，一个标记群代表一个染色体上的所有标记。判断 2 个标记之间是否有连锁关系，可以依据检测连锁的 LOD 统计量、重组率的估计值或依据重组率转换成的图距。

（2）标记排序（ordering）：通过一定算法确定同一群内的所有标记的相对顺序，目的是寻求图距最短的一个标记顺序。理想的排序结果是，标记顺序与它们在染色体上的物理位置的顺序完全一致。

（3）图谱调整（rippling）：根据临近标记重组率总和、临近标记图距总和等对图谱进行调整，以获得最短的图距。

连锁图谱完成后，可以分析图谱中标记总数、图谱长度（包括各连锁群的长度和基因组的总长度）及标记密度（座位/cM）、分子标记的平均距离。水稻叶青 8 号/京系 17 的 DH 系群体构建的遗传图谱是我国构建的较早的水稻遗传图谱，在我国分子数量遗传学发展过程起到了非常重要的作用。当分子标记的密度足够大时，通常称为高密度图谱。

 4.4.4　错误基因型分析下的连锁作图

生成标记数据是费时和昂贵的，应该最大限度地利用生成的信息。如果不考虑基因分析的错误，数据集中的每一个非末端标记错误将引起两个明显的重组。这样标记中每 1% 的错误率在图谱上将增加大约 2 cM 的距离浮动。假如平均每 2 cM 一个标记，那么平均 1% 的错误率将增加图谱一倍的距离。相邻标记有很高的错误率，将产生很大的距离，通过手工或者自动化都可以将这种标记删除。这样的基因型错误可以通过简单的归类标记数据以假定的连锁顺序决定是否有一个大的交换来进行检测。

具有低错误率的标记不能轻易被检测到，最好的策略是用图谱建立程序整合错误检测。Cartwright 等（2007）以葡萄为例，用基因型错误的概率来拓展传统的似然模式。每一个单株标记赋予一个错误率，其从作为遗传距离的数据中得出。用这种模式开发出了一个软件包（TMAP 软件包），根据连锁相已知的系谱来确定最大似然图谱。用葡萄数据集和模拟数据集对这种方法进行了测试，其结果证实了这种方法极大地降低了由增加标记数所产生的浮动性效应。

4.5　DNA 标记连锁图谱的完善

4.5.1　DNA 标记连锁群的染色体定位

把分子标记所建立的连锁群与经典遗传图谱联系起来，并将其归属到相应的染色体上，是构建了一个比较饱和的分子图谱之后十分重要的工作。通常根据分子标记与已知染色体位置的形态标记的连锁关系来确定分子标记连锁群属于哪条染色体，还可以利用非整倍体或染色体结构变异材料，如水稻中利用三体、玉米中利用 A/B 易位系、小麦中利用缺体/四体染色体代换系等，将分子标记连锁群归属到相应的染色体上。

以水稻为例，目前已获得全套 12 条染色体的初级三体（$2n+1$）。在水稻某种三体中，由于三体染色体有一式 3 份，其 DNA 含量为其他 11 条染色体的 1.5 倍。在 DNA 定量相当准确的条件下，用已知能检测某一连锁群的探针分别与 12 种三体的总 DNA 杂交。根据剂量效应，杂交强弱与同源序列的含量成正比，杂交后对应三体的 DNA 滤膜放射自显影显带强度将明显高于其他 11 种，由此可以判定该标记所对应的序列就在该三体染色体上。

随着技术的进步，原位分子杂交的灵敏度已可以揭示单拷贝序列的杂交位点，因此采用原位分子杂交可以容易地将连锁群的分子标记定位到染色体上。

要得到一个完整的遗传图谱，必须知道染色体上的标记与着丝粒之间的距离。一个完整的染色体具有以下几个主要部分：着丝粒、缢痕、随体及端粒，这些基本结构在生物染色体的运动与复制等方面起着重要的作用，其结构也是遗传图谱制作中不可忽视的重要部分。

由于着丝粒并不是一个基因，不能从表型测知，因此采用常规的两点、三点乃至多点分析方法是无法确定标记与着丝粒之间的关系的。在经典遗传图谱的构建中，一般采用近端着丝粒染色体来对基因与着丝之间的距离进行定位。近端着丝粒染色体是正常染色体在着丝粒附近断裂形成的异常染色体。目前已获得小麦全部42条染色体的近端着丝粒染色体。利用染色体易位材料也可以判断着丝粒在染色体上的位置。一般易位点和着丝粒所在部分的交换被抑制，因而推算位于着丝粒两旁的易位点与标记基因间的重组率时一般都偏小。利用这个现象可以推算连锁图上着丝粒的位置。在细胞学上，利用已知易位点的易位系统进行基因分析也可知道着丝粒的位置。早在1945年，在玉米中就利用易位分析的结果推测了全部染色体的着丝粒位置。

染色体上的端粒是指染色体的自然末端。在遗传图谱的构建中，端粒位置的确定就意味着为染色体的全长设定界标。传统的凝胶电泳方法由于分辨能力有限，大多数情况下无法将具有多态性的端粒片段区分开来。一般要借助具有高分辨率的脉冲场凝胶电泳（PFGE）才能将有差异的端粒片段分离开来。利用PFGE与切割位点稀少的限制性酶相结合，Wu和Tanksley（1993）研究了水稻端粒结构的特征，采用来自拟南芥的端粒探针，将3个水稻的端粒DNA电泳条带分别定位在第8、9、11染色体上，并证实了多态性的端粒片段不仅在遗传上而且在物理上与遗传图谱上最远端的RFLP标记相连锁。

目前，在日本水稻基因组研究计划所构建的包含2 275个标记的水稻分子连锁图中，除第9染色体之外，其余11条染色体的着丝粒（区）都已定位（Harushima等. 1998）。另外，该图中的第5染色体短臂、第11染色体两臂以及第12染色体短臂的端粒也已定位。

 4.5.2　高密度DNA标记连锁图的制作

遗传图谱饱和度是指单位长度染色体上已定位的标记数或标记在染色体上的密度，通常用标记平均间距来表示。由于标记往往是非均一地分布在染色体上，标记间距会或大或小，在整个基因组中，需要一个度量（即相邻标记最大距离）来反映这种情况。因此，衡量图谱饱和度，也会用最大间距这一指标。一般标记的平均间距和最大间距越小，连锁图谱越饱和。一个基本的染色体连锁框架图大概要求在染色体上的标记平均间距不大于20 cM。如果构建连锁图谱的目的是进行主效基因的定位，其平均间距要求在10~20 cM或更小。用于QTL定位的连锁图，其标记的平均

间距要求在 10 cM 以下。如果构建连锁图谱是为了进行基因克隆则要求目标区域标记的平均间距在 1 cM 以下。

不同生物的基因组大小有极大差异,因此满足上述要求所需的标记数是不同的。以人类和水稻为例,它们的基因组全长分别为 3.3×10^{10} kb 和 4.5×10^{8} kb,如果构建一个平均图距为 0.5 cM 的分子图谱,所要定位的标记数就要分别达到 6 600 个和 3 400 个。

假设以拥有 12 条染色体、每条长 100 cM、全长 1 200 cM 的生物为例,Tanksley 等(1988)研究了所需标记数与图谱饱和度之间的关系,发现影响所需标记数的主要因素有两个:一个因素是标记间的平均距离,即图谱总长度除以定位的标记数,它反映了标记图谱的平均密度对于染色体全长为 1 200 cM 的生物,如果定位了 120 个标记,则标记间的平均距离为 10 cM。另一个因素是标记间的最大距离。标记在基因组上的分布是不均匀的。即使在一张平均密度很高的图谱上,仍然可能存在较大的间隙区。据理论推算,如果用于作图的标记是随机选择的,则当标记平均距离为 1 cM 时,仍有可能存在 10 cM 的间距。而若要将最大可能间距从 10 cM 减小到 5 cM,则需要另外增加 1 000 个标记。因此,通过提高图谱平均密度的方法来缩小最大标记间距是很困难的。在实际研究中,为了填补间隙,应有针对性地在间隙区上寻找标记,或寻找该间隙所在区域上有差异的亲本构建作图群体。但由于没有一种标记在基因组中分布是完全随机的,如着丝粒区通常以重复序列为主,因而以单拷贝克隆为探针的 RFLP 标记就不可能覆盖这些染色体区域,因此,为了提高标记的覆盖程度,往往需要采用多种标记手段。

4.5.3 DNA 标记连锁图与经典遗传连锁图的整合

从 1987 年报道玉米和番茄的 RFLP 遗传图谱以来,具有重要经济价值的栽培植物几乎都已构建了以 RFLP 为主的 DNA 标记遗传图谱,其中水稻分子图谱上所定位的 RFLP 标记数已超过 2 000 个。为了充分利用现有的分子和遗传的信息,必须将分子遗传图谱与经典遗传图谱结合起来,成为一张综合的遗传图谱。将两类遗传标记综合到一张遗传图谱中去,不仅是重要经济性状准确定位的需要,也是以图位克隆方法分离目的基因的需要。但是,由于两类图谱的构建是相互独立的,使用的作图群体是不同的,且它们之间缺乏共有的遗传标记,因而整合起来并不容易。另外,经典遗传图谱本身就是一张依据许多由不同研究者利用不同作图群体在不同条件下完成的实验结果而绘制成的综合图谱,其中有的标记基因间的相对位置不一定十分精确，因此，在与分子图谱整合时，不能简单地根据标记间的相对图距进行推论。

鉴于上述原因，分子图谱与经典图谱的整合只能通过将传统的遗传标记基因一个一个地定位到分子图谱中去的策略来进行。为此，可以选择各种传统的遗传标记材料来建立作图群体，并用适当的方法快速地找到与传统的遗传标记紧密连锁的分子标记，再根据分子标记在分子图谱上的位置来确定传统遗传标记的位置。在栽培植物中，水稻的经典连锁图谱和分子连锁图谱的整合工作进展较快，这主要受益于水稻在经典连锁图谱上的长期累积性工作，目前至少已将 47 个形态标记和 11 个同工酶标记定位到了分子连锁图上。

4.5.4　多分子图谱的整合

很多作物中，用不同的群体构建了多个分子图谱。这些群体的大小和结构不同，图谱构建所采用的标记数和类型不同。为了建立一个可参照或一致的图谱，便于在不同的群体和不同图谱间，对特定标记间的位置和遗传距离进行比较，Stam（1993）为几种作图群体（BC_1、F_2、RIL、DH 和远交全同胞家系）的遗传连锁图谱构建开发了一个计算机程序 JoinMap，JoinMap 可以组合几种来源的数据到一个整合图谱。

对每一个作物，所有用不同群体形成的分子图谱将最终整合进一个统一的图谱。这在几种主要的作物上相当成功，并且可以预计，当有足够的图谱时，所有作物的图谱将成功进行类似的整合。在小麦中，学者通过聚合几个遗传图谱，以最大限度地整合来自不同来源的遗传图谱信息，构建了一个 SSR 统一的图谱（Somers 等，2004）。在棉花中，研究人员将染色体归于用具有不同遗传背景的 4 个种间（陆地棉）群体构建的 RFLP 标记联合图谱的 15 个连锁群（Ulloa 等，2005）。在玉米中，两个 RI 互交得到的群体构建了一个整合图谱，第 1 组群体（IBM）由 B73 和 Mo17 杂交制得，第 2 组群体（LHRF）由 F2 和 F252 杂交制得。IBM 群体构建了含有 237 个位点的框架图谱，LHRF 图谱包含 271 个位点。用两个群体共定位了 1 454 个位点（1 056 个标记定位在 IBM 群体图谱上，398 个标记定位在 LHRF 群体图谱上），对应于 954 个新定位的 cDNA 探针标记（Falque 等，2005）。在大麦中，组合 10 个群体（大部分共同由 DArT、SSR、RFLP 或 STS 标记进行分析）的数据集构建了一个高密度的整合连锁图谱，图谱包含 2 935 个位点（2 085 个 DArT 标记，850 个其他标记），覆盖 1 161 cM，包含总共 1 629 个 bins（特异位点）。整合图谱中位点的排列与单一群体构建的图谱中的标记的排列顺序非常相似。

4.5.5 遗传图谱与物理图谱的整合

整合遗传和物理基因组图谱对图位克隆、比较基因组分析以及作为为基因组测序项目准备的序列克隆来源具有非常大的价值。物理和遗传图谱之间的高度相关，将大大推动具有重要生物或农艺性状的相关候选基因的辅助分子育种，以及相关基因的图位克隆和不同群体、物种和整个基因组序列之间的比较分析，反过来，这些研究又将有助于不同分子育种工具的开发。

为了组合复杂基因组的物理图谱，并将它们与遗传图谱进行整合，已经开发出多种方法。例如，为了给玉米创建一个整合遗传和物理图谱资源，就要运用多策略的整合方法。首先，要高分辨率的遗传图谱，为定位物理图谱和利用其他小基因组的比较信息提供必要的遗传锚定点。其次，物理图谱要至少包含 3 个深度覆盖的基因组文库的克隆重叠群。最后，要具备一组为分析、搜索和展示图谱数据而设计的信息工具。

在不同作物中，不同策略有不同的实现方式。如在水稻中，大部分的基因组（90.6%）通过全面杂交 DNA 凝胶杂交和硅片锚定进行遗传锚定（Chen 等，2002）。在小麦中，通过删除 bin 系统建立了微卫星标记的遗传-物理图谱的关系（Sourdille 等，2004）。在高粱中，为构建一个完整的遗传和物理图谱，Klein 等（2000）开发了一种以 PCR 基础的高通量方法，以建立细菌人工染色体（BAC）重叠群，并将 BAC 定位在遗传图谱。AFLP 分析与 BAC 重叠文库比对分析，30% 的 BAC 重叠文库提供合并重叠群和单一列的信息不能单独用印迹数据合并。在草本植物黑麦草和高羊禾中，用包含 104 个高羊禾特异的 AFLP 标记的基因组原位杂交获得的遗传图谱与物理图谱整合。整合的图谱展示了大规模 AFLP 标记物理分布，以及在高羊禾染色体上，从染色体的一部分到另一部分的遗传和物理距离之间的关系的变化。

美国哥伦比亚市的玉米图谱构建项目开发出了一个整合遗传作图和物理作图的工具（http://www.maizemap.org/iMapDB/iMap.html）。印迹识别装配的重叠群和自动匹配 BAC 库随后添加到 IBM2 和 IBM2 邻居图谱。在 Gramene 数据库中，开发出网络工具软件 CMAP，它允许用户进行遗传图谱和物理图谱的比较。另外，还开发出一个整合的生物信息学工具 CMTV，用于图谱整合、比较及目标性状查看。上述作图工具是用于构建基于共享标记的整合图谱和基于起始过程的参考图谱。

第 5 章
质量性状基因的定位

基因定位一直是遗传学研究的重要范畴之一，基因定位与克隆是高密度分子图谱构建的重要应用目的，它对育种家的意义之大是不言而喻的。

在分离群体中表现为不连续性变异，能够明确分组的性状称为质量性状。质量性状通常受一个或少数几个主基因控制，不易受环境的影响。许多重要的农艺性状，如抗病性、抗虫性、育性、抗逆性（抗盐、抗旱等）等都表现为质量性状遗传的特点。由于这些性状大多受单基因或少数几个主基因控制，在分离世代无法通过表型来识别目的基因位点是纯合还是杂合，在几对基因作用相同时（如一些抗病基因对病菌的不同生理小种反应不同），无法识别哪些基因在起作用。特别是一些质量性状，虽然受少数主基因控制，但其中许多性状的表现还受遗传背景、微效基因以及环境条件的影响。为了在育种中对质量性状进行 MAS，需要对质量性状的基因进行图位克隆和寻找与质量性状基因紧密连锁的分子标记。所以利用分子标记技术来定位、识别质量性状基因，特别是利用分子标记对一些易受环境影响的抗性基因的选择就变得相对简单。

寻找与质量性状基因紧密连锁的 DNA 标记，或者说对质量性状进行分子标记（Molecular Tagging），主要有两个目的：一是为了在育种中对质量性状进行标记辅助选择，二是为了对质量性状基因进行图位克隆（Map-based Cloning）。目前，质量性状基因的定位研究主要利用近等基因系分析法和分离集团混合分析法等途径。关于这两种途径在快速、有效地寻找与质量性状基因紧密连锁的分子标记方面已有许多成功的报道。

5.1 近等基因系分析法

一组遗传背景相同或相近，只在个别染色体区段上存在差异的株系，称为近等基因系（NIL）。如果一对近等基因系在目标性状上表现差异，凡是能在这对近等基因系间揭示多态性的分子标记，就可能位于目标基因的附近（Muehlbauer，1988）。因此，利用近等基因系材料，可以寻找与目标基因紧密连锁的分子标记。目前，学者们已利用近等基因系分析法标记和定位了许多质量性状基因，例如番茄抗病毒病基因 *Tm-2a*（Young 等，1988）和水稻半矮杆基因 *sdy*（Liang，1994）等。

目前，构建近等基因系的方法主要有两种：一种方法是利用高世代回交的方法构建的轮回亲本背景的近等基因系，许多研究者利用这种方法对 QTL 效应进行了精确评价，并使数量性状呈现质量性状分离规律；另一种方法就是基于永久群体（DH 系和 RIL 群体）构建双亲嵌合背景的近等基因系，Inukai 等和 Tuinstra 等都曾利用这种方法构建近等基因系。

高世代回交法构建的轮回亲本背景的近等基因系耗时长，但由于单株之间背景高度相似，故极适合微效 QTL 遗传效应评价；基于重组自交系构建的双亲嵌合背景的近等基因系构建耗时短，能够达到快速构建近等基因系的目的。近等基因系间表现型差异大可能是构建的前提，即双亲嵌合体背景的近等基因系可能更适合对效应大的 QTL 进行遗传效应评价。

5.1.1 近等基因系的培育

最早由 Young 等提出来的近等基因系分析法，是利用近等基因系寻找与目标基因紧密连锁的分子标记。如果近等基因系间存在目标性状的显著差异且发现存在多态性的分子标记，则该标记就可能位于控制目标性状基因的附近。这样可在不需要完整遗传图谱的情况下，先用两个近等基因系筛选分子标记，再用近等基因系间的杂交分离后代进行标记与性状的连锁距离的进一步分析，有效地筛选与目标基因连锁的分子标记。

1. 多次回交转育培育近等基因系

以带有目标性状的亲本（供体亲本）与拟导入这一目标性状的亲本（受体亲本，又称轮回亲本）进行杂交，再用轮回亲本连续多次回交，回交至一定世代后自交分离，即可获得遗传背景与轮回亲本相近却带有目标性状的品系，这一品系与轮回亲本即构成 1 对近等基因系回交转育是近等基因系构建中最常用的方法，采用此方法在水稻上已构建了若干近等基因系。

从回交分离世代起，由于后代单株间在目标性状上发生分离，需选择带有目标性状的单株进行回交。控制目标性状的基因显隐性不同，目标单株的选择方法也有差异。由显性基因控制的目标性状，在回交世代直接选择具有目标性状的单株与轮回亲本杂交；而由隐性基因控制的目标性状，在基因杂合状态下，难以从表型上对目标单株进行直接选择，必须进行后裔鉴定。如果连续回交，则选作回交的单株其自交种和杂交种同时成对收获，下季成对种植，若自交种后代出现目标性状，则在其对应的杂交种中再选株继续回交、自交，连续回交时，每世代选作回交的单株不宜过少，以防目标基因丢失。在回交分离世代时也可先选株自交鉴定，在自交后代中选择具有目标性状的单株继续回交即隔代回交，这样选育出近等基因系的时间较长。随着分子生物学技术的发展，对于由隐性基因控制的性状、主效数量基因控制的性状以及其他表型鉴定比较困难的性状，可以采用与目标基因连锁的分子标记进行辅助选择。谭彩霞等（2004）利用与纹枯病主效 QTL 紧密连锁的分子标记辅助选择，采取连续回交的方法，获得了 Lemont 背景下的 SB9 近等基因系。

近等基因系是一系列回交过程的产物。近等基因系的获得有多种方式，其中最常用的方式是通过将两个具有不同目标性状的品种杂交，再与亲本之一多次回交后筛选得到在目标性状上差异表现不同的品系。这样，品系间及品系与轮回亲本间就构成了近等基因系。回交是 F_1 或其他杂种后代与亲本之一杂交的方式。

在育种中，当某一优良品种缺少一两个优良性状时，常用回交的方法将该优良性状从外源种质中转移到优良品种中去。用于多次回交的亲本是目标性状的接受者，称为轮回亲本或受体亲本；只在第一次杂交时应用的亲本是目标性状的提供者，称为非轮回亲本或供体亲本。回交的结果，将不断提高回交后代中轮回亲本的遗传成分，不断减少供体亲本的遗传成分，使其后代向轮回亲本方向纯合。其回交过程一直持续到新培育的目标品系在理论上除了含有目标性状基因的染色体区段外，与轮回亲本几乎等基因时为止（如图 5.1 所示）。由此得到的回交后代再自交一次即得到回交自交品系（BIL）。通常可供利用的 BIL 都是育种家用不到 10 代（一般 5~6 代）回交育成的，其基因组中很可能在几个基因座位上还含有供体亲本的等位基因，故这样的 BIL 还不是严格的等基因系，只能称为 NIL。

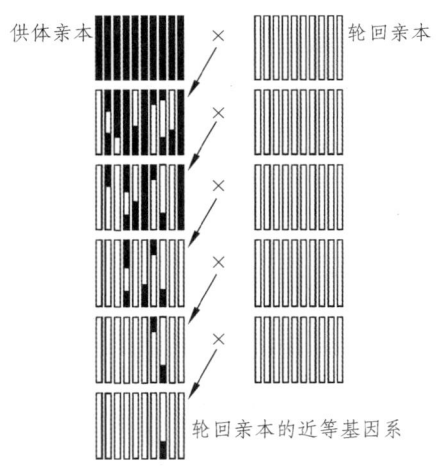

图 5.1 近等基因系培育示意图

回交次数与双亲亲缘关系的远近、对背景的选择压力有关。一般双亲亲缘关系远则育成近等基因系需回交的次数较多，回交后代对背景的选择压力大则回交的次数较少。刘立峰等（2007）利用分子标记辅助目标性状 QTL 前景选择及恢复轮回亲本基因组的背景选择，再结合表型选择，连续回交 3 代即获得定位在水稻 4 号和 6 号染色体上的根基粗、千粒重 2 个主效 QTL 的近等基因系。潘学彪等（2009）利用与水稻抗条纹叶枯病基因 Sto-bi 紧密连锁的分子标记进行辅助选择，将镇稻 88 的 Stu-bi 带入武育粳 3 号在 BC_1F_1 利用双亲具多态性的分子标记进行背景选择，仅回交 3 次，即获得性状与武育粳 3 号一致但带有抗条纹叶枯病基因的品系。

在回交自交品系中要消除所有供体亲本基因组，若在回交过程中不进行选择，则理论上需要进行无限次的回交。在 k 对独立遗传的目标基因的情况下，如果不进行选择，在回交第 t 代，轮回亲本基因组所占比例为 $[1-(1/2)^t]^k$。可以看出，目标基因越多，则轮回亲本基因组恢复得越慢。另外，当供体亲本的目标性状基因与其附近的其他基因存在连锁时，则轮回亲本置换供体亲本基因的进程将要减缓，其减缓程度因连锁的紧密程度不同而不同。为了加快回交后代基因组恢复成轮回亲本的速度，在每一代选择继续回交的植株时，除了要保证含有供体目标基因外，应尽量选择形态上与轮回亲本接近的植株。由于基因连锁的结果，在回交导入目标基因的同时，与目标基因连锁的染色体片段将随之进入回交后代中，这种现象称为连锁累赘。

在目标基因所在的染色体区域附近，检测到 DNA 标记的概率大小取决于被导入的染色体片段的长度及轮回亲本和供体亲本基因组之间 DNA 多态性的程度。检测率随培育中回交次数的增加而降低。当轮回亲本和供体亲本分别属于栽培种和野生种时，更有可能发现多态性的分子标记。相反，轮回亲本和供体亲本的亲缘关系越密切，其多态性的分子标记就越少。通过筛选大量分子标记可以增加获得与目标基因连锁的分子标记的机会。值得注意的是，在成对 NIL 间有差异的目标基因区段可能很宽，以致得到的标记座位可能与目标基因相距较远，甚至还有可能位于不同的连锁群上。另外，利用包含同一染色体区域的多个重叠 NIL，可以减少在非目标区域检测到假阳性标记的机会，增加在目标区段中检测到多态性的概率。

当回交导入的目标性状为隐性时，供体的目标基因在每个回交当代中都无法识别，因此必须将回交后代自交，在分离的自交后代中选择表现目标性状的植株用于继续回交。或在回交后代中选用较多的植株作回交并同时自交，将回交与自交后代对应种植，凡是自交后代在目标性状上呈现分离者，说明其相应的回交后代中必有一些个体带有目标基因，就可在该后代中继续选株回交并自交；而自交后代不出现分离的，其相应回交后代即被淘汰。

2. 从突变体中分离培育近等基因系

自然突变或人工诱变获得的突变体，在单位点突变或仅少数位点发生突变的情况下，经过分离纯化，获得的具有突变性状的品系与原品系即构成 1 对近等基因系。石明松（1985）在农垦 58 大田中发现的光敏感不育突变株农垦 58S 与农垦 58 构成 1 对近等基因系。章清杞等（2000）利用 ^{60}Co 射线辐射处理协青早 B，获得了协青早 B*eui* 突变体，与协青早 B 构成 1 对株高近等基因系。

3. 从杂交高世代群体材料中分离培育近等基因系

在杂交高世代群体中，由于连续自交，控制大多数性状的基因趋于纯合，只有少数基因处于杂合状态。在此基础上，对尚处于分离状态的性状进行选择纯化，所获得的具有相对性状差异的品系即可构成近等基因系。李建雄等（2000）以性状和分子标记为基础，从珍汕 97/明恢 63 的 1 个含 234 个重组自交系的 $F_{6:7}$ 群体中，分离获得了每穗实粒数和千粒重 2 个性状的近等基因系。曾汉来等（2001）利用人工控制的系列温度条件，对光温敏核不育水稻培矮 64S-5 株系的高世代自交（近交）群体进行单株雄性育性鉴定与系统选择，经过 10 代自交纯化，获得一套不育临界温度分别为 23 ℃、24 ℃、26 ℃ 和 28 ℃ 的培矮 64S 近等基因系。

5.1.2 近等基因系分析法的原理

利用 NIL 寻找质量性状基因的分子标记的基本策略是比较轮回亲本、NIL 及供体亲本三者的标记基因型，当 NIL 与供体亲本具有相同的标记基因型，但与轮回亲本的标记基因型不同时，则该标记就可能与目标基因连锁（如图 5.2 所示）。

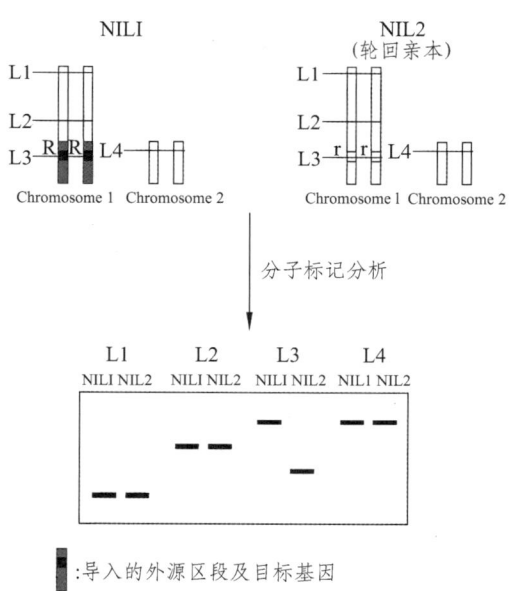

图 5.2 近等基因系分析法原理示意图

在目标基因所在的染色体区域附近，检测到 DNA 标记的机率大小取决于被导入的染色体片段的长度及轮回亲本和供体亲本基因组之间 DNA 多态性的程度。检测机率随培育 NIL 中回交次数的增加而降低。当轮回亲本和供体亲本分别属于栽培种和野生种时，更有可能发现多态性的分子标记。相反，轮回亲本和供体亲本的亲缘关系越密切，其多态性的分子标记就越少。

通过筛选大量 DNA 探针和 PCR 引物或采用多种限制性酶与探针组合，可以提高获得与目标基因连锁的分子标记的机会。值得注意的是，在成对 NIL 间有差异的目标基因区段可能很宽，以致得到的标记座位可能与目标基因相距较远，甚至还有可能位于不同的连锁群上。因此，减小连锁累赘是十分重要的。通过增加回交次数或借助于标记辅助选择可缩小连锁累赘的影响程度。另外，利用包含同一染色体区域的多个 NIL，可以减少在非目标区域检测到假阳性标记的机会，增加在目标区段中检测到多态性的概率。

 5.1.3 近等基因系分析法实际案例

大量研究报道表明，利用 NIL 方法对寻找与目标基因紧密连锁的分子标记是十分有效的，这类紧密连锁的 DNA 标记不仅适合于标记辅助选择，对利用图位法克隆目标基因也是十分有用的。

Young 和 Tanksley（1989）通过连续回交，将番茄抗烟草花叶病毒病抗病基因 *Tm-2*，转移到不同的栽培品种中，从而得到了一系列不同轮回亲本的 NIL。这些 NIL 所拥有的包含 *Tm-2* 片段的长度在 4~51 cM 之间。利用这些 NIL，他们找到了与 *Tm-2* 相距不到 0.5 cM 的 DNA 标记。

Paran 等（1991）将 NIL 用于鉴别与莴苣霜霉病抗性基因 *Dm* 相连锁的 RFLP 及 RAPD 标记。采用了两对在 *Dm1* 和 *Dm3* 上有差异，一对在 *Dm11* 上有差异的 NIL 为材料，用 500 个 cDNA 探针和 212 个随机寡核苷酸引物对 NIL 进行多态性检测。结果发现 4 个 RFLP、4 个 RAPD 标记与 *Dm1* 和 *Dm3* 连锁，6 个 RAPD 标记与 *Dm11* 连锁，即有 1% 的 DNA 克隆和不到 1% 的 PCR 扩增产物在所筛选的 *Dm* 区域上呈现多态性。

Martin 等（1991）采用 RAPD 方法与 NIL 技术相结合，快速鉴定了与番茄青枯病病抗性基因 *Pto* 相连锁的 DNA 标记。利用 144 个随机引物对第 5 染色体上 *Pto* 基因有差异的一对 NIL 进行筛选，获得了 7 个有多态性的扩增产物，对其中 4 个扩增产物作进一步分析，有 3 个被证实与 *Pto* 基因连锁。

5.2 分离体分组混合分析法

分离体分组混合分析法（Bulked Segregant Analysis，BSA），也称为集群分离分析法或混合分组分析法，简称 BSA 法。该方法由 Michelmore 等（1991）首次提出并在 F_2 代分离群体中成功筛选出 3 个与霜霉病抗性基因 Dm5/8 紧密连锁的 RAPD 标记。

BSA 法是从近等基因系分析法演变而来的，它克服了许多作物没有或难以创建 NIL 的限制，在自交和异交物种中均有广泛的应用前景。对于尚无连锁图或连锁图饱和程度较低的植物，BSA 法也是快速获得与目标基因连锁的分子标记的有效方法。分离体分组混合分析法包括基于性状表现型的 BSA（Michelmore 等，1991）和基于标记基因型的 BSA（Giovannoni 等，1991）。前者是根据分离群体中个体性状表现型的差异来构建 DNA 池的，后者则是根据已有的图谱或标记信息。前者倾向于对基因的初步定位，后者则致力于对基因的精细定位。

5.2.1 基于性状表现型的 BSA 法

连锁图谱构建和 QTL 分析需要耗费大量的时间和精力，费用也可能很高，因而能节约时间和费用的方法就特别有用，尤其是在资源有限的时候。鉴定与 QTL 连锁的标记的两种捷径的方法是分离体分组混合分析法和选择性基因分型（Selective Genotyping）。这两种方法均需要作图群体。

BSA 是一种检测位于特定染色体区段上标记的方法（Michelmore 等，1991）。简要地讲，从一个分离群体中选择 10~20 个单株，混合构建 2 个 DNA 池，这两个池应在感兴趣的性状方面存在差异（如对某种病害的抗和感），通过构建 DNA 池，除了感兴趣基因所在的位点外，所有的位点均随机化。换句话说，两 DNA 池间差异相当于两近等基因系基因组之间的差异，仅在目标区域上不同，而整个遗传背景是相同的，亦即这是一对近等基因 DNA 池。对两个池筛选标记，多态性标记可能表示与感兴趣的某个基因或 QTL 连锁（如图 5.3 所示）。在检测两 DNA 池之间的多态性时，通常应以双亲的 DNA 作对照，以利于对实验结果的正确分析和判断。然后利用这些多态性标记对整个群体进行基因分型，产生一个局部的连锁群，可通过这种方法进行 QTL 分析，并确定某个 QTL 所在的位置（Ford 等，1999）。

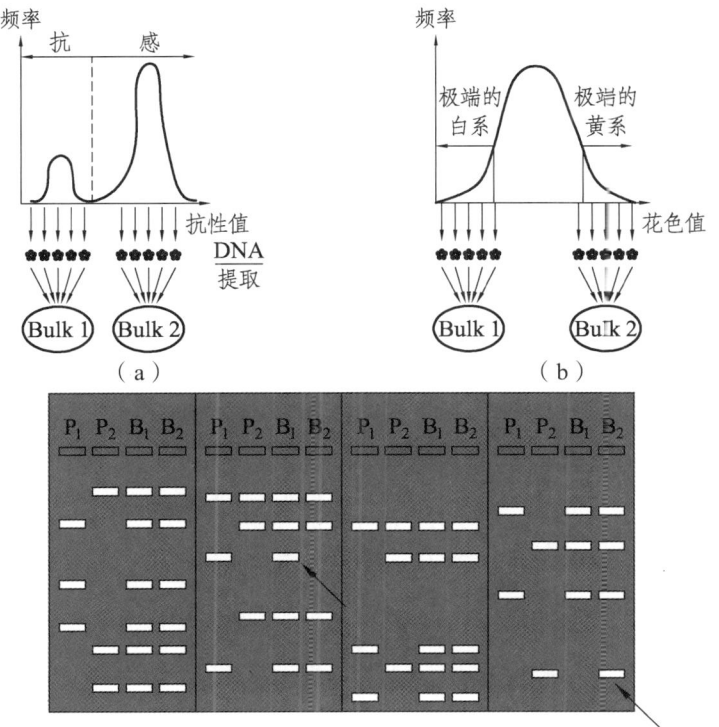

注：(a) 为简单单抗病性状；(b) 为一种数量性状 DNA 混样的制备在两种情形下，两种混样（B_1 和 B_2）从表现极端表型值的个体制备；(c) 中间混样鉴定出的多态性标记（以箭头表示）可能代表与该性状连锁的基因或 QTL 的标记。然后，利用这样的标记对整个作图群体进行基因分型和 QTL 定位分析。

图 5.3　BSA 法分析示意图（Langridge 等，2001；Tanksley 等，1995）

BSA 一般用于标记简单性状的基因，不过该方法也用于鉴定与主效 QTL 连锁的标记（Wang&Paterson，1994）。"高通量"或"高容量"的标记技术如 RAPD 或 AFLP 可从一个单一的 DNA 样品产生多个标记，一般为 BSA 分析所需。选择性基因分型也称为分布极端分析或基于性状的标记分析，包括从群体中选择所分析性状极端表现型或分布两端的个体（Foolad &Jones，1993；Lander & Botstein，1989；Zhang 等，2003）。连锁图谱的构建和 QTL 分析仅利用极端基因型的个体进行（如图 5.4 所示），通过对群体子样品的基因分型，定位研究的费用显著下降。选择性基因分型常用于在一个作物群体内种植并对个体进行表型鉴定比利用 DNA 标记鉴定更容易而便宜的情形。其缺点是不能确定 QTL 效应，一次仅能测定一个性状（因为针对一个性状所选的极端表型值的个体常常不代表另一个性状的极端表型值）（Tanksley，1993）。此外，单点分析不能用于 QTL 检测，因为表型效应过于高估；必须利用区间作图的方法（Lander & Botstein，1989）。

对整个群体进行特定性状（如抗病性）的表现型鉴定，又选极端表现型的个体进行标记基因型分型以及随后的连锁和 QTL 分析。

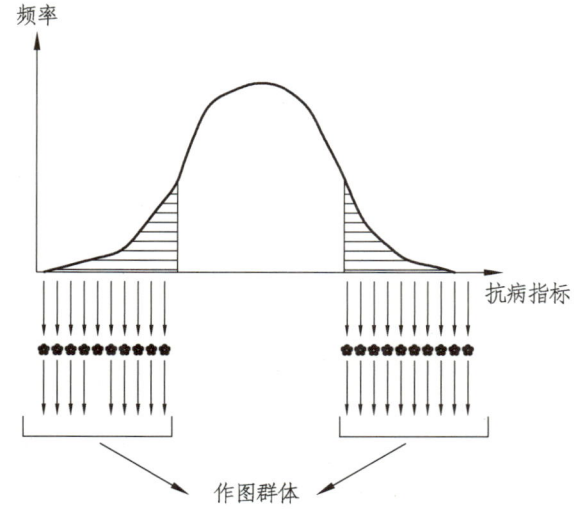

图 5.4 选择性基因分型（Collard 等，2005）

5.2.2 基于标记基因型的 BSA 法

基于标记基因型的 BSA 法是根据目标基因两侧的分子标记的基因型对分离群体进行分组混合的。这种方法适合于目标基因已定位在分子连锁图上，但其两侧标记与目标基因之间相距还较远，需要进一步寻找更为紧密连锁的标记的情况。假设已知目标基因座位于两标记座位 A 和 B 之间，记来自亲本 1 的标记等位基因为 A_1 和 B_1，来自亲本 2 的为 A_2 和 B_2。那么，在某个分离群体（如 F_2）中，标记基因型为 A_1B_1/A_1B_1 的个体中，目标区段（即标记座位 A 和 B 之间的染色体区段）将基本来自亲本 1，而 A_2B_2/A_2B_2 个体中的则基本来自亲本 2，除非在该区段上发生了双交换，而双交换发生的概率是很小的。因此，可以将群体中具有 A_1B_1/A_1B_1 和 A_2B_2/A_2B_2 基因型的个体的 DNA 分别混合，构成一对近等基因 DNA 池，它们只在目标区段上存在差异，而在目标区段之外的整个遗传背景是相同的。这样就为在目标区段上检测多态性的分子标记提供了基础。用两个 DNA 池分别作为 PCR 扩增的模板，利用电泳分析比较扩增产物，寻找两 DNA 池之间的多态性，就可能在目标区段上找到与目标基因紧密连锁的 DNA 标记。与前面所说的一样，获得连锁标记后，还可以进一步分析它在群体中的分离情况，进行验证，并确定它在目标区段中的位置。

Goivannoni 等（1991）以番茄第 10 染色体上一个 15 cM 的区间和第 11 染色体

上一个 6.5 cM 的区间作为目标区段，对这一方法进行了验证。这两个区段上存在控制番茄落果和成熟性的基因。针对每一区段，用 7～14 个 F_2 个体构成混合 DNA 池，用 200 个随机引物进行筛选。结果发现了 3 个多态性的标记，其中两个被证明与所选择的区段是紧密连锁的。Goivannoni 等还讨论了目标区段的两连锁标记间最佳的区间长度和混合个体数。研究表明，随着混合体所含个体数的增加，在混合体中，个体在目标区间内发生双交换的概率也将增大。在 F_2 群体中对于 5 cM 的区间，当混合体所含个体数不超过 40 时，双交换概率小于 10%；当目标区间增大到 10 cM 时，混合个体数必须小于 10，才能保持 10%的双交换概率但是，随着样本数的减少，两类混合体间在除目标区段以外的区域出现差异的机会就会大大增加，从而导致 PCR 检测时假阳性的增加。因此，Goivannioni 等建议混合体所含个体数应大于 5，目标区间的长度应小于 15 cM。

近等基因系分析法和分离体分组混合分析法只能对目标基因进行分子标记，不能确定目标基因与分子标记间连锁的紧密程度及其在遗传连锁图上的位置，而这些信息对估计该连锁标记在标记辅助选择和图位克隆中的应用价值是十分必要的。因此，在获得与目标基因连锁的分子标记后，还必须进一步利用作图群体将目标基因定位在分子连锁图上。定位方法与经典遗传学的方法完全一样。迄今为止，利用分子标记和各种不同的作图群体在植物中已定位了大量的质量性状基因或主基因。

5.2.3 极端集团-隐性群法

近等基因系分析法和分离集团混合分析法只能对目标基因进行分子标记分析，不能确定目标基因与分子标记间连锁的紧密程度及其在遗传连锁图谱上的位置，而这些信息对于估计该连锁标记在分子标记辅助选择和图位克隆中的应用价值是十分必需的。因此，在获得与目标基因连锁的分子标记后，还必须进一步利用作图群体将目标基因定位于分子连锁图上。

Zhang 等（1994）在分离集团混合分析法的基础上，提出了"极端集团—隐性群法"，其基本原理如下所述。

（1）利用极端集团鉴别目标基因所在染色体区段。

（2）用表现型为隐性的极端个体（隐性群）确定基因位点在分子标记连锁图上的准确位置。

其基本做法是：首先，在分离群体中挑选表现型处于两个极端（如高度可育和高度不育）的个体组建两个极端集团，对极端集团及亲本进行分子标记分析，两集团间表现出多态性的分子标记（阳性标记）极有可能与目标性状基因连锁，因此阳性标记所代表的即可能为目标基因所在区间；然后，以阳性标记对表现型为隐性的极端个体进行分析，得到各位点分子标记基因型，鉴别出分子标记与目标基因位点间重组纯合个体或杂合个体，用极大似然法计算标记位点与目标基因的重组值 C：

$$C = (N_1 + N_2/2)/N$$

式中，N 为所分析的表现型为隐性的极端个体总数；N_1 为分子标记为重组纯合带型的个体数；N_2 为表现双亲杂合带型的个体数。其方差由下式给出：

$$V_c = C(1-C)/2N$$

与一般的分离集团混合分析法相比，该方法具有以下优点：

（1）利用极端集团可提高基因定位的灵敏度和准确性，因为以表现型极端的个体构成极端集团，避免了随机群体中对性状硬性分组所造成的误差。特别是对一些受环境影响较大，难以简单划分表型的连续变异性状（如育性等），通过极端表型个体分群，可提高研究结果的准确性。

（2）利用隐性群估算基因位点间的重组值，其效率远远高于 F_2 随机群体，这是因为采用隐性类型以极大似然法估算的重组值的方差是采用 F_2 随机群体估算重组值方差的 1/3～1/2。换言之，隐性群中每个个体所提供的遗传重组的信息较 F_2 个体要大得多，在同样精确度下，利用隐性群估算重组值所需的个体数仅为利用随机群体所需个体数量的 1/3～1/2。因此，以隐性群进行定位可大大降低分析成本。除光敏不育基因外，此方法已被应用于如白叶枯抗性、广亲和性、野败型雄性不育系育性恢复基因等多个基因的定位研究。

测序技术的普及，为 BSA 法注入了活力，与传统选分子标记不同，可以对亲本和两个极端池进行重测序（BSA-seq），鉴定差异序列并将其锚定到参考基因组上，可快速锁定目标基因所在的染色体区段。另外，BSR-seq（Bulked Segregant RNA-seq）也比较常用。该方法在转录水平上快速寻找和克隆基因，利用亲本和极端池对研究性状的组织进行 RNA 测序，并将其锚定到基因组序列上，再寻找差异 SNP 位点和对应的染色体区段，锁定候选基因。

5.2.4　BSA 应用中注意的几个问题

1. 物种特异性

Mackay & Caligari（2000）在比较 F_2 和回交群体中应用 BSA 的有效性时，考虑了物种基因组大小对标记与目标基因连锁距离的影响,并简化了一个理想情况下的公式 $P = 1-e^{-(NX/L)}$(其中,L 为整个基因组的图谱距离,N 为总的分离标记数,$X/2$ 为在基因组内期待平均产生一个标记的遗传距离,P 为在 $X/2$ 的遗传距离内产生多于一个标记的概率)。显然基因组大小和多态性的丰富度(亲本遗传背景的差异)是决定该物种特异性的两个主要方面。一般而言,基因组大多态性小的物种,获得与目标基因紧密连锁标记的可能性也比较低。BSA 能检测到的分子标记与目标基因可信的遗传距离在 15~25 cM 以下,因此应用 BSA 在一些物种上也不一定能获得目的标记。

2. 非目的标记

Jean 等(1997,1998)对甘蓝型油菜不育系恢复基因 *Rfp1* 进行标记定位时,发现在池中检测到的多态性标记一半以上并不与 *Rfp1* 连锁。而且几乎所有这些不连锁的标记都成簇地排列在基因组 7 个不同染色体位置。类似的结果在番茄(Giovannoni 等,1991)、拟南芥(Reiter 等,1992)、大麦(Molnar 等,2000)上也有过报道。这说明非连锁的标记在两池内出现多态性条带是 BSA 应用上最大的限制之一。这种现象可以通过增加混池单株数来降低,不过不能完全消除。某些物种的基因组内存在一些特殊的标记高产区,可能分离也不平衡,这就增加了在这些特殊区域上错检的概率。基因组比较大的物种,亲本遗传背景相差大的后代群体,错检的概率更大。

理论上单个非连锁随机标记在两池中被错误检测成多态的概率因不同的分离群体而不同,对于 F_2 代群体,显性标记为 $2[1-(1/4)^n](1/2)^n$,共显性标记为 $4[1=(1/4)^n](1/4)^n$,而 BC_1、DH、RIL 群体的所有标记类型都为 $2[1-(1/2)^n](1/2)^n$。不过实际概率要比理论计算来的概率大得多。Cai 等(2003)等在对一个玉米小斑病抗性基因 *rhm* 进行 BSA-AFLP 分析时,在 F_2 代抗感池(每池 10 株)中共找 222 个多态标记,但经过 F_2 代 80 个单株的进一步验证,发现其中有 16 个与目标基因并不连锁。

5.2.5 DNA 池的构建

构建理想的 DNA 池要考虑以下 3 个方面:

(1)DNA 质量。DNA 的纯度和浓度都会影响分池的精确性,杂质会影响紫外光的吸收率,高浓度黏稠的 DNA 溶液不均匀。因此,混池时 DNA 的纯度应尽可能高,并稀释适当比例。还有即便是相同浓度的 DNA 模板,PCR 扩增的效果也可能不一样,对要求高的实验模板的扩增能力可以通过实时 PCR 进行准确定量分析(Sham 等,2002)。

（2）DNA池污染。池间发生DNA的相互污染导致多态性被覆盖而找不到目标标记。例如，将杂合基因型的单株（Xx）掺杂到纯合型基因型（xx）池中，使原来没有的X出现在xx池中且它的浓度达到了能被检测出的极限。这种极限值主要取决于实验技术本身的精确度范围一般在 5%～10%（Michelmore 等，1991；Wang & Paterson，1994；Gilbert 等，1999）。产生DNA污染原因很多，内在原因包括基因重组率及本身的表型效应；外在原因包括性状鉴定误差、DNA混合误差、PCR效率不均等。如果在实验过程中检测到了一些模糊且难以取舍的多态性条带，应该有针对性地进一步验证（Czembor 等，2003）。实验过程中总不可避免地要出现一些微量的污染，可以通过降低PCR循环数减少混池单株数，构建多池，重复实验等来降低实验误差的影响（Wiliams 等，1993）。

（3）DNA池设计。常规BSA在分子标记研究上，只鉴定池内条带的有无，为定性分析。DNA池规模（每池单株数）可根据物种基因组大小、亲本遗传背景差异、多态性丰富度来确定 Govindaraj 等（2005）对水稻谷粒性状QTL，定位研究时，构建了单株数分别为5、10、15、20四种规模的DNA池，发现在单株数为5的池中能检测到的多态在其他DNA池检测不出或不明显。在建池数量上，Korol等（2007）等提出了一种新的建池策略，其思路是在每尾的单株群体中构建互相独立的多个子库，同时检测，相关分析。Ji 等（2006）对水稻落粒性隐性基因定位分析时选择了18个落粒最少的单株构建3个DNA池（每池6株），用落粒最多的18株构建了另外3个DNA池，6个池同时检测。另外，也有根据作物性状分布来构建DNA池的，Ajisaka 等（2001）在对控制大白菜晚抽薹的QTL定位和图谱分析时，根据大白菜在春化处理后抽薹的时间构建了4个池，其抽时间依次为 125～145 d、145～156 d、225～230 d 及晚于234 d。

5.2.6　不同分离群体在BSA中的应用

理论上，任何由一对具有相对性状的亲本杂交后产生的分离后代都适用集群分离分析法。常用的有F_2代群体、回交群体、重组自交系、双单倍体群体。

1. F_2代群体

F_2群体的优点是易于获得，其缺点在于它不能根据表型完全区分纯合体和杂合体。BSA能否有效应用的关键是构建基因池所用单株的基因型一定得明确不能含糊。

如果在构建 DNA 池时，仅靠表型的极端性选择单株，那么，在两池间的多态性将降低 50%。因为性状不管是显性遗传还是隐性遗传，用 BSA 法只能找到与显性等位基因连锁的标记，而不能找到与隐性等位基因连锁的标记。Tanhuanpa 等（2006）在定位燕麦矮秆基因 $Dw6$ 的研究中，第一次构建 DNA 池时，仅靠表型选用最高和最矮的各 9 株 F_2 代单株混池，随后的标记检测发现 9 株最矮的单株中有 6 株是杂合体。因此，应用 F_2 代群体时，需要其他辅助方法区分单株基因型，一般应用较多的方法如下。

F_3 代检测。F_2 代自交得到相对应的 $F_{2:3}$ 家系，通过对每个 $F_{2:3}$ 家系性状分离情况来鉴定 F_2 单株基因型。Sibov 等（1999）采用 RFLP 与 BSA 结合，在玉米耐铝胁迫基因的定位和图谱分析上，以 F_2 代为分析群体，用 56 个 $F_{2:3}$ 家系鉴定了相应的 F_2 单株的基因型。不过该鉴定方法也会有一定的误差，比如，在显性单基因遗传中，假设每个 $F_{2:3}$ 家系中有 n 个单株对相应的 m 个 F_2 单株鉴定，则将一个 F_2 代杂合体错误鉴定为显性纯合体的概率为 $(3/4)^n$，理论上要达到对整个群体鉴定完全正确的概率为 $[1-(3/4)^n]^m$，如果 $n = 10$，$m = 100$，概率 ≈ 0。

F_2 代测交。以隐性亲本为轮回亲本与 F_2 代回交所得后代对 F_2 代单株基因型的鉴定也是一个非常有效的方法。该检测方法把一个杂合体错误地鉴定为纯合体的概率是 $(1/2)^n$，理论上整个群体鉴定完全正确的概率是 $[1-(1/2)^n]^m$，n、m 分别为用于鉴定相应单株回交家系包含单株的个数和 F_2 群体单株总数。Moury 等（2000）在辣椒番茄斑萎病毒病的抗性基因 Tsw 定位研究中，将一个包含 153 个单株的 F_2 代群体与隐性亲本 "PI195301" 测交，对其中 101 个 F_2 代单株，各对应选取 9 株测交后代进行基因型的鉴定。这种处理对杂合体基因型鉴定的可靠度为 100%，对纯合体基因型鉴定的可靠度为 99.8%。

形态标记。作物中很多性状是连锁遗传的，如果能从表型上鉴定一个或多个与目标性状连锁的其他性状，那么就可以通过这些性状间接区分群体单株的基因型。Altinkut & Gozukirmizi（2003）在小麦耐旱性基因的微卫星标记研究上，通过与耐旱性相连锁的耐除草剂性、叶片大小、相对含水量 3 个性状来对 F_2 单株基因型进行确定。他们选用了 8 株叶片相对最小、叶绿素含量相对最高、相对含水量相对最多的单株组成耐旱性 DNA 池，反之选 8 株组成不耐旱性 DNA 池，成功地在两个池内筛选到了一个与耐旱性基因紧密连锁的微卫星标记。

基于标记基因型的检验。根据已知的图谱或分子标记，重新构建 DNA 池进行检验，可以获得与目标基因或目标区域更多更紧密连锁的标记。Ciovannoni 等（1991）第一次在番茄基因定位上使用这种方法。在一个番茄高密度 RFLP 图谱中，花梗断裂基因位于 11 号染色体的 RFLP 标记 TG523 和 CT168 之间，两标记间的遗传距离为 6.5 cM，另外一个与果实成熟有关的基因位于 10 号染色体的 RFLP 标记 CT16 和 CT234 之间，标记间遗传距离为 15 cM。利用 F_2 代群体（图谱构建所用群体）中的单株，分别挑选 7-14 株，根据标记在单株和亲本间的分布情况相应地构建了 4 个等基因池，如等基因池 A 中单株在标记 TG523 和 CT168 间的分布与亲本 L. esculentum 一致，等基因池 B 中单株则与另外一个亲本 L. pennellii 一致。通过 200 个 RAPD 随机引物筛选找到了 3 个新的标记，其中，标记 38J（与 CT168 的距离为 3 cM）和 307N（位于标记 CT16 和 CT234 之间）分别与目标区域紧密连锁，不过另外一个由引物 148B 产生的多态标记与目标区域的连锁距离为 45 cM。

其他情况。共显性标记可以区分纯合体和杂合体，而且一些显性标记也可以转化成共显性的 STS 标记、SCAR 标记等。Tardauanpää 等（2007）在燕麦控制谷粒镉积累的主效基因定位研究上，对 F_2 代混池，单株基因型没有进行预先的鉴定，通过 RAPD 和 BSA 结合共找到了 2 个 RAPD 标记，其中，1 个标记来自低积累亲本 "Aslak"，一个来自高积累亲本 "Salo"，前者被成功转化为共显性标记 SCAR AF20。另外，Haley 等（1994）认为 F_2 代群体中，紧密连锁的来自不同亲本两个显性标记也可以综合起来看作一个共显性标记。

2. 回交群体及其衍生群体

F_2 代群体相比，回交群体的缺点在于它的标记信息量只有 F_2 代群体的一半，因为它只有两种基因型（xx、Xx），只能获得与 X 等位基因连锁的标记，而不能获得与 x 连锁的标记。不过能够将 F_1 代与双亲均回交，获得两个回交群体，那么就可以获得与 F_2 代群体一样多的标记信息量。实际研究中，在 BSA 应用上，很多研究者都构建了两个对应的回交群体。因为回交群体只有两种基因型，所以，只要根据表型就可以判定单株的基因型。而且如果因为错误鉴定将 Xx 单株混进 XX 池当中，x 这种污染型等位基因的频率也只有纯合体 XX 单株的一半，因此用回交群体建池发生 DNA 感染的几率比其他群体都要低。在 BSA 应用上，回交群体的衍生群体如高代回交群体（Advance Backcross）和回交重组自交系（Backcross Inbred Lines，BILs）在作物 QTL 的定位上已应用非常多。Bouarte-Medina 等（2002）对马铃薯的一种生物碱（leptine）含量相关基因的标记定位研究中，以回交群体 PBCp（phul-3 × CP2）和 PBCc（CP2 × phul-3）为分析材料，根据后代分离数据，提出该性状可能是由核质基因互作控制，并选到了 4 个与含量相关基因连锁的标记。Zhang & Stewart（2004）对棉花胞质雄性不育 D8 系中的两个独立显性恢复基因 *Rf1* 和 *Rf2* 定位图谱研究中，结合 BSA 与 RAPD，应用 3 个测交群体组合构建与标记相关的 *Rf2* 图谱，2 个测交组合构建与标记相关的 *Rf1* 图谱。Kabelka 等（2005）为了详细定位两个与大豆线虫病（SCN）抗性有关的两个数量性状位点，使用 AFLP-BSA 技术，以回交自交多代（$BC_4F_{3:4}$）分离群体为混合池材料，结合图示基因型，共找到了 43 个 AFLP 标记。并且构建了两个遗传图谱，标记间的平均距离分别为 0.6 cM 和 3.1 cM。

3. 重组自交系群体

重组自交系（RILs）是用单粒传方法产生的 F_2 群体中各个体的后代连续自交直至纯合状态时获得的纯系。其不足之处在于获得一个自交系群体，要经过田间几代的选择和鉴定，比较费时费力。利用 RIL 群体进行分离体分组混合分析法定位示例如表 5.1 所示。

表 5.1 利用 RIL 群体进行分离体分组混合分析法定位示例

作物	研究性状	标记	RILs 世代	文献
番茄	黄化曲叶病毒病	RAPD	F_4	Chagué 等，1997
小麦	梭条花叶病	RFLP	F_5	Khan 等，2000
水稻	褐飞虱抗性	RAPD 转化为 STS	F_8	Renganayaki 等，2002
燕麦	开花时间	AFLP	F_5	Locatelli 等，2006

4. 双单倍体群体

双单倍体来自杂交 F_1 的配子体染色体数目加倍，一般利用花药或小孢子培养技术构建。其特点是每个个体的基因型纯合，表型与 F_1 测交后代相同。不过获得双单倍群体技术难度比较大，目前，只有在少数作物中获得了双单倍体群体。利用 DH 群体进行分离体分组混合分析法定位示例如表 5.2 所示。

表 5.2 利用 DH 群体进行分离体分组混合分析法定位示例

作物	研究性状	标记	定位结果	文献
大麦	云斑病抗性	RAPD	CDO1 174 定位于第 3 染色体长臂	Barua 等，1993
油菜	黄色种皮	RAPD	QTL 对黄种皮贡献率高于 72%	Somers 等，2001
小麦	叶枯病抗性	SSR	Stb2 定位于 3B 短臂，Stb3 定位于 6D 短臂	Adhikari 等，2004
小麦	抗麦茎蜂	SSR	QTL 对实茎表型贡献率高于 76%	Cook 等，2004

5. 其他群体

集群分离分析法理论上适用于任何发生性状分离的后代群体，在林木中的同胞家系群体、基因组高度杂合的果树亲本杂交一代或自交群体、杂合栽培品种自交群体等都有应用 BSA 集群分离分析法的报道。

第 6 章

数量性状的基因定位

除质量性状外，作物中大多数的农艺性状都是数量性状，如产量、成熟期、品质、抗逆性等。与质量性状不同，数量性状受多基因控制，遗传基础复杂，且易受环境因素的影响，表现为连续变异，表现型与基因型之间无明确的对应关系。无法参照质量性状定位方法对数量性状进行定位。长期以来，研究者通常将控制数量性状的多基因作为一个整体，通过数理统计学的方法来剖析和描述遗传特征，无法准确确定控制数量性状的基因数目，更无法确定单个数量性状基因座（Quantitative Trait Locus，QTL）的遗传效应及它的位置。随着 DNA 分子标记技术及分子连锁图谱的迅速发展，为深入剖析数量性状的遗传提供有利的工具。利用分子标记技术将一个复杂的多基因系统分解成一个个孟德尔因子，使人们能够像对待质量性状那样，对数量性状进行研究，对目标性状 QTL 在染色体上的位置、基因的效应基因与环境互作等方面进行全面的研究。这不仅大大加深了对数量性状遗传基础的认识，也极大增强了人们对数量性状的遗传操纵能力。

植物 QTL 定位的主要目标：

（1）增加某一物种内或亲缘物种间数量性状的遗传以及遗传结构方面的生物学知识（Mackay，2001）。

（2）鉴定可用来选择某一复杂性状的标记。

第（1）个目标主要为遗传学家的目标，通过 QTL 定位了解性状的遗传变异。而第（2）个目标更集中于育种而不仅仅是纯粹的遗传学，该目标可进一步细分为两个子目标：

（1）鉴定少数效应高的主效 QTL，并通过标准的育种程序将其渐渗到其他种质中。

（2）鉴定许多 QTL，作为在优异种质中选择复杂性状的基础。虽然需求不同，但都需要首先对 QTL 进行鉴定。目前，作物中已经鉴定了大量的 QTL，随后对主效 QTL 的基因克隆工作也已开始并已取得重大进展。数量性状的基因定位包括建立适宜的作图遗传群体、选择适合作图的 DNA 标记、绘制遗传图和数量性状基因（Quantitative Trait Locus，QTL）定位等基本步骤。作图遗传群体的建立、DNA 标记的选择及遗传图谱绘制在前面章节中已经介绍过，本章将着重介绍数量性状定位。

6.1 QTL 定位的原理

QTL 定位（QTL Mapping）是指利用分子标记进行遗传连锁分析以检测数量性状基因位点。通过分析整个染色体组的分子标记和数量性状表型值的关系，将 QTL 逐一定位到连锁群的相应位置，并估算其遗传效应。QTL 定位有两个必要条件：一是高密度的分子标记连锁图（标记间平均距离小于 15～20 cM）；二是目标性状在群体中分离明显，符合正态分布。因此，在构建作图群体时尽可能选择性状表现差异大和亲缘关系较远的材料作亲本。

QTL 定位实质上就是分析分子标记与 QTL 之间的连锁关系，然后估算重组率，其基本原理仍然是对个体进行分组，但这种分组是不完全的。由于数量性状是连续变异的，无法明确分组，因此，QTL 定位不能完全套用孟德尔遗传学的连锁分析方法，而必须发展特殊的统计分析方法。20 世纪 80 年代末以来，这方面的研究十分活跃，已经发展了不少 QTL 定位方法。根据个体分组依据的不同，目前的 QTL 定位方法主要分成两大类。一类是以标记基因型为依据进行分组的，称为基于标记的分析法（Marker-based Analysis，Soller and Beckmann，1990）；另一类是以数量性状表型为依据进行分组的，称为基于性状的分析法（Trait-based Analysis，Keightley & Bulfield，1993）。

6.1.1 基于标记的分析法

Thoday（1961）最先提出根据与孟德尔标记基因位点的连锁关系来定位影响数量性状的染色体区域或基因位点（QTL）的方法，并应用于实验物种和农业物种中。这些研究都是以一个分离群体（如两个自交系之间的 F_2、BC 以及 DH）中标记基因型之间数量性状的差异为基础的，这种差异由 QTL 引起，这些 QTL 与标记基因位点连锁。将标记与单个 QTL 看作两个不同的等位基因，如果标记与 QTL 连锁，那么在杂交后代中，该标记与 QTL 之间就会发生一定程度的共分离，针对该标记的不同基因型中，QTL 的基因型频率分布（分离比例）将不同（如图 6.1 所示），因而在该标记的不同基因型之间，在数量性状的分布、均值和方差上都存在差异。基于标记的分析法正是通过检验标记的不同基因型之间的这些差异来预测标记是否与 QTL 连锁，进而对 QTL 进行定位。

在分子标记技术出现之前提出的基于标记的分析方法主要是针对单标记分析，其每次只分析一个标记，因为可利用的遗传标记（主要是形态标记和生化标记）数量很少，建立起完整的标记连锁图谱较为困难。随着高密度分子标记连锁图谱的出现，单标记分析方法暴露出了不能充分利用分子标记图谱所提供的遗传信息的缺点。为了能更好地挖掘分子标记图谱的潜力，更多、更准确地定位出 QTL，科学家们相继开发出了许多新的 QTL 定位方法，同时用多个标记进行分析。根据所采用的统计遗传模型，现有的基于标记的分析方法大体上可分成 4 类，即均值差检验法、性状-标记回归法、性状-QTL 回归法及性状 QTL-标记回归法。

简而言之，QTL 分析是基于检测表现型与标记基因型间关联的原理，根据特定标记位点的存在与否，利用标记将作图群体分为不同的基因型群进而确定群间所测定性状是否存在显著差异。不同群的基因型平均数间的显著差异表明作图群体分类的标记位点与控制该性状的一个 QTL 连锁。

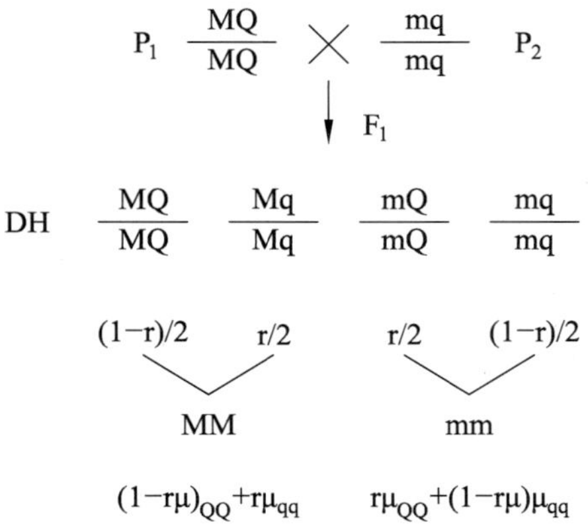

$$P_1 \; \frac{MQ}{MQ} \times \frac{mq}{mq} \; P_2$$

$$\downarrow F_1$$

$$DH \quad \frac{MQ}{MQ} \quad \frac{Mq}{Mq} \quad \frac{mQ}{mQ} \quad \frac{mq}{mq}$$

$$(1-r)/2 \quad r/2 \qquad r/2 \quad (1-r)/2$$

$$MM \qquad\qquad mm$$

$$(1-r)\mu_{QQ}+r\mu_{qq} \qquad r\mu_{QQ}+(1-r)\mu_{qq}$$

注：r 为标记与 QTL 间的重组率。仅当 $r = 0.5$（亦即标记与 QTL 间没有连锁）时，QQ 和 qq 在 MM 和 mm 中的频率分布才相同。

图 6.1　DH 群体中某 QTL 的基因型 QQ 和 qq 在连锁标记基因型 MM 和 mm 中的频率分布（分离比例）

这里有一个问题：为何性状平均值间差异的显著 P 值表示标记与 QTL 连锁？答案是由于重组。标记离 QTL 越近，发生在标记与 QTL 间重组的概率越低。因而，QTL 和标记在后代中连在一起遗传，具有紧密连锁标记的组的平均数与无连锁标记的组相比存在显著差异（$P<0.05$）。当一个标记与一个 QTL 松散连锁或不连锁时，标记与 QTL 即表现为独立分离，此时基于松散连锁标记的有无与所划分基因型的平均数间无显著差异。

6.1.2　基于性状的分析法

数量性状的表型一般是连续变异的，但如果淘汰大多数中间类型，将高值和低值，这两种极端表型的个体如同质量性状一样明确地区分开来，分成两组。对每个 QTL 而言，在高值表型组中应存在较多的高值基因型（如 QQ），而低值组中应存在较多的低值基因型（qq，见图 6.2）。如果某个标记与 QTL 连锁，那么，该标记与

QTL 之间在一定程度上会发生共分离，于是其基因型分离比例（频率分布）在两组中都会偏离孟德尔规律。用卡平方测验方法对两组或其中一组这种偏分离进行检验，进而推断该标记 QTL 之间的连锁关系。此外，还可以将高值和低值两组个体的 DNA 分别混合，形成两个 DNA 池，然后检验分子标记在两池间的遗传多态性。若分子标记在两池间未见明显差异，则表明该标记与 QTL 不连锁；若分子标记在两池间表现出明显的差异，则被认为该标记与 QTL 连锁。该方法与质量性状定位混池方法相同，也叫分离体分组混合分析法（BSA 法，Darvasi & Soller，1994 见第 5.2 节）。

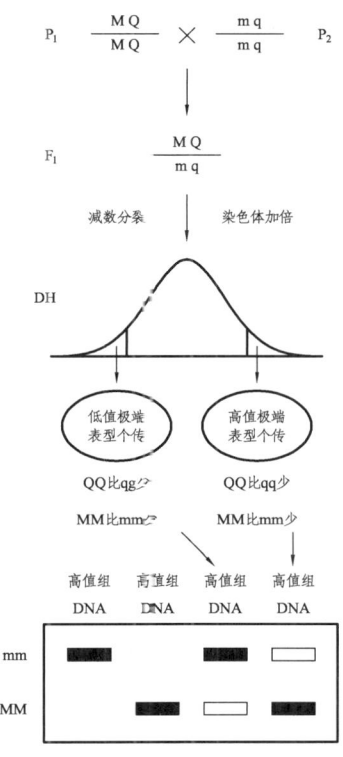

注：基于性状的分析法和分离体分组混合分析法的原理为在 DH 群体中，与 QTL 连锁的遗传标记的两种基因型的分离比例在高值组和低值组中都会偏离 1∶1 的孟德尔分离规律，其电泳带型在高值组 DNA 和低值组 DNA 间也会表现出差异，且分别与高值亲本和低值亲本相似。

图 6.2 基于性状的分析法和分离体分组混合分析法的原理

基于性状的分析方法（特别是 BSA）的突出优点是，可以大幅度减少需要检测的 DNA 样品的数量，从而降低分子标记分析的费用。它特别适合对一些抗性（包括抗病、抗虫、抗逆）性状的基因定位，因为抗性鉴定试验常常造成敏感个体的死亡，只有具有抗性的个体才能够存活，于是只能对表现抗性的极端个体进行分子标记分析，这正好符合基于性状的分析法。基于性状的分析法的缺点是它只能用于单个性状的 QTL 定位，且灵敏度和精确度都较低，一般只能检测出效应较大的 QTL。因此，基于性状的分析法目前用得不多，主要还是采用基于标记的分析法。

6.2　QTL 初级定位的方法

QTL 初步定位选择的群体主要为单交组合产生的 F_2 单株及其衍生的 F_3 和 F_4 家系、BC_1 群体、BC_2F_x 群体、DH 群体、RIL 群体等。由于不同遗传背景的干扰，通过这些群体最终定位的 QTL 区间都比较大，一般都在 10 cM（centi-Morgan，厘摩）以上。QTL 定位的精度一般不会很高，因此称为初步定位。这些群体中，永久性群体如 RIL 和 DH 群体是用于 QTL 分析最好的群体。永久性群体中各株（品）系的遗传组成相对稳定，可通过种子繁殖代代相传，并可对目标性状或易受环境因素影响的性状进行多年多点的重复鉴定以得到更为可靠的结果。从数量性状遗传分析的角度讲，永久性群体中各品系基因纯合，排除了基因间的显性效应，不仅是研究控制数量性状基因的加性、上位性及连锁关系的理想材料，同时也可在多个环境和季节中研究数量性状的基因型与环境互作关系。

6.2.1　均值差检验法

均值差检验法，又叫零区间作图法或单标记检验法。其基本思路是检验同一标记座位上不同基因型间数量性状均值的差异，若差异显著，则表明被检标记与 QTL 连锁。单标记均值差检验法包括 t 测验法（Simpson，1989）和方差分析法（Soller 等，1976；李维明等，1993）。凡是每个标记只有两种基因型的群体（包括 BC、DH、RIL）都可以使用 t 测验法。以 DH 群体为例，当某个标记与一个 QTL 连锁时，两种标记基因型（MM 和 mm）的性状均值（μ_{MM} 和 μ_{mm}）分别为：

$$\mu_{MM} = (1-r)\mu_{QQ} + r\mu_{qq} \qquad (6.2.1)$$

$$\mu_{mm} = r\mu_{QQ} + (1-r)\mu_{qq} \qquad (6.2.2)$$

式中，μ_{QQ} 和 μ_{qq} 分别是 QTL 基因型 QQ 和 qq 的表型均值，r 为标记与 QTL 间的重组率。比较式（6.2.1）和式（6.2.2）可以看出，仅当 $r = 0.5$，亦即标记与 QTL 没有连锁时，才有 $\mu_{MM} = \mu_{mm}$（$= \frac{1}{2}\mu_{QQ} + \frac{1}{2}\mu_{qq}$）；而只要 $r<0.5$，亦即标记与 QTL 间存在连

锁，则总有 $\mu_{MM} \neq \mu_{mm}$。而且，r 值越小，标记与 QTL 间连锁越紧密，则 μ_{MM} 与 μ_{mm} 之间的差异就越大。当 $r=0$，即标记与 QTL 之间完全连锁时，标记基因型间的均值差异达到最大，这时有 $\mu_{MM}-\mu_{mm}=\mu_{QQ}-\mu_{qq}$。因此，用 t 测验方法检验两种标记基因型间的数量性状表型均值差异是否显著，就能推断该标记是否与 QTL 连锁。t 值越大，即显著性越高，则连锁越紧密。

如果群体中每个标记存在 3 种基因型（如 F_2 群体），或者尽管群体中每个标记只有两种基因型（如 DH、RIL 群体），但试验中设置了重复（李维明等，1993），则可以采用方差分析的方法来检测标记与 QTL 之间的连锁关系。以 F_2 群体为例。假设某个标记与一个 QTL 连锁，采用与图 6.2 类似的推导方法，可以得到 3 种标记基因型的性状均值分别为：

$$\mu_{MM} = (1-r)^2 \mu_{QQ} + 2r(1-r)\mu_{Qq} + r^2 \mu_{qq} \qquad (6.2.3)$$

$$\mu_{Mm} = r(1-r)\mu_{QQ} + [1-2r(1-r)]\mu_{Qq} + r(1-r)\mu_{qq} \qquad (6.2.4)$$

$$\mu_{mm} = r^2 \mu_{QQ} + 2r(1-r)\mu_{Qq} + (1-r)^2 \mu_{qq} \qquad (6.2.5)$$

式中，所用符号的含义与式（6.2.1）和式（6.2.2）的相似。比较式（6.2.3）~式（6.2.5），可以看出，与上面 DH 群体的情形相似，仅当标记与 QTL 间的重组率 $r=0.5$，亦即标记与 QTL 间没有连锁时，才有 $\mu_{MM}=\mu_{Mm}=\mu_{mm}$（$=\frac{1}{4}\mu_{QQ}+\frac{1}{2}\mu_{Qq}+\frac{1}{4}\mu_{qq}$）；而只要 $r<0.5$，亦即标记与 QTL 间存在连锁，则总有 $\mu_{MM} \neq \mu_{Mm} \neq \mu_{mm}$。因此，用单因素方差分析法检验 3 种标记基因型间的性状均值差异是否显著，就能推知该标记是否与 QTL 连锁。标记与 QTL 间连锁越紧密，则标记基因型间均值的差异就越大，方差分析中 F 测验得到的 F 值也越大（即显著性越高）。

单标记均值差检验法的优点是简单直观。一般而言，标记离 QTL 越近，它与 QTL 间的重组率就越小，则其 t 值或 F 值就越大；反之，标记离 QTL 越远，它与 QTL 间的重组率就越大，则其 t 值或 F 值就越小。因此，根据染色体上各个标记的 t 值或 F 值的大小，可以大致判断出 QTL 的位置。但是，单标记均值差检验法不能估计 QTL 的具体位置和效应，灵敏度较低，且一般不适用于一条染色体上存在多个 QTL 的情形。当两个 QTL 呈相引连锁（即两增效基因连锁在一起或两减效基因连锁在一起）且相距不太远时，由于两 QTL 的效应相互累加，可能会使得位于两 QTL 之间的标记表现出最大的 t 值或 F 值，从而导致无法识别那两个真实 QTL，却错误地认为在它们之间的某个位置上存在一个 QTL。这个推断出的 QTL 显然是虚假的，是一个"幻影 QTL"（Ghost QTL）。相反，当两个 QTL 呈相斥连锁（即一个增效基因与一个减效基因连锁在一起）且相距不太远时，由于两 QTL 的效应相互抵消，可能会使得两 QTL 附近的标记表现出很小的 t 值或 F 值，从而无法检测出这两个 QTL。

由于这些局限性，目前单标记均值差检验法仅用于对数据的初步分析。

对单标记均值差检验法的一种改进方法，是将同一条染色体上各标记的 t 测验或方差分析联合于一个回归分析之中，称为联合定位法（Joint Mapping；Wu and Li，1994，1996）。下面以 DH 群体为例来说明联合定位法的原理，它也适用于 BC 和 RIL 群体。至于 F_2 群体的联合定位法，读者可参阅 Wu 和 Li（1996）。

从式（6.1）和式（6.2）可以得到：

$$\mu_{MM} - \mu_{mm} = (1-2r)(\mu_{QQ} - \mu_{qq}) \tag{6.2.6}$$

令 $y = \mu_{MM} - \mu_{mm}$，$x = 1-2r$，$b = \mu_{QQ} - \mu_{qq}$，则式（6.2）可写成

$$y = bx \tag{6.2.7}$$

可以看出，式（6.2.7）形式上恰好是一个截距为零的一元线性回归方程。假设 Haldane 作图函数成立，则有

$$r = \frac{1}{2}(1-e^{-0.02|z_M - z_Q|}) \tag{6.2.8}$$

或

$$x = e^{-0.02|z_M - z_Q|} \tag{6.2.9}$$

式中，z_M 和 z_Q 分别是标记和 QTL 在染色体上的位置，以厘摩（cM）为单位。在完整的标记连锁图上，每个标记的位置都是已知的。因此，在式（6.2.9）中，只有 QTL 的位置 z_Q 是未知的。当 z_Q 值给定时，x 也就确定了。如果一条染色体上有 n 个标记，那么在 z_Q 值给定的情况下，就有 n 对观察值：(y_i, x_i)，$i = 1, 2, \cdots, n$。这样，就能应用最小二乘法配合方程（6.2.7）。沿着整条染色体以一定步长（如 1 cM）改变 z_Q 的值，必能找到某一点（$\hat{z}_Q$），使方程（6.2.7）配合得最好（即剩余平方和 RSS 达到最小；见图 6.3）。那么，该点（$\hat{z}_Q$）即为 QTL 位置的估计值，而得到的回归系数 $\hat{b}$ 即为 QTL 效应的估计值。需要指出的是，由于同一条染色体上的标记互相连锁，因而不同观察值 y_i（$i = 1, 2, \cdots, n$）之间不是相互独立的。因此，应使用广义最小二乘法来配合方程（6.2.7），才能获得最小估计误差。

方程（6.2.7）可以推广到一条染色体上存在多个（如 m 个）QTL 的情形（见图 6.3），这时方程的形式为：

$$y = \sum_{j=1}^{m} b_j x_j \tag{6.2.10}$$

式中，b_j 为第 j 个 QTL 的效应值；x_j 取决于标记与第 j 个 QTL 之间的图距。只要染色体上有足够多的标记，用方程（6.2.10）原则上可以定位任意多个 QTL。

联合定位法的优点是综合利用了一条染色体上所有标记的遗传信息，所以提高

了灵敏度和精确度，并可同时估计多个QTL的位置和效应，而且与性状分布无关，适用范围广，计算简单。不足之处是使用矩量（均值）而非原始观察数据，因而要求有较大的实验群体。另外，联合定位法对分子标记图谱质量的要求较高，这是它在实际应用中的主要限制因素。

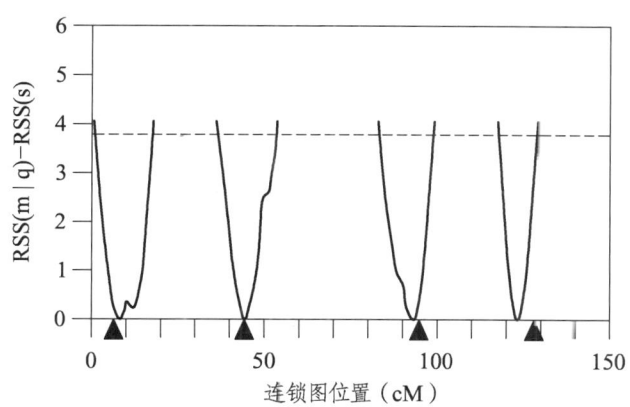

注：连锁图上每隔10 cM有一个标记，黑色三角形QTL的真实位置，剩余平方和曲线最低点为QTL的估计位置，水平点线示$\chi^2_{0.05}(1)=3.84$，它与每个QTL的剩余平方和曲线的两个交点确定了该QTL位置的95%置信区间(Wu and Li, 1996)。

图6.3 QTL联合定位的一个模拟例子

由于该分析法不需要构建完整的分子标记连锁图，因此早期的QTL定位多用这种方法。但该方法在应用时存在以下一些缺点：

① 不能明确标记与单个QTL还是多个QTL连锁。
② QTL位点的位置无法准确估计。
③ 降低了QTL位点的遗传效应值。
④ 假阳性较高。
⑤ 所需群体较大，且检测效率较低。因此，需要新的统计模型和方法来满足QTL定位研究。

6.2.2 性状-标记回归法

性状-标记回归法是将个体的数量性状表型值对单个标记（Soller等，1976）或多个标记（Rodolphe and Lefort，1993）的基因型进行回归分析。前者属于单标记分析的方法，可以看作是后者的一种特例，目前已很少使用。所以下面我们只需介绍性状对多标记回归分析的方法。仍以 DH 群体为例。这时的多标记的性状-标记回归模型为：

$$y_i = \mu + \sum_{j=1}^{m} b_j x_{ij} + \varepsilon_i \tag{6.2.11}$$

式中，y_i 为第 i 个体的性状值；μ 为模型均值；b_j 为第 j 标记的偏回归系数；x_{ij} 为第 i 个体第 j 标记基因型的指示变量，依标记基因型为 MM 或 mm 而取值 1 或 0；m 为标记个数；ε_i 为随机误差。式（6.2.11）是一个多元线性回归模型，可以用最小二乘法来配合。偏回归系数的大小反映了各个标记与数量性状的相关程度。一般而言，如果某标记的偏回归达到显著水平，则说明在该标记附近可能存在 QTL。但是，性状-标记回归法通常不能给出 QTL 位置和效应的估计值，除非 QTL 正好位于标记座位上，这时的偏回归系数就是 QTL 的效应值。不过，根据各标记回归系数的显著性，能够大致判断出可能存在 QTL 的染色体区域。

值得提到的是，性状-标记回归有一个有趣的统计特性。这就是，在回归中，一个 QTL 的效应只被其两侧相邻标记的偏回归系数所吸收，而不会影响到该标记区间之外的标记。这一特性非常重要。后面我们将看到，这一特性对提高 QTL 定位的准确性很有帮助。

 6.2.3　性状-QTL 回归法

性状-QTL 回归法是将个体的数量性状表型值对假设存在的某个或某些 QTL 的基因型进行回归分析。以 DH 群体为例，单个 QTL 的回归模型为：

$$y_i = \mu + bx_i + \varepsilon_i \tag{6.2.12}$$

式中，y_i 为第 i 个体的表型值；μ 为模型均值；b 为 QTL 的效应；x_i 为第 i 个体的 QTL 基因型的指示变量，依 QTL 基因型为 QQ 或 qq 而取值 1 或 0；ε_i 为随机误差。由于被检 QTL 的基因型是未知的，因而 x_i 的值实际上是不确定的，或者说是"缺失"的。在这种情况下，只能根据与 QTL 连锁的标记的基因型来推断 x_i 为 1 或 0 的概率，并用似然比检验法来估计参数和检验回归显著性，即

$$LR = -2\ln[L(b=0)/L(b \neq 0)] \tag{6.2.13}$$

或

$$LOD = \log_{10}[L(b \neq 0)/L(b=0)] \tag{6.2.14}$$

其中，$L(b=0)$ 和 $L(b \neq 0)$ 分别表示 $b=0$ 和 $b \neq 0$ 时的最大似然值（注：LR 与

LOD 之间存在转换关系：$LOD \approx 0.217LR$）。当似然比统计量 LR 或 LOD 的值大于给定的显著阈值时，则认为 $b \neq 0$，即假定的 QTL 的效应不为零，因而可推断 QTL 存在。

早期的性状-QTL 回归分析是利用单个连锁标记来推断 x_i 取值概率的，亦即属于单标记分析的方法（Simpson 1989），目前已很少使用。分子标记技术出现之后，Lander 和 Botstein（1989）提出了更为准确的方法，即用被检 QTL 两侧相邻的连锁标记来推断 x_i 取值的概率（见表 6.1），称为区间定位法（Interval Mapping）。由表 6.1 可以看出，x_i 取值的概率取决于 QTL 与两侧相邻标记间的重组率或图距。因此，以一定的步长（如 1 cM），沿整条染色体逐步改变假设存在的 QTL 的位置，就能得到 LOD（或 LR）值沿染色体变化的曲线。大于显著临界值的 LOD 曲线高峰所对应的染色体位置就是存在 QTL 可能性最大的位置（如图 6.4 所示）。

表 6.1 在 DH 群体中用两侧相邻标记推断 QTL 基因型概率及其指示变量的期望值

标记基因型	QQ $x_i=1$	Qq $x_i=0$	期望值 $\bar{x}_i$
$M_1M_1M_2M_2$	$(s-t)/s$	t/s	$(s-t)/s$
$M_1M_1m_2m_2$	$(r_2-t)/r$	$(r_1-t)/r$	$(r_2-t)/r$
$m_1m_1M_2M_2$	$(r_1-t)/r$	$(r_2-t)/r$	$(r_1-t)/r$
$m_1m_1m_2m_2$	t/s	$(s-t)/s$	t/s

注：M_1-m_1 和 M_2-m_2 分别为 QTL 左侧和右侧的相邻标记；r_1、r_2 和 r 分别为 QTL 与左侧标记和右侧标记之间及左、右两标记之间的重组率；$s = 1 - r$，$t = cr_1r_2$，其中 c 为符合系数。

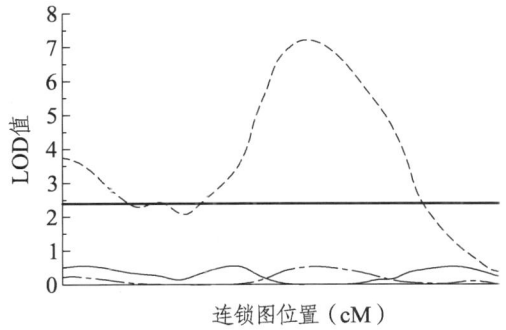

注：LOD 曲线超过显著阈值（水平线表示）的峰顶为 QTL 的估计位置。虚线为果实 pH 值的 LOD 曲线，其高峰显示了在染色体端部和中部各存在一个 QTL。下方两条分别为果实重量和果实可溶固形物浓度的 LOD 曲线，均没显示 QTL 的存在（引自 Lynch and Walsh，1998）。

图 6.4 番茄第 10 号染色体上果实性状 QTL 区间定位的一个例子

对模型（6.2.12）的最大似然估计需要进行迭代运算，所以计算上比较繁琐费时。如果让自变量 x_i 取其期望值（如表 6.1 所示），也可以使 x_i 有个确定值，则模型（6.2.12）

就可用最小二乘法进行配合（Haley and Knott 1992），从而使计算大为简化、速度大为提高。为了便于与原来基于最大似然估计的区间定位法进行比较，在最小二乘估计中也可以用似然比来进行统计显著性检验。这时的似然比统计量为：

$$LR = -n\ln[RSS(b \neq 0) / RSS(b = 0)] \quad (6.2.15)$$

其中，n 为样本大小（个体数）。研究表明，基于最小二乘估计的区间定位法与基于最大似然估计的区间定位法所得的结果非常接近（Haley and Knott，1992）。

区间定位法提出后，得到了广泛应用，对 QTL 定位研究的发展起到了重要的推动作用。但区间定位法也存在明显的缺点。当一条染色体上同时存在一个以上的 QTL 时，区间定位法也会出现与前述单标记均值差检验法相似的问题，要么检测到"幻影 QTL"（当两个 QTL 相引连锁时），要么检测 QTL 的灵敏度（统计功效）降低（当两个 QTL 为相斥连锁时），这是因为它无法排除被检区间之外的 QTL 对被检区间的影响。为克服区间定位法的缺点，不少学者提出了改进意见。Haley 和 Knott（1992）建议同时对多个可能存在的 QTL（标记区间）进行回归分析，这时的回归模型形式上与（6.2.11）相同，但其自变量是 QTL 而非标记，其基因型指示变量 x_{ij} 也取期望值。该方法的缺点是，必须确定染色体上到底有多少个可能存在的 QTL，这往往并不容易，因而在回归模型的选择上带有较大的任意性。另外，配合包含多个 QTL 的回归模型需要进行多维搜索，这也增加了计算上的难度。Moreno-Gonzalez（1992）提出了另一种方法，先假定所有标记区间都包含一个 QTL，且位于区间的中点，然后通过逐步回归分析筛选出偏回归显著的标记区间（QTL）。显然，仅当分子标记图谱较密且标记在染色体上分布较均匀时，这种方法才可能是有效的。

 6.2.4 性状-QTL-标记回归法

对区间定位法最有效的改进方法是将它与多标记的性状-标记回归法相结合。根据性状-标记回归中每个 QTL 的效应只被其两侧相邻标记所吸收的统计特性，可以用被检区间以外的部分（Jansen，1993；Zeng，1994）或全部（Zeng，1994）标记作为回归模型中的余因子（cofactor）来消除其他 QTL 或遗传背景对被检区间的影响。根据这一思想，Jansen（1993）和 Zeng（1994）分别提出了多 QTL 模型（Multiple-QTL Model）和复合区间定位法（Composite Interval Mapping），其中复合区间定位法由于直观性较好、计算上易于自动化而被普遍接受和广泛应用，已逐步取代区间定位法。这里仍以 DH 群体为例，其复合区间定位的统计模型为：

$$y_i = \mu + b^* x_i^* + \sum_{j=1}^{m} b_j x_{ij} + \varepsilon_i \qquad (6.2.16)$$

式中，b^* 和 x_i^* 分别为被检 QTL 的效应和基因型指示变量[相当于式（6.2.12）中的 b 和 x_i]，其他符号的含义与式（6.2.11）相同。必须注意的是，模型（6.2.16）中不一定要包含全部的标记。根据前面提到的性状-标记回归的统计特性，理论上只需将可能与 QTL 相邻因而拥有信息的标记纳入模型中就可以了，这样可增加回归分析的自由度，提高参数估值的准确性。这些作为余因子的标记可以通过用模型（6.2.11）进行逐步回归分析或其他方法获得的先验知识来选择。不难看出，模型（6.2.16）实际上是模型（6.2.11）和（6.2.12）混合而成的，所以复合区间定位的模型配合和显著性测验与区间定位是基本相似的，其似然比检验为

$$LR = -2\ln[L(b^* = 0)/L(b^* \neq 0)] \qquad (6.2.17)$$

式中符号含义与（6.2.13）相似。如图 6.5 所示给出了一个应用复合区间定位法定位 QTL 的例子。可以看出，与区间定位法相比，复合区间定位法大大提高了 QTL 定位的精确度，这是复合区间定位方法的突出优点。

然而，复合区间定位法对 QTL 定位精确度的提高是以降低灵敏度（统计功效）为代价的，这是因为与被检标记区间相邻的作为余因子的标记会部分吸收被检区间中 QTL 的效应。因此，与被检区间靠得太近的标记不宜作为余因子。为了解决这个问题，可以在被检区间的两侧各开设一个"窗口"，只有在该窗口之外的标记才能选作余因子。由于不同的被检区间所要求的合适的窗口宽度可能是不同的，因此在实际应用中，应尝试使用多种窗口宽度，以寻找各个被检区间所适合的窗口宽度。

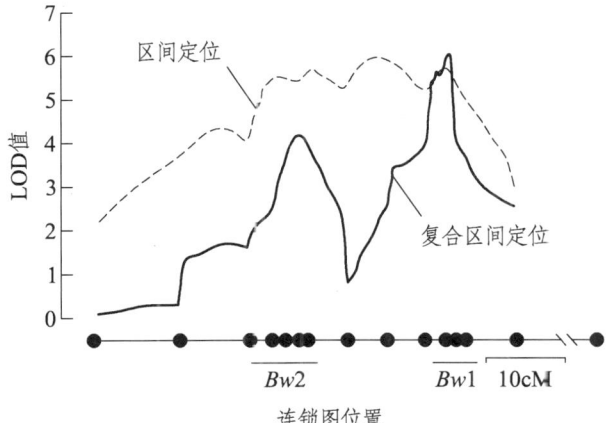

注：区间定位的 LOD 曲线（虚线）表现为一个很宽的峰，而复合区间定位的 LOD 曲线（实线）则显示两个单独的峰。$Bw1$ 和 $Bw2$ 表示两个可能存在的 QTL，染色体上的黑点示标记的位置（Lynch and Walsh，1998）。

图 6.5　老鼠 X 染色体上体重 QTL 定位的例子

由于复合区间定位的回归模型的参数较多，其计算量比区间定位大大增加。为了简化复合区间定位的计算，可以采取与区间定位法相似的做法，令被检 QTL 的基因型指示变量 x_i^* 取其期望值，这样就可以应用最小二乘法来配合回归模型（Wu 等，1996）。基于最小二乘的复合区间定位的似然比统计量为：

$$LR = -(n-m)\ln[RSS(b^* \neq 0)/RSS(b^* = 0)] \quad (6.2.18)$$

其中，m 为余因子标记的数量，其他符号含义与式（6.2.15）相似。

复合区间定位法最初是针对大样本情况提出来的。但在实际研究中，所用的实验群体往往都不很大。在小样本（特别是个体数少于标记数）的情况下，复合区间定位所需的余因子的选择会发生困难，为了保证足够大的回归自由度，选用的余因子不能太多，而余因子选择的不同又会影响 QTL 定位的结果。因此，在小样本情况下如何进行复合区间定位是一个需要解决的问题。一种比较可行的策略是（Wu 等，1999），考虑到各条染色体在遗传上（因而在统计上）是相互独立的，因而可以对每条染色体（而非整个基因组）分别进行复合区间定位。不过，在小样本中，由于抽样误差，不同染色体之间还是可能存在相关性的。因此，在完成复合区间定位之后，最好再用逐步回归分析的方法对所有检测出的 QTL 进行重新评估，以排除假阳性（Wu 等，1999）。

复合区间定位法可以推广到多性状分析的情形（Jiang and Zeng，1995），称为多性状复合区间定位法（Multiple-trait Composite Interval Mapping）。复合区间作图的方法有以下几个主要优点：

① 采用 QTL 似然图来显示 QTL 的可能位置及显著程度，保留了区间作图法的优点。

② 一次只检验一个区间。

③ 假如不存在上位性和 OTL 与环境互作，QTL 的位置和效应的估计是渐近无偏的。

④ 充分利用了整个基因组的标记信息。

⑤ 以所选择的多个标记为条件，在较大程度上控制了背景遗传效应，提高了作图的精度和效率。

但该方法也存在一些缺陷：

① 不能分析上位性及 QTL 与环境互作等复杂的遗传学问题。

② 运算速度慢，尤其是在用迭代法来选择值时更慢。

③ 复合区间定位法对 QTL 定位精确度的提高是以降低灵敏度（统计功效）为代价的，这是因为与被检标记区间相邻的作为余因子的标记会部分吸收被检区间中 QTL 的效应。因此，与被检区间靠得太近的标记不宜作为余因子。

为了解决这个问题，可以在被检区间的两侧各开设一个"窗口"，只有在该窗口之外的标记才能选作余因子。由于不同的被检区间所要求的合适的窗口宽度可能是不同的，因此在实际应用中，应尝试使用多种窗口宽度，以寻找各个被检区间所适合的窗口宽度。为了提高计算速度，与（单性状的）复合区间定位法的情况相似，多性状复合区间定位模型也可以用最小二乘法来配合（Wu等，1999）。

最近还有学者提出了基于混合线性模型（即同时包含固定效应和随机效应的线性模型）的复合区间定位方法（Mixed-model-based Composite Interval Mapping；Zhu and Weir，1998）。这种方法的优点是减少了回归自由度对复合区间定位的限制，能够用来估计QTL的上位性效应（即不同等位基因间的互作效应）和QTL与环境的互作效应，从而拓展了复合区间定位法的应用范围。不过，这种方法在检测QTL上位性效应时，必须在基因组上进行二维搜索，因而计算上比较复杂。

6.2.5 基于性状-标记回归的区间定位

前面已提到，在性状-标记回归中，每个QTL的效应只被其两侧相邻标记所吸收。Whittaker等（1996）证明，在只有加性效应的情况下，性状-标记回归与基于最小二乘的复合区间定位法具有等价性，当两个相邻标记的回归系数同号（即同为正或负）时，能够计算出位于它们之间的QTL的位置和效应。以DH群体为例，从模型（6.2.11）出发，当某个标记区间（k，$k+1$）中存在一个QTL时，则区间两端标记的偏回归系数（b_k和b_{k+1}）将同号，并且有

$$r_k = \frac{1}{2}\left[1 - \sqrt{(1-2r)\frac{b_k + b_{k+1}(1-2r)}{b_{k+1} + b_k(1-2r)}}\right] \qquad (6.2.19)$$

$$a^2 = \frac{[b_k + b_{k+1}(1-2r)][b_{k+1} + b_k(1-2r)]}{1-2r} \qquad (6.2.20)$$

式中，r_k为第k（即区间左端）标记与QTL间的重组率，r为两标记间的重组率，a为QTL的加性效应。可见，从相邻标记的偏回归系数就足以求出标记区间内QTL的位置和效应。但是，仅根据标记的偏回归系数还不足以确定某个标记区间中是否存在QTL。为此，我们可以采取与复合区间定位法相似的方法，用似然比统计量来检验某个标记区间中QTL是否存在，其似然比统计量为：

$$LR = -(n-m-1)\ln[RSS(b_k \neq 0, b_{k+1} \neq 0) / RSS(b_k = b_{k+1} = 0)] \qquad (6.2.21)$$

式中符号含义与式（6.2.18）相似。利用式（6.2.21）可以计算出每个标记区间的似然比值，从而可以非常直观地判断出哪个区间内可能存在QTL。研究表明，这种性状-标记回归区间定位法的QTL定位结果与基于最小二乘的复合区间定位法完全相

同，但它无需进行全基因组逐点扫描，因而其计算速度极快。因此，在只有加性效应的情况下，完全可以用性状-标记回归区间定位法来代替复合区间定位，以节约大量的计算时间。

6.3 QTL 定位的软件与结果解读

虽然不同的方法所采用的遗传设计和统计原理有一定的差异，但这些作图方法都要涉及大量表型数据与连锁标记的统计分析，为更好的实现这一目标，科学家开发了一系列的计算机程序包用于 QTL 的定位。

6.3.1 QTL 定位常用软件

随着大量学者对 QTL 定位软件的开发，目前已经有很多商业软件或免费软件可以用于建立标记基因型和性状表现型之间的关联。最常用的是 QTL CARTOGRAPHER、MAPQTL、PLABQTL 和 QGENE。这些软件的应用仅仅针对两个等位基因的群体，而 MCQTL（Jourion 等，2005）还可以进行多等位基因情况下的 QTL 作图，包括由分离的亲本构成的双亲本的群体，或者双亲本的、二等位基因群体的集合。20 世纪 80 年代和 90 年代期间最经常使用的软件是 MAPMAKER/QTL，这个软件利用区间作图得到的标记和表现型之间连锁的最大似然估计为基础，它处理简单的 QTL 和若干标准的群体。另一个早期的软件包为 MAPL，该软件使用户能够得到有关分离比率、连锁测验、重组值、连锁群标记、按照多维尺度对标记排序、绘制图谱和图示基因型等方面的数据，随后通过区间作图和方差分析（ANOVA）进行对 QTL 进行定位。

QTLCARTOGRAPHER（http://statgen.ncsu.edu/qtlcart/cartographer.html）是前期应用比较广泛的一款定位软件，这款软件可以同时执行多个标记的统计方法，包括复合区间作图和多重复合区间作图，同时还可以估计识别的 QTL 之间的互作关系。PLABQTL 使用复合区间作图，其功能与 QTL CARTOGRAPHER 相似，可以定位和表征通过自交或 DH 产生的双亲杂交群体中的 QTL。简单区间作图和复合区间作图是利用一种快速的多元回归方法进行的。作为其他很多软件包所没有的一个额外的功能，它可以用于 QTL × 环境互作分析（Utz and Melchinger，1996）。

目前应用比较广泛的软件 MAPQTL（http://www.mapgtl.nl）可以用于在异交植物物种中定位 QTL。它可以用于几种类型的作图群体，包括 BC、F_2、RIL、DH 群体等。它可以用于 QTL 的区间作图、复合区间作图和非参数作图，具有自动选择辅助因子和排列检验的功能。

此外，也有一些作图软件考虑了 QTL 定位中的上位性效应。EPISTACY 是一个 SAS 程序，用来检验所有可能的两位点组合对一个数量性状的上位性（互作）效应。该程序实际上是一个 SAS 程序模板，用户必须对它进行修改以便适应他们自己的数据集。在最简单的情况下，用户仅仅需要改变包含他们数据的文件的名称。该程序使用最小二乘法而不使用区间作图法（Holland，1998）。

一些作图软件可用于一些特殊需要的 QTL 作图，如 MCQTL，这一软件可用于同时在多个杂交和群体中进行 QTL 作图（http://www.genoplante.com；Jourjon 等，2005）。它允许对来源于自交系的常见群体进行分析，并且通过假定全部群体中的 QTL 位置相同，来将家系联系起来。此外，当使用多个有亲缘关系的家系时，可以使用 QTL 效应的一个双列杂交模型。此外，QTLNETWORK 软件可以用于作图并直观化来源于两个自交系之间杂交的试验群体的复杂性状的内在遗传结构（http://ibi.ziu.edu.cn/software/gtlnetwork；Yang 等，2008）。

随着基于网络的工具快速发展，一些学者基于网络开发了可以使用 QTL 分析软件，如 WEBQTL，这是一个交互的网站，可用于探索数以百计的研究者使用老鼠重组自交系的参考面板（Reference Panel）。在 30 年的期间内收集了成千上万表现型的遗传调整（modulation，详见 http://www.webqtl.org/search.html）。WEBQTL 包括跨越 35 个以上小鼠品系获得的密集的、校准过后的遗传图谱，以及广泛的基因表达数据集（Affymetrix）。QTL EXPRESS 是一个基于网络的 QTL 定位软件，用于对异交群体进行作图（http://qtl.cap.ed.ac.uk；Seaton 等，2002），这个软件是为品系间杂交、半同胞家系、核心家系（Nuclear Family）以及同胞对开发的。它为 QTL 显著性检验提供了两个选项：① 排列检验（Permutation Test），用来确定经验显著性水平；② 自举法（bootstrapping），用来估计 QTL 位置的经验置信区间。该软件可以配合固定的效应协变量，并且模型可以包括单个 QTL 或多个 QTL。

6.3.2　QTL 定位结果解读

单标记分析的结果常常用表格形式表示，表明含有该标记的染色体（如果已知）或连锁群、概率值、QTL 所解释的表现型变异百分率（R）。QGene 和 MapManagerQTX 是进行单标记分析常用的计算机程序。利用 QGene 通过单标记分析方法分析与 QTL 有关的标记如表 6.2 所示。

表 6.2 利用 QGene 通过单标记分析方法分析与 QTL 有关的标记

标记	染色体或连锁群	P	R^2
E	2	<0.000 1	91
F	2	0.000 1	58
G	2	0.023 0	26
H	2	0.570 1	2

现在，复合区间作图（CIM）在 OTL 分析中得到了广泛应用，该方法结合区间作图与线性回归，在统计模型中除了包括区间作图的 1 对相邻的连锁标记外，还包括另外的遗传标记。与单标记分析和区间作图相比，CIM 的主要优点是定位 QTL，更精确、更有效，存在连锁的 QTL 时更是如此。可进行 CIM 分析的软件有 OTL Cartographer、MapManager QTX 和 PLABQTL。

1. 区间作图结果解读

区间作图方法产生了相邻连锁标记间的 1 个 QTL 可能位置的概况，即 QTL 在某个连锁群上的位置。SIM 和 CIM 的统计测验的结果一般用 LOD 值或似然比统计量（LRS）表示。LOD 值和 LRS 值可以相互转换：$LRS = 4.6 \times LOD$。LOD 或 LRS 轮廓线用于确定与连锁图谱有关的一个 QTL 最可能的位置，该位置为最高 LOD 所对应的位置，区间作图的典型输出为 x 轴表示含有标记的连锁群，y 轴为测验统计量。第 4 号染色体 LOD 轮廓的示意图如图 6.6 所示。

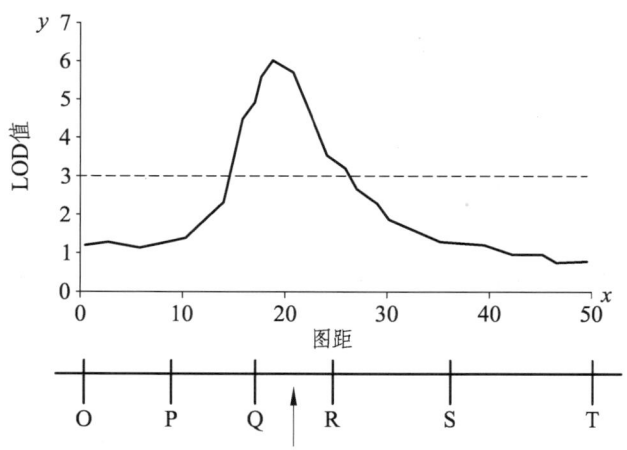

图 6.6 第 4 号染色体 LOD 轮廓的示意图

在图 6.6 中，最大值的峰也必须超过一个特定的显著水平，以表明该 QTL 是"真"的，即达到统计上的显著性。一般使用排列组合法确定该值。简要地说，群体的表现型值被重新"洗牌"，而标记基因型值保持不变（打破所有的标记-性状关系），进行 QTL 分析，以确定假想的确定性的标记-性状关系水平。重复该过程（如 500 次或 1 000 次），根据假想的确定性的标记性状关系水平来确定显著性水平。在排列组合法被广泛接受作为确定显著性阈值的方法前，LOD 值的阈值常常指定为 2.0~3.0（最常用的是 3.0）。

2. QTL 置信区间

尽管 QTL 最可能的位置为检测到的最高的 LOD 或 LRS 值在图谱中的位置，QTL 确实存在一个置信区间。有几种方法计算置信区间，最简单的方法是 1 个 LOD 值所对应的区间，即 QTL 的 LOD 值峰值两侧各下降 1 个 LOD 值所对应的区间。确定 QTL 置信区间的另一种方法是"自助法"，可使用一些作图程序，如 MapManager QTX。

在分离群体中，与 QTL 位置有关的置信区间很宽，其可信性与单个数量性状位点的遗传力有关。假设一个典型性状的广义遗传力为 50%左右，含 5 个效应相同的 QTL，每个 QTL 的遗传力为 10%。模拟表明，在 300 个个体的 F_2 群体中，这样的单个 QTL 的 95%的置信区间大于 30 cM，即使遗传力很高的 QTL 也很难将置信区间降到 10 cM。

3. 加性效应值的大小及有利等位基因的来源

确定 QTL 有利等位基因的来源是标记辅助育种的前提。在 QTL 作图中常用 2、1 和 0 对 3 种标记基因型进行编码，如以 P1、P2 两个亲本衍生为 RI 或 DH 群体为例，以 2、1 和 0 分别表示 P1、F_2 和 P2 的标记基因型，则在作图结果中，如果加性效应为正值说明来自 P1 亲本的等位基因起增效作用，来自 P2 亲本的等位基因起减效作用；反之，如果加性效应为负值，则说明来自 P1 亲本的等位基因起减效作用，来自 P2 亲本的等位基因起增效作用。

4. 标记数和标记距离

一张遗传图谱所需 DNA 标记数并不绝对，因为标记数随着生物染色体的数目和长度而存在差异。为检测 QTL，标记相对稀少均匀分布的框架图是适合的，初步的遗传图谱研究一般含有 100~200 个标记，标记的多少与物种的基因组大小有关，基因组大的物种需要更多的标记。Darvasi 等（1993）认为，标记相距 10 cM 与标记数无限的 QTL 检测的功效相同在标记相距 20 cM 或 50 cM 时仅有轻微的下降。

5. 图谱间的比较

所有的遗传图谱都是作图群体（来自两个特定亲本）和所用标记的产物，即使使用同一套标记构建遗传图谱，也不能保证所有的标记在不同的群体间均有多态性。因此，为了获取不同图谱间的相关信息，需要共同的标记。在作图群体中具有高度多态性的共同标记称为"锚定"标记(也称为"核心"标记)。典型的锚定标记有 SSRS 或 RFLPS。在特定的基因组区段中位置很靠近的特定描定标记组称为"箱",其用于整合图谱,定义染色体上 10~20 cM 区段,其边界由一组核心 RFLP 标记定义。如果在不同的图谱上整合有共同的锚定标记,那么这些锚定标记可排列在一起产生"一致"图谱。通过合并不同基因型所构建的不同图谱而形成一致图谱,这样的一致图谱对有效构建新的图谱(标记均匀分布)或靶标作图相当有效。例如,一图谱可指出哪些标记位于 OTL 所在的特定区段,从而用于鉴定该 OTL 更紧密连锁的标记。

6.3.3 影响 QTL 定位可靠性的因素

在 QTL 定位的过程中会受到许多因素的影响(Asins,2002;Tanksley,1993),主要因素有控制该性状 QTL 的遗传性质、环境因素、群体大小和试验误差。控制该性状 QTL 的遗传性质包括单个 QTL 效应的大小,表型效应足够大的 QTL 才能够被检测到,效应小的 QTL 可能达不到显著性阈值,在检测过程中很容易被漏掉;另一个影响因素是连锁 QTL 间的距离,紧密连锁的 QTL(20 cM 或更小)在 QTL 定位过程中往往只能检测出一个单一的 QTL(Tanksley,1993)。环境因素可对数量性状的表达产生很大的影响,需要通过多地点多时间(不同的季节和年份)的重复试验,才可以探究环境因素对性状 QTL 的影响。而要做多年多点实验则需要利用永久性群体来进行分析,RIL 或 DH 群体就适宜于这方面的研究。

而对 QTL 定位可靠性影响最大的的试验设计因素是作图研究所用群体的大小,群体越大定位结果越精确,越有可能检测到效应值小的 QTL(Haley & Andersson,1997;Tanksley,1993)。随着群体大小的增加,统计功效、基因效应的估值、QTL 所在位置的置信区间都会得到进一步的提高(Beavis,1998;Darvasietal,1993)。

Beavis(1994)利用模拟数据以及衍生自 B73 × Mo17 组合的 N = 400 的玉米 F_3 家系,以确定低 N 对检测 QTL 功效的影响,估测 QTL 效应的精确性。根据不同环境下的家系的平均数,进行了株高 QTL 的定位:① 全组 N = 400;② 4 个随机 N = 100 的亚组。在作图群体 N = 400 时检测到 4 个 QTL,而在 N = 100 的亚组仅检测到 1~3 个 QTL。而且,单个株高 QTL 的 R 值在 N = 400 时为 3%~8%,在 N = 100 时为 8%~23%。在 MelchiNger 等(1998)的研究中,作图群体(N = 344)来自双亲本杂交衍生的 F_3 家系,共检测到 31 个株高 QTL;但是同样亲本的较小而独立的群体(N = 107)仅检测到 6 个株高 QTL。这些结果表明,当群体数目较小时,检测 QTL 时会出现以下情况:① 检测到的 QTL 明显减少;② 虽然会检测到一些 QTL,但这些检测到的少数 QTL 解释表型变异值会被大大地高估。对于由 10 个非连锁 QTL 控制的性状,遗传力为 0.30~0.95，Beavis（1994）发现需要 $N=500$ 以检测到至少一半的 QTL；对于 40 个非连锁的 QTL，则需要 $N=1\,000$ 以检测到 1/4 的 QTL。所检测到的 OTL 效应在 $N=100$ 时会被大大高估，在 $N=500$ 时略有高估，并接近 $N=1\,000$ 的实际值。

试验误差的主要来源是标记基因分型中的错误和表型鉴定中的误差，基因分型误差和缺失数据可影响连锁群标记间的顺序和距离（Hackett，2002），表型鉴定的精确性对精确定位 QTL 至关重要，可信的 QTL 定位只能从可信的表型数据中产生。进行重复的表型测定，通过降低背景"噪声"而提高定位的精确性。

6.3.4 提高 QTL 定位灵敏度和精确度的方法

一个 QTL 的存在是通过它的表型效应体现出来的。因此，一个 QTL 的效应就像它发出的一种"信号"，通过接收该信号就能获知它的存在。然而，一个 QTL 的效应并不是孤立存在的，而是混杂在遗传背景（其他 QTL）和环境的效应之中。遗传背景和环境的效应就像"噪声"，干扰了信号（目标 QTL 效应）的检测。要提高 QTL 定位的灵敏度和精确度，就必须增强信号，减小噪音。选择性基因型测定（Selective Genotyping）是增强信号（扩大 QTL 效应）的一种方法（Darvasi and Soller，1992）。其思想是，在一个群体中，选择高、低两种极端表型的个体构成一个子群体，仅对该子群体测定个体的分子标记基因型，用于 QTL 定位分析，以减少分子标记分析的费用。虽然极端表型子群体的个体数远少于原群体，但其 QTL 定位灵敏度和精确度却可以不亚于原群体，因为在子群体中，QTL 的效应通常被扩大。以 DH 群体为例，从图 6.7 可以看出，在原群体中，某 QTL 的效应（两种基因型间的差值）为 $\mu_{QQ}-\mu_{qq}$；而在极端表型子群体中，该 QTL 的效应变成 $\mu'_{QQ}-\mu'_{qq}$，明显增大。

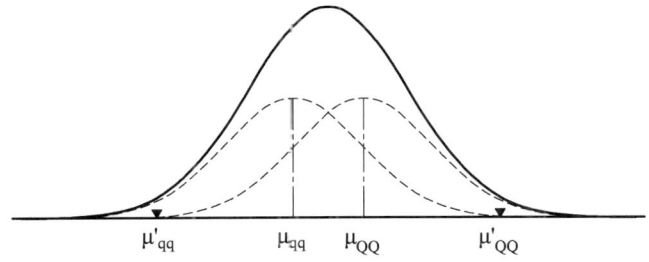

注：实曲线表示 DH 群体中某性状的频率分布，两虚曲线分别表示某 QTL 两种基因型 QQ 和 qq 的性状频率分布，两端竖线分别表示选择高低极端表型个体的界限，μ_{QQ} 和 μ_{qq} 分别为原群体中基因型 QQ 和 qq 的均值，μ'_{QQ} 和 μ'_{qq} 分别为中选个体中基因型 QQ 和 qq 的均值（用黑色倒三角形指示）。

图 6.7 选择性基因型测定增大 QTL 效应的原理

如前所述，QTL 定位分析中的噪声有两个来源：一个是遗传背景，一个是环境。环境噪音（误差）是随机的，一般可以通过适当的试验设计（如设置重复）来加以控制。控制遗传背景噪音的方法有两种：一种是实验方法，从试验材料进行控制；另一种是数学方法，从统计上进行控制。例如，复合区间定位法就是利用被检区间以外的标记来消除其他 QTL（遗传背景）对被检区间（QTL）的影响的。基于这一原理，Wu 等（1998）提出了消除遗传背景噪音的一般方法。其思想是：先利用式（6.2.11）进行性状-标记回归分析（可以是一般的多元回归分析，模型包括所有的标记；也可以是逐步回归分析，模型最后只包括回归显著的标记），然后对每条（如第 s 条）染色体计算只包含其净效应的表型值：

$$y_{i(s)} = y_i - \sum_{j=1}^{m'} b_j x_{ij} \qquad (6.2.22)$$

式中，$\sum_{j=1}^{m'}$ 表示对位于第 s 染色体之外的全部或部分标记求和。可以看出，式（6.2.22）就像一个过滤器，它将其它染色体上的 QTL（遗传背景）的效应滤去。这样，对每条染色体上的 QTL 就可以用只包含该染色体净效应的表型数据进行定位分析，从而消除了遗传背景噪音的干扰。这种方法可以与已有的所有 QTL 定位方法配合使用。

这种针对某条染色体滤除遗传背景噪音的统计思想还可以延伸到只针对某个标记区间的情况（吴为人等，2000）。这时式（6.2.22）仍然适用，只是其中 s 表示的是标记区间（而非染色体）的序号，因而 $y_{i(s)}$ 是只包含第 s 区间净效应的表型值。用这种净表型值对被检区间进行 QTL 定位，可以显著提高统计功效（灵敏度）。

第 7 章

关联作图

上一章介绍的 QTL 作图方法主要基于两个亲本品系的分离群体，然而其中一些方法经过改进后可以同时适用多个群体。而本节要论述的连锁不平衡（Linkage Disequilibrium，LD）或者关联作图（Association Mapping）可以利用种质、品种以及所有可用的遗传和育种材料来鉴定 QTL。通过这种方法，复杂性状的分子剖析可以与植物育种计划更紧密地结合起来。

7.1 连锁不平衡

连锁不平衡是生物群体在自然选择过程中出现的一种现象。Jinnings 在 1917 年就提出了连锁不平衡的概念。连锁不平衡，亦被称为配子相不平衡（Gametic Phase Disequilibrium）、配子不平衡（Gametic Disequilibrium）或等位基因关联（Allelic Association），是指群体内不同位点上的等位基因间的非随机性关联，它既包括染色体内的连锁不平衡，又包括染色体间的连锁不平衡。在关联分析中利用的是染色体内的连锁不平衡（Flint-Garcia 等，2003），这是关联分析的基础。连锁不平衡并不等同于遗传连锁，两者之间既有联系又有区别：遗传连锁考虑的是两位点间的重组率是否等于 0.5，一般来说，同一染色体上的任何两位点间都存在一定的连锁关系；而连锁不平衡则考虑的是不同位点上基因之间的相关性，当一个基因座上的特定等位变异与另一基因座上的某等位变异同时出现的几率大于群体中随机组合几率时，就称这两个等位基因处于连锁不平衡状态。当然，当两位点间处于紧密连锁状态时，其等位基因间可能存在较强的连锁不平衡关系。

7.1.1 连锁不平衡作图的作用

标记基因座之间的等位基因关联和标记等位基因与表现型之间的关联可以分别称为标记-标记关联（Marker-marker Association）和标记-性状关联（Marker-trait Association）（Xu，2002）。如前文所述，连锁作图的目的是识别影响数量性状位点（QTL）的邻近遗传因子的简单遗传标记。这种定位过程，依赖于创建标记和 QTL 等位基因之间的统计关联，以及有选择地缩小关联，这种关联是标记与 QTL 之间距离的函数。在产生 DH、F_2 或者 RIL 群体的减数分裂过程中发生的重组减少了特定 QTL 与其较远标记之间的关联。然而，由于这些群体的构建需要相对较少的减数分裂，即使标记与 QTL 之间的距离较远（如 10 cM），二者之间仍可能保持强烈的关联。这种长距离的关联妨碍了 QTL 的精确定位，因此，需要通过精细定位来进一步分析 QTL 的确切位置。

虽然分离群体很容易创建，但是它们存在一些明显的局限性（Malosetti 等，2007）。首先，群体内分离的遗传变异的数量是有限的，因为在一个二倍体物种中每个基因座至多有两个等位基因可以分离，在亲本之间没有等位基因多态性的情况下是不能够进行 QTL 分析的。其次，进行作图研究的遗传背景通常不能代表优良种质中使用的遗传背景（Jannink 等，2001）。为了增大遗传多态性，通常从高度多样的种质中选择亲本品系。最后，最大的连锁不平衡后相对低的世代数（其中最大的 LD 在 F_1 代达到）意味着在设计的群体内抽样的减数分裂的数目减少（一般只有几百个），导致处于 LD 中的染色体片段相对较长。因此，典型的 QTL 位置的置信区间的大小为 10~20 cM（Darvasi，1993）。此外，在育种计划中积累的种质资源和育种群体具有可用的表型信息，这些材料不能被使用，因此，遗传作图和育种通常是两个独立分开的过程。

LD 作图利用了过去很长时间创造关联的那些事件。假设从这些事件以来，许多世代已经过去了（也可以说是经历了多次减数分裂），重组已经消除了 QTL 和与其无紧密连锁的任何标记之间的关联。因此关联作图可以进行比标准的双亲本杂交方法精细得多的作图。从基本原理的层次上说，LD 和连锁都依赖于相邻 DNA 变异体的共同遗传，连锁通过识别单倍型来利用这一点，这些单倍型是在若干世代完整遗传的，而 LD 依赖的是与相邻的 DNA 变异体在很多世代上的维持。因此，LD 研究可以被认为是未观察到的、假设系谱的非常大的连锁研究（Cardon and Bell，2001）。LD 分析具有识别一个基因内部单个多态性的潜力，这个基因对表现型的差异负责，非常适合以较高的分辨率从收集的种质资源中抽取各种各样的等位基因（Flint-Garcia 等，2003）。LD 作图方法的另一个优势在于能够为育种者提供识别多倍体作物 QTL 的方法，因为在多倍体作物中对分离模式（segregation pattern）建模较为困难（Malosetti 等，2007）。

对于标记——性状关联，可以在一批品种中识别表现型的差异和等位基因频率的差异，这些品种来源于一个共同的祖先基因库（Xu and Zhu，1994）。该过程被认为是 QTL 分析的初步筛选过程（Bar-Hen 等，1995；Vir ketal，1996）。植物的饱连锁图谱、高度信息性的 SSR 标记以及 SNP 标记的发展使我们能在全基因组范围上系统地调查标记性状之间的关联。与传统的连锁作图相比，LD 作图为育种应用提供了更多的分析工具，因为育种中涉及可以作为亲本使用的成百上千的种质材料。LD 作图策略的一个重要优点是可以简单地应用大量的历史表型数据，这些数据可以大大降低分析成本，不需要额外再开展田间试验便可用于作图工作，特别是当性状（如平均产量、适应性和稳定性）的评价成本较高时。随着基于分子标的种质材评价工作的不断开展，农艺性状的表型数据的大量积累，十分有必要考虑利用 LD 作图方法进行相关基因的分析，或者为基于连锁的遗传作图提供预筛选（Xu，2002）。

 7.1.2 连锁不平衡的度量

所有 LD 统计的是实际观测到的单倍型频率与随机分离时单倍型的期望频率之间的差异（记作 D）。假设有两个连锁的座位 A 和 B，其等位基因分别为 A、a 和 B、b，则 4 个等位基因的频率分别为 π_A、π_a、π_B、π_b，4 种单倍型 AB、aB、Ab、ab 的频率分别为 π_{AB}、π_{aB}、π_{Ab}、π_{ab}。那么，实际观测到的单倍型频率与期望单倍型频率之间的差异 D 的计算公式为：$D_{ab} = (\pi_{AB} - \pi_A \pi_B)$；当 $D = 0$ 时，两个基因座位处于连锁平衡状态，当 $D \neq 0$ 时，两个基因座位处于连锁不平衡状态（Devlin B & Risch N，1995）。

D' 的计算公式为：

$$|D'| = (D_{ab})^2 / \min(\pi_{Ab}, \pi_{aB}) \quad (D_{ab} \leq 0)$$

$$|D'| = (D_{ab})^2 / \min(\pi_{AB}, \pi_{ab}) \quad (D_{ab} \geq 0)$$

r^2 的计算公式为：

$$r^2 = (D_{ab})^2 / (\pi_A \pi_a \pi_B \pi_b)$$

LD 的计算随研究座位的性质和数目而异，经常计算的是两个等位基因两位点间的 LD 水平。即使基因座之间的等位基因频率不同，也可根据观察的等位基因频率对 D' 进行尺度化，范围为 0~1。如果所有 4 种可能的单倍型都被观察到，则 D' 将小于 1；说明在两个基因座之间发生了一个假定的重组事件。

统计量 r^2 和 D' 反映了 LD 的不同水平，并且在不同的条件下使用。连锁的多态性之间连锁不平衡的假想情况如图 7.1 所示，连锁的多态性可以表现出不同的 LD 水平（Flint-Garcia 等，2003）。

图 7.1（a）为绝对 LD 的一个例子，其中两个多态性完全彼此相关，说明绝对 LD 的一个情况是当两个连锁的突变几乎同时发生，并且在这两个基因座之间没有发生重组事件。这意味着两个基因座上的等位基因总是共同出现，在这个情况下 r^2 和 D' 的值都为 1，表示完全的连锁不平衡。

图 7.1（b）是多态性完全不相关的例子，尽管在这个例子中没有观察到重组的证据。形成这类 LD 结构的一个方式是突变发生在不同的等位基因谱系（Allelic Lineage）上。这个情况能够反映相同的重组历史，但是突变历史不同。这是 r^2 和 D' 以不同的方式发挥作用，其中 D' 仍然等于 1，但是 r^2 可能要小得多。

图 7.1（c）显示了连锁平衡中多态性的一个例子。如果基因座是连锁的，那么平衡可以由两个基因座之间的一个重组事件产生。在这种情况下，不同的单倍型具有不同的重组历史，但是突变的历史是相同的。因此，r^2 和 D' 都将是零。

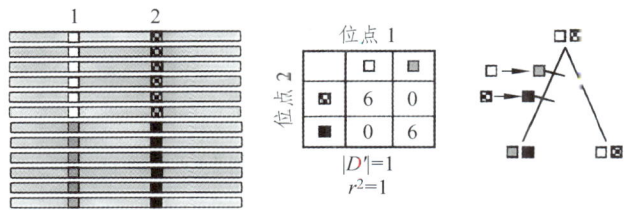

（a）绝对 LD 的示例，其中两个多态性完全相关

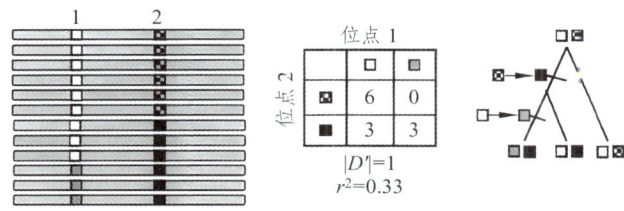

（b）多态性不完全相关，但是没有重组的证据

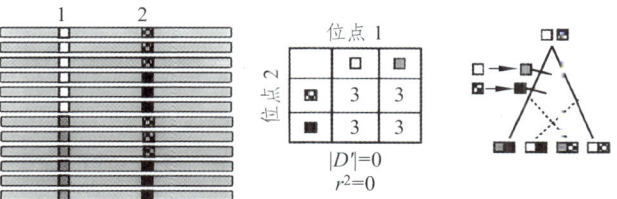

（c）多态性处于连锁平衡时

注：由不同的突变和重组历史引起，演示 r^2 和 D' 统计量的特性。左边一栏的图像代表两个基因座的等位基因状态。中间一栏代表单倍型的 2×2 列联表，以及产生的 r^2 和 D' 统计量。右边一栏表示观察到的 LD 可能产生的结构图。（Rafalski，2002）

图 7.1　连锁的多态性之间连锁不平衡（LD）的假想情况

虽然 r^2 和 D' 在小样本和低的等位基因频率的情况下可能表现不佳，但是它们也各有优点。尽管 r^2 同时概括了重组和突变的历史，而 D' 仅仅度量了重组的历史，这使得 D' 在评估重组差异方面更为准确。但是，D' 受小样本容量的强烈影响，在比较低的等位基因频率的基因座时会导致非常不稳定的估计结果。这是由于发现全部 4 个等位基因组合的低频率多样性概率较低，即使这些基因座是不连锁的。在关联研究的分辨力方面，统计量 r^2 更为推荐，因为它直接体现了标记与所研究的 QTL 之间的关联程度。

7.1.3 影响连锁不平衡的因素

在一个大的、随机交配的、具有独立分离基因座的群体中，在没有选择、突变或迁移的情况下，多态的基因座将处于连锁平衡之中（Falconer and Mackay，1996）。突变提供了产生多态性的原材料，这些多态性最初将处于 LD 状态。重组，使得连锁和关联随着世代进程而消除，染色体内的 LD 现象随之减弱，但是染色体间的 LD 是通过自由组合打破的。在紧密连锁的基因座之间，重组导致 LD 衰减的速率变慢。例如，对于相隔 1 cM 的基因座，在 50 个世代之后仍然能保留 50%以上的初始连锁不平衡（Falconer and Mac-kay，1996）。LD 随时间衰减，但在 LD 相隔 5~10 cM 的情况下，除了上位性效应之外，这种衰减并不明显。多种机制可以产生 LD，包括连锁、选择和群体混合，这些机制有时会同时发生作用。根据 Jannink 和 Walsh（2002）、Flint-Garcia 等（2003）以及 Mackay 和 Powell（2007）的研究，下面汇总了一些常见的 LD 产生机制。

1. 奠基者效应（Founder Effect）

当群体从少数奠基者扩展而来时，存在于奠基者中单倍型的频率将比平衡状态下所期望的要高。有 3 种特殊的情况值得注意：首先，遗传漂变通过这个机制影响 LD，因为一个正在经历漂变的群体来源于比它当前规模更少的个体，这意味着在奠基者中频率较高的单倍型将在后代中保持较高频率，从而导致 LD 的维持。其次，通过将一个携带新突变的个体视为一个奠基者，我们可以看到其后裔将主要获得该突变及其与它同相（phase）连锁的基因座。因此，连锁标记等位基因将与该突变体等位基因处于 LD 之中。最后，在来源于两个自交系之间杂交的 F_2 群体中出现一个极端的情况。这里的全部个体来源于单个 F_1 奠基者基因型，基因座之间的关联可以根据它们的图距被预测。

2. 突变

随着一个新突变发生，它与所有其他基因座都是处于 LD 之中的。新的突变仅仅发生在单个单倍型上。在连续的世代中，当新的单倍型被创造时，重组使 LD 发生衰减，但是对于紧密连锁的标记来说，这个过程需要很长的时间。我们观察到的大多数多态性都是古老的，因为等位基因频率达到能够被检测的水平需要很多个世代。因此，大多数成对的多态性基因座几乎不显示突变引起的 LD，除非它们是紧密连锁

3. 群体结构

样本中存在亚群（subgroup），这些亚群内个体之间的相关性比在从整个群体中随机取的一般成对个体之间的相关性更加密切。亚结构（substructure）是多基因效应协方差的一个常见原因，因为亲属间往往在基因组范围内共享标记和等位基因。当两个基因座上的等位基因频率跨越亚群体有差别时，无论基因座的连锁状态如何，在结构化的群体中都会出现 LD。例如，以前单独存在的群体合并到一个随机交配的群体里形成混合的群体，可以被认为是结构化群体的一个案例，但亚结构化已经停止使用了。随着遗传上不同群体个体之间的基因流动（Gene Flow），加之群内交配（intermating），这种混合会导致引入携带不同祖先来源和等位基因频率的染色体。

4. 选择

选择作用于数量性状位点（QTL），即控制被选择性状的等位基因频率，它引起一个基因座和与其连锁的基因座上被选择的等位基因之间的 LD。这个过程称为搭车效应（hitchhiking），导致了被选择的基因座周围的标记之间产生 LD。此外，对于由两个不连锁的基因座通过上位性效应控制的表现型进行的选择，即使这些基因座在物理上不连锁，也可能导致连锁不平衡（LD）的出现。由于 Bulmer 效应（Bulmer Effect），在受到稳定化选择（Stabilizing Selection）或定向选择（Directional Selection）的群体中，影响同一性状的基因座之间将出现负的 LD。而在分裂选择（Disruptive Selection）下，影响同一性状的基因座之间将出现正的 LD。当基因座有上位性相互作用时，由有利于选择的等位基因构成的单倍型的频率也将高于期望值。

5. 交配模式

群体交配模式可以强烈地影响 LD。通常情况下，与自交物种相比，在异交物种中 LD 衰减更加迅速（Nordborg，2000）。这是因为在自交物种中重组的影响更小，使得其中的个体比异交物种中的个体更可能是纯合子。LD 在随机交配的情况下会迅速消失（Pritchard and Rosenberg，1999）。

6. 遗传漂变

群体大小在决定 LD 的水平中起重要作用。在小群体中，遗传漂变的效应导致稀有等位基因组合的一致丧失，从而提高 LD 的水平。当遗传漂变和重组处于平衡时，

$$r^2 = 1/(1+4Nc)$$

式中，N 是有效群体大小；c 是基因座之间的重组率（Weir，1996）。因此，在最近经历过群体大小急剧减少（瓶颈化）并且伴随着极度遗传漂变的群体中连锁不平衡

(LD)可能会显著增加(Dunning 等,2000)。在瓶颈化的过程中,只有很少的等位基因组合被传递到后代,这可以产生相当大的LD。植物育种家的活动本身可以导致瓶颈化——例如,引入一个新的抗病性或农艺性状可能导致在一段育种时期内少数亲本品系被广泛地使用,从而产生一定程度的LD。

7. 迁移

如果在等位基因频率方面有差异的两个群体被放在一起,就会产生LD。不太极端的群体混合或迁移也会产生LD。

7.1.4 连锁作图和连锁不平衡作图比较

连锁作图和关联分析是最常用的两种分离复杂性状的工具。

首先来看作图群体,连锁作图用 F_2、重组自交系或者近等基因系等,这类群体的共同特征是由两个亲本杂交产生的分离群体。比如品种 A:AA BB CC(假设该品种是3个基因位点),品种 B:aa bb cc,其分离群体也即作图群体的基因型组成为:AABBCC,AaBBCC,AaBbCC……而连锁不平衡作图的群体就完全不一样了,其群体的基因型组成为:品种 A:A_1A_1 B_1B_1 C_1C_1,品种 B:A_2A_2 B_2B_2 C_2C_2,品种 C:A_3A_3 B_3B_3 C_3C_3,等等。连锁作图群体中的等位基因 A 或 a 肯定是来自品种 A 或 B,而连锁不平衡群体中 A_1、A_2、A_3 等位基因来源可能追溯到不同的祖先,A_1 可能是1 000年前产生的,A_2 可能是500年前产生的。所以连锁不平衡作图能够利用历史的突变及重组事件,而连锁作图中,如果群体不足够大,能检测到的重组就非常有限。连锁作图与关联作图的比较如表 7.1 所示。

连锁作图的理论基础是什么?两个位点的遗传距离和重组率是成比例的,遗传距离是未知的,但重组率是可以通过实验来检测。所谓作图,即确定目标性状在染色体的什么位置,这个位置可以由分子标记来定义,因此问题转化成了测定目标性状和分子标记的遗传距离。只有当遗传距离小到一定程度才能叫连锁,这个距离当然越小越好,直到最终小到实现性状的图位克隆。

连锁不平衡作图的理论基础是什么?若两个位点连锁,则会导致两个位点产生连锁不平衡。两个位点是否连锁是未知的,但两个位点的连锁不平衡是能检测到的,所以根据连锁不平衡来判断两个位点是否连锁,不过这样的推理方法有一定的局限性。其中的关键在于即使不连锁的两个位点也可能出现连锁不平衡,最常见的情况是因为存在群体结构或者家系相关性。所以连锁不平衡作图需考虑这些因素的影响,排除其他因素干扰后，还是存在连锁不平衡的，这样就可以认为这两个位点是连锁的。因此，进行连锁不平衡作图需要了解位点连锁不平衡方面的知识。

表 7.1 连锁作图与关联作图比较

项目	连锁作图	关联作图
群体	QTL 作图至少需要花费 2 年以上的时间构建作图群体或近等基因系，从而限制了分子标记在林木等植物中的应用	不需构建作图群体，关联分析利用的群体是自然群体，不需再人工构建，省时省力，并有较多的群体可供利用
检测功效	高	低
分辨率	分辨率有限，QTL 作图利用的是群体构建中配子的重组信息，解析率较低一般只能将基因定位到 10~20 cM 的基因组区间内	分辨率高。关联分析利用的是自然群体在长期进化中所积累的重组信息，具有较高的解析率，可实现数量性状基因座的精细定位，甚至可能直接定位到基因本身
标记	需要标记少	需要的标记多
等位基因数量	绝大部分 QTL 作图所利用的群体是双亲杂交、重组自交后代，每一基因座一般只能涉及两个等位基因，且不能检测到不分离的位点	关联分析可实现对其作图群体（自然群体）一个基因座上所有等位基因的考察
性状	仅检测少数性状，因为所用的两个亲本不可能在所有的性状上均存在实质性差异	可检测所有性状

通过在群体水平上利用历史和进化过程中的重组事件，这一方法已成为将复杂性状变异解析到序列水平的有效手段，作为传统的连锁分析的一种替代方法。这种关联分析方法具有如下优势：

（1）作图定位更精确：关联分析利用的是自然群体在长期进化中所积累的重组信息，具有较高的解析率，可实现数量性状基因（位点）的精细定位，甚至直接定位到基因本身，而 QTL 作图利用的是群体构建中配子的重组信息，解析率较低，一般只能将基因定位到 10 cM ~ 20 cM 的基因组区间内。

（2）可同时考察一个基因座的多个等位基因：关联分析可实现对其作图群体（即自然群体）中一个基因座上所有等位基因的考察，而 QTL 作图利用的群体是来自两个亲本，因此其考察的每个基因座最多只可涉及两个等位基因。

（3）不需构建作图群体：关联分析利用的群体是自然群体，不需再人工构建，即省时省力，又有较多的群体可供利用，而 QTL 作图至少需要花费两年以上的时间去完成群体的构建，费时费力（张学勇等，2006）。

7.2 连锁分析的步骤、策略和基本方法

7.2.1 关联分析的步骤

1. 样本选择

从自然群体或种质收集材料中选择一群个体，所选材料能代表较宽的遗传多样性。种质的选择对于成功的关联分析起决定性作用（Breseghello and Sorrells，2006；Flint-Garcia 等，2003；Yu 等，2006）。遗传多样性、基因组范围 LD 的长度、群体内的亲缘性决定定位精度、标记密度、统计方法以及作图功效。一般而言，用于关联研究的植物群体可分为 5 类（Yu& Buckler，2006；Yu 等，2006）：

① 具有细微群体结构和家族亲缘的理想样本。
② 多家系样本。
③ 具有群体结构的样本。
④ 具有群体结构和家族亲缘的样本。
⑤ 具有严重群体结构和家族亲缘的样本。

在许多植物种中，因地区适应选择和育种历史，许多用于关联研究的群体归于第 4 类。此外，还可以根据材料的来源，种质库收集品、合成群体以及优异种质进行群体分类（Breseghello and Sorrells，2006）。

关联分析的样品数相对连锁研究中的群体要少一些，而关联作图群体内的遗传变异常常比连锁群体高。除功能性位点效应大，测试位点与该位点存在高 LD 外，无论是使用候选基因方法还是基因组扫描方法，小群体很难鉴定出标记-性状关联。

2. 表型性状测定

记录或测定表型性状（如产量、品质、耐性或抗性），试验设计最好包括不同的环境以及多个重复。表型鉴定的重要性还未得到如基因分型一样的重视，虽然基因分型技术经过不断改良后，已经实现精确和高质量，但获得稳健的表型数据仍然是大规模关联作图计划的主要挑战。因为关联作图常常涉及大量不同的收集材料，收集具有不同年份、不同地点、并有适当重复的表型数据是一项极富挑战性的工作，

高效的田间试验设计、不完全区组设计（如 α-格子）、适当的统计方法（如近邻分析和空间模型），并考虑 QTL×环境互作以改进作图效率，特别是在大田条件不同质时更是如此。这类研究富有挑战性，因为大田设计直接的观察证据需要不同水平大田条件的综合研究以及遗传学家和统计学家间的强有力的合作。因为检测 QTL 的功效随着重复的测量而增加，利用基于系谱的育种种质的模拟作图研究也已证明了这点。表型鉴定的重要性现在已经得到了应有的关注。

因为关联作图群体的多样性特点，考虑开花时间对其他相关性状的表达的影响很重要，如果目标性状依赖于发育的转变，则有必要依据开花时间对试验材料进行分组，表型鉴定中需要考虑的其余问题包括：光周期敏感性、倒伏、对流行病害的敏感性，因为这些性状影响了大田条件下其他形态、农艺性状的测定。

3. 利用分子标记对作图群体中的个体进行基因分型

关联分析研究中，利用一套非连锁的、覆盖全基因组的中性背景标记即可基本描述个体的遗传组成，背景遗传标记有助于将个体分配进群体（Pritchand & Rosenberg，1999），当存在群体结构和亲缘关系时，可有助于预防伪关联（Pritchard 等，2000；Thornsbery 等，2001；Yu 等，2006），并估计血缘关系和自交（Lynch & Ritand，1999）。随着测序技术的飞速发展，SSR 标记和 SNP 标记已成为常用的背景标记。共显性的 SSRs 和 SNPs 无任何等位基因歧义，从而在估算群体结构（Q）和相对亲缘关系矩阵（K）更有效。

因为 SSR 标记是多等位基因、可重现、基于 PCR、一般为中性，成为亲缘关系和群体研究中重要的分子标记。多重检测和利用分子量内标荧光标记 PCR 产物确定其大小的半自动系统，大大提高了等位基因大小的估计精度和基因分型通量（Mitchelleal，1997）。初始的多态性 SSR 是 DNA 复制期间等位的串联重复的滑移链的错配而大量产生的（Levinson & Gutman，1987），理论上，高诱变性的滑移（slippage）过程可产生大量的 SSR，但在自然选择过程中，较长的 SSR 往往会被淘汰（Lieal，2002）。产生高度多态 SSR 的滑移现象也是同型异源性（homoplasy）产生的基础，其 SSR 等位基因大小完全相同，但祖先不完全相同（Viand etal，1998）。如果等位基因具有高突变率且大小受到强烈限制，那么由于 SSR 大小的同型异源性，在估算某个大群体的遗传参数时就不能使用（Estoupeal，2002）。

由于较高的基因组密度、较低的突变率以及对于高通量检测系统所表现出的较好的易控性，SNP 很快成为复杂性状剖析研究的可选标记，在可扩展的检测板和微阵列中无论是单标记检测还是多重检测都可依赖检测 SNP，可根据 SNP 标记数和需检测的个体数而确定一种特定的基因分型技术（Kwok，2000；Syvanen，2005）。每个世代每个位点的突变率比 SSR 标记低数倍（Lietal，2002；Vigourouxetal，2002），因此，如果考虑单个位点，则由于显著的双等位基因特点，SNP 比 SSR 提供的信息量少，因为单个 SNP 预期的异质性较低。不过因为 SNPs 更为广泛地分布于整个基因组，且成本远低于 SSRs 标记。选择 SNP 作背景标记可获得大多数作物群体结构和亲缘关系的合理估计。

4. 利用分子标记数据确定所选群体基因组的 LD 范围

候选基因关联分析中一个重要问题是精确估计遗传关系所需的背景标记的数量，双等位 SNPs 所需的标记数远多于多等位 SSRs 标记，Zhu 等（2008）主张所需 SSRs 标记的起点数为该物种染色体数的 4 倍，每个染色体臂 2 个标记。染色体长度、物种多样性、特定样品的多样性、费用以及不同标记系统的可用性也影响研究所用背景标记的数量。Stich 等（2006）利用 452 个 ALFP 和 93 个 SSR 标记检测了 72 个欧洲优良玉米自交系，发现用 AFLP 检测的平均 LD 为 4 cM，而 SSR 则达 30~31 cM。此外，不同类型的群体 LD 水平也不同，Tommasini 等（2007）通过 91 个 SSR 和 STS 标记的研究，冬小麦 44 个品种 3B 染色体的 LD 为 0.5 cM，而含 240 家系的 RIL 群体则达 30 cM。

5. 确定群体结构（取样群体个体内类群间的遗传差异水平）和血缘关系（样品内成对个体间的亲缘系数）

理想的作图群体应该是一个无群体结构或群体结构效应不明显的大群体。因而在进行关联分析时，首要考虑和解决的问题是群体结构问题。因为群体结构能增加染色体间的连锁不平衡性，使目标性状与不相关的位点间表现出关联，即造成了伪关联，可能会导致作图错误。解决这一问题的办法是在假设群体结构对基因组所有位点影响相同的情况下，选出一定数目的与目的位点不连锁的分子标记，去检测它们之间是否存在关联性，并予以校正（Thornsbemyetal，2001）。

Pritchard 等（2001）建议的做法是：

（1）在候选基因位点的周围选出一定数量的分子标记（Ⅰ类标记），对目标作图群体和对照群体进行扫描，获得分子数据。

（2）进行标记/性状的关联性分析，找到目标性状的靶位点。

（3）选出一定数量与靶位点不连锁的分子标记（Ⅱ类标记），对群体进行检测，利用获得的分子数据与目标性状进行关联性分析。

（4）对所得结果进行分析，若发现性状与Ⅱ类标记间不存在关联性，则表示群体结构不存在，此次作图结果有效，否则，则需要比较两类标记的关联性分析结果，通过统计处理以消除群体结构的影响。

在进行关联分析时，应尽量使用无群体结构或群体结构效应小的群体。同时，研究也发现使用群体样品的数量应该足够大，大群体有利于减少关联分析不利因素的影响，提高其作图能力，并且可以增加可供检测等位基因的数量。Long 和 Langley

（1999）的研究表明，利用由 500 个个体组成的群体，关联分析就可以检测到解释某性状 5%变异的数量性状位点；模拟研究证实，增加群体样品的数量比增加检测 SNP 的数量更能提高关联分析的作图能力。对玉米的研究表明，在进行作物农艺性状的关联分析时，所用的群体应尽可能包含该作物的所有表现类型，应基本能代表该作物的育种基因源（Flint-Garcia 等，2005）。

6. 根据 LD 和群体结构的信息，表型与基因型/单倍型数据的关系，利用适当的统计方法揭示最接近目标性状的"标记标签"

理想情形下关联分析的基本统计学方法有线性回归、方差分析（ANOVA）、t 检验或 χ^2 检验。不过，因为群体结构可能会产生"伪"基因型-表型关联，此时需要设计不同的统计方法来处理这些混乱因素。对于基于系谱的样本，传递非平衡检验（Transmission Disequilibrium Test，TDT）（Spielman 等，1993）用于研究人类疾病的遗传基础，而数量传递非平衡检验（QTDT）则用于剖析数量性状（Abecasis 等，2000；Allison，1997）。为解决基于群体样本的群体结构问题，GC（基因组控制）和 SA（结构关联）是人类和植物关联分析中两种最常用的方法。对于 GC 而言，利用一套随机标记估计检验统计量受群体结构影响的程度，假设该结构对所有位点具有同样效应（Devlin & Roeder，1999）。而 SA 分析首先利用一套随机标记估计群体结构（Q），然后将该估值纳入进一步的统计分析之中（Falush 等，2003；Pritchard & Rosenberg，1999；Pritchard 等，2000），先前的研究中已用 Logistic 回归对 SA 进行修饰（Thorsberry 等，2001；Wilson 等，2004），该方法的线性模型版本已用于软件 TASSEL 中（Bradbury 等，2007）。利用种质资源材料标记目的基因的关联作图方法如图 7.2 所示。

近年来研制的关联分析作图所用的一种统一固定模型方法可解决多种水平的亲缘关系（Yu 等，2006），该方法利用随机标记估计 Q 和相对血缘关系矩阵（K），随后引入一种固定模型框架以检验标记-性状关联。该固定模型方法跨越了基于系谱和基于群体样本的界限，为当前所用的关联作图方法提供了强大的补充（Zhao 等，2007）。主成分分析方法（Principal Component Analysis，PCA）一直用于遗传多样性分析中，近年来很多研究将该分析方法作为诊断群体结构的有效方法（Patterson 等，2007；Price 等，2006），PCA 分析方法将观察到的所有标记的变异概括为少数成分变量，这些主成分可解释为与个别的未观察的亚群体有关，数据集中的个体起源于亚群体。每个个体在每个主成分上的载荷描述了群体成员或每个个体的祖先。在固定模型中利用 PCA 取代 Q 用于关联分析作图（Weber 等，2003；Zhao 等，2007）。

用于关联分析数据分析中的多种软件包中，TASSEL 是植物关联分析最常用的软件包，并随着新方法的开发而经常得到更新（Bradbury 等，2007）。除了关联方法（即 Logistic 回归、线性模型、固定模型）外，TASSEL 也用于连锁非平衡的计算与图示，以及基因型、表型数据的浏览和输入。STRUCTURE 软件用于估计 Q（Pritchard 等，

2000），Q 是矩阵 $n\times p$，n 为个体数，p 为定义的亚群体数。SPAGeDi 软件用于估计个体间的 K（Hardy & Vekemans，2002），K 为 $n\times n$ 矩阵，对角线外的元素表示为 F_{ij}，这是一种基于标记的血缘同一性可能性的估值，对角线元素 e 对于自交系而言是 1，对于非自交系个体则为 $0.5\times(1+F_x)$，F_x 为自交系数。EigenStrat 软件用于估计标记数据的 PCs，以及因群体分层而产生内校正检验统计（Price 等，2006）。

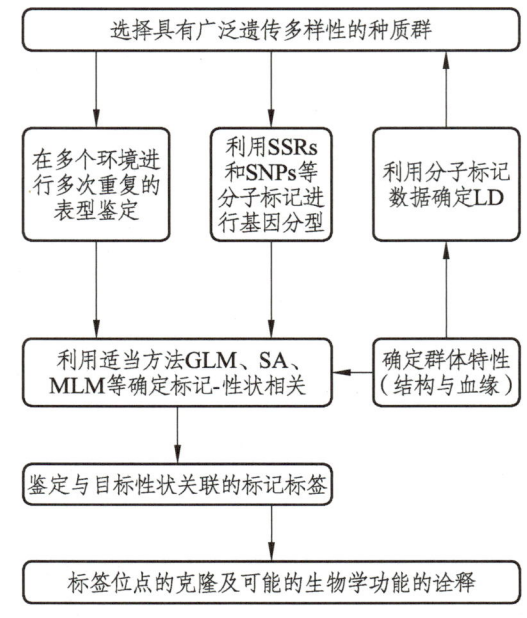

图 7.2　利用种质资源材料标记目的基因的关联作图方法

7.2.2　关联分析的策略

根据扫描范围，关联分析可分为全基因组途径和候选基因途径两种。前者基于标记水平，通过对引起表型变异的突变位点进行全基因组扫描来实现，一般不涉及候选基因的预测。后者基于序列水平，通过统计分析，在基因水平上将那些对目标性状有正向贡献的等位基因从种质资源中挖掘出来，一般涉及候选基因的功能预测。

1. 全基因组途径

利用分布于整个基因组上的高密度的 SNP 可以在具有某种性状的群体与不具备这种性状的对照群体中进行对比研究，从而确定其相邻基因与该性状的关联。从严格意义上讲，全基因组关联分析需要成千上万个 SNP 或 SSR 标记以及尽可能多的无亲缘关系的个体。随着各个主要物种全基因组测序的完成，SNP标记的大量开发，全基因组关联分析将成为研究植物数量性状的强有力工具（杨小红等，2007）。

在作物中进行全基因组扫描，重要的一步是利用高通量DNA测序或高密度寡核苷酸检测设备高效地鉴定SNPs。DNA测序平台检测SNP的适宜性取决于在关联分析群体中有效地进行全基因组扫描所需的SNPs数量，例如，在95个拟南芥收集材料和102个优异大麦自交系中，大范围的LD仅需基于毛细管的Sanger测序检测较低数量且均衡分布的SNPs即可进行关联检验，并达到中等水平的全基因组作图分辨率（Aranzana等，2005；Rostoks等，2006）；而对于低LD和高单倍型多样性的作物如玉米和向日葵则需要数万甚至数十万个SNPs标记进行强大的全基因组扫描，这就需要更高要求的测序平台，鉴定出SNPs后同时进行基因分型。

高质量的全基因组参考序列在检测群体SNP中发挥重要的作用，与从头组装相比，借助已有的基因组参考序列使得序列易于组装。因为重测序碱基读数精度比Sanger测序仪低，重点应放在支持多次读数的SNPs的读数上（>5×覆盖/等位基因/个体）。根据参考序列设计的高密度寡核苷酸表达阵列可同时进行等位变异的发现和基因分型，其设计思路是与25 bp寡核苷酸完全匹配的目标序列比不匹配的序列具有更好的相似性（Borevitz等，2003；Winzeler等，1998）。如果在阵列上单个特性在基因型间杂交强度上显示出显著的可重复的差异，即可直接作为多态性标记或单一功能多态性（Single Feature Polymorphism，SFP）。利用表达阵列与总的基因组DNA杂交可对相对较小的基因组～135 Mb拟南芥（Borevitzet等，2003）和～430 Mb水稻（Kumar等2007）的数千个SFP进行高精度检测。全基因组、基因组复杂性减少以及基因富集样品的制备方法可适当用于检测富含较大的逆转座子的植物基因组中的SEPs（Core等，2007；Rostoks等，2005）。其不足是，与SNPs相比SFPs很少遗传，仅以25 bp的分辨率定位未知的多态性，如果按很高密度和中等精确性检测，SFPs可成为具有大范围LD（Kim等，2006）以及相对低水平重复DNA的作物基因组检测关联的潜在工具。

全基因组关联分析的最早报道是对野生甜菜抽薹基因B的研究（Hansen M等，2001）。甜菜的生长习性由抽薹基因B决定，B基因为显性时表现为一年生，B基因为隐性时表现为两年生。通过440个覆盖全基因组的AFLP标记与B基因的LD分析，发现两个标记与B基因之间的LD程度很高。结合此前的连锁分析，发现其中一个标记与B基因紧密连锁，为该基因的图位克隆指明了方向。这一结果表明通过关联分析可以找到与目标基因紧密连锁的分子标记。此后，多个研究小组利用现有成熟的分子标记技术（AFLP、RFLP、SSR、SNP等）和关联分析的方法在全基因组水平上对玉米、小麦、水稻和棉花的产量、品质、株高和抽穗期等性状进行分析，发现检测到的QTL中有相当一部分与此前OTL定位的结果一致（Kraakman等，2004；Zhang等，2005；Pariss eaux and Bernardo，2004；Fang等，2017）。连锁分析和关联分析都可以进行 QTL 定位,但前者检测到的 QTL 数目一般少于后者;两种方法检测到的 QTL 在位置上有相当一部分具有一致性。这也表明全基因组的关联分析是数量性状分析的一条有效途径。

2. 候选基因途径

候选基因法是一种剖析复杂性状的驱动假说方法,该方法建立在对目标性状基因有一定了解的基础上,根据模式植物和非模式植物中有关遗传学、生物化学以及生理学研究结果选择相关的候选基因(Mackay,2001;Risch and Merikangas,1996),利用关联性分析对其候选基因进行验证,这种方法在目前应用较多。作物中由多基因控制的抗病及抗逆等性状的基因研究并没有取得如单基因控制性状那样快的进展,但这方面的研究因候选基因关联分析的提出而出现新的曙光(郝岗平等,2004)。

候选基因关联作图需要鉴定品系间特定基因内的 SNPs,因此,鉴定候选基因 SNPs 最简单的方法是对关联作图大群体几个明显区别个体的扩增子进行再测序。在 SNP 检测平台中需要利用少数不同个体鉴定共同 SNPs,但需要利用较多个体鉴定稀少的 SNPs,启动子、内含子、外显子和 5'/3'-非翻译区是鉴定候选基因 SNPs 的目标区,非编码区比编码区具有较高水平核苷酸多样性。特定候选基因位点 LD 衰减的速率规定了鉴定显著关联所需的单位长度(如 kb)SNPs 的数目(Whitt and Buckler,2003),因此为充分对候选基因位点进行取样所需扩增子的数目和碱基对长度几乎完全依赖于 LD 和 SNP 分布,在相对低的 LD 和高核苷酸多样性的区段需要较高密度的 SNP 标记。

没有必要检测每个候选基因的 SNP,因为该方法的一个主要目标是鉴定引起表型变异的 SNPs,很可能改变蛋白质功能(编码 SNPs)或具有表达(调节 SNPs)的 SNPs 应首先进行基因分型(Tabor 等,2002),不过 SNPs 的生物学功能在大多数情形下未知或不容易辨别。在显著的 LD 内几个 SNPs 所构成的几个区段存在歧义的情况下,一种替代策略是检测少部分 SNPs(标签 SNPs)以获得候选基因区段的大多数单倍型区块结构(Johnson 等,2001)。标签 SNPs 的基因分型更为划算,如果设计适当就不会显著丧失统计检验的功效(Ku 等,2002)。在多数情形下,二倍体自交系(位点纯合)等位基因重测序可直接确定单倍型,而在杂合和多倍体(古代或现代的)个体中根据 SNP 数据再建单倍型则更具挑战,此时需要统计算法以便解决相位歧义(Simko,2004;Stephens 等,2001)以及通过传递测试以确认直系同源关系(Cogan 等,2007)

候选基因选择对于简单的生化途径(如玉米中的淀粉合成)或通过突变位点的遗传分析研究得很清楚的途径(如拟南芥的开花时间)来说是简单的,但是对于一些复杂性状如籽粒或生物产量,应将全基因组视为候选区域(Yu and Buckler,2006),

在作物中所进行的一种简单的途径或性状的大多数候选基因研究中，100~400个个体的群体中进行少于100个SNPs的基因分型（Ersozetal，2008），在这些研究中，Sanger测序和单碱基延伸（single base extension，SBE）是候选基因SNPs检测中的主导技术，相比Sanger测序，SBE的优势是试剂成本低，提高了杂合基因型的分辨率，并较好地适合在高通量、低成本分析平台上进行多重检测（Syvanen，2001）。

候选基因关联分析最早应用于人类遗传学的研究，近年来，在植物方面的应用才开始。2001年，Thornsberry等首次成功地将关联分析引入植物。早期研究表明，dwarf 8基因是一个与赤霉素代谢有关，影响玉米株高的重要基因（Fuiokaetal，1988），利用92个自交系材料对dwarf 8基因的多态性进行分析发现，该基因不但影响玉米株高，更重要的是有几个多态性位点与玉米开花期的变异显著相关。这意味着基于LD的关联分析可能是基因功能验证和基因挖掘的一种有效手段，为植物数量性状研究提供了新的思路。植物关联分析中最典型的是玉米代谢途径关键酶基因与代谢产物的相关分析。在研究淀粉代谢途径的 *sh1*、*sh2*、*bt2*、*wx1*、*ae1* 和 *su1* 共6个关键酶基因核苷酸多态性及LD程度（Whitt等，2002）的基础上，Wilson等（2004）选择各基因的几个重要区段进行关联分析，发现6个基因中有4个与籽粒各成分和淀粉糊化特性的一些指标呈显著相关，同时黄烷酮醇还原酶基因 *ae1* 和查耳酮合成酶基因 *c2*、*whp1* 位于玉米可凝性球蛋白合成的QTL和绿原酸含量的QTL之内。Szalma等（2005）通过关联分析发现 *ae1* 启动子区域的2个多态性位点和 *whp1* 启动子区域的1个多态性位点与玉米可凝性球蛋白的积累有关。Wilson等（2004）研究的6个基因和Szalma等（2005）研究的3个基因都属于代谢途径中的关键酶基因，不同的是Wilson等利用主成分分析将表型数据归类后再进行关联分析，而Szalma等直接用表型数据进行逐个性状的关联分析。前者利用主成分分析大大减少了数据处理的过程。后者的研究还启发我们可以把候选基因的关联分析和QTL分析结合起来，如果某个基因位于特定的QTL区域之内，而该基因的功能又与表型性状相关，那么该基因很可能就是该QTL的一个候选基因，可以进一步利用其他途径予以验证。如果该物种的全基因组序列已经获得，则可以首先通过连锁分析把目标QTL限定在3~5cM以内（可能包括几十到上百个功能基因），然后通过生物信息学的功能预测和相应的生理生化分析可以初步排除掉大部分与目标QTL无关的基因，最后对少数几个候选基因进行关联分析，可以快速找到目标性状的候选基因。例如拟南芥 *GL1* 基因是表皮毛状体密度的6个候选基因之一，属于R2R3MYB转录因子家族。Hauser等（2001）用关联分析发现 *GL1* 基因与表皮毛状体没有显著的相关性，它对表皮毛状体密度变异起到一定的作用，但不可能是主要因素，这也就减少了QTL候选基因功能鉴定的数目。这些研究表明，候选基因关联分析是鉴定候选基因功能的一个非常有效的方法。

7.2.3 关联分析的方法

1. 多亲本高代互交

在高代互交方法中（DarvasiA & SollerM，1995），作图前 F2 个体需若干代连续数轮的重组导致 LD 的衰减以及 QTL 定位的精度增加。该方法现在已经推广应用到多亲本群体，考虑多个连锁标记的信息（MottR 等，2000；Mott R & Flint J，2002）并对候选基因进行优先排序（Yalcin 等，2005）。多亲本高代互交方法（Multi-parent Advanced Generation Intercross，MAGIC）由 Mott R 等（2000）首次提出并应用于小鼠被称为"异质家系（Heterogeneous Stock）"。在作物和动物中，该方法的一个优势是所构建群体中的家系含有大量的基因库中可用的变异，尽管这些群体的构建需要花费数年才能用于精细定位，但构建简单，且其作图的价值随世代而增加。在植物中 MAGIC 可用于结合早期世代低标记密度的粗略定位与后期世代高标记密度的精细定位，从而在复杂的遗传背景下获得更准确的目标基因定位。

2. 传递非平衡测验（TDT）及其衍生

关联作图方法的经典设计是病例对照方法（Case-control Approach），该方法原先主要用于探索人类病因的一种流行病学方法。它是以某人群内一组患有特定疾病的人（称为病例组）和一组没有该疾病但为其他特征与病例组相似的人（称为对照组）为研究对象，调查他们过去对某个或某些可疑病因（即研究因子）的暴露有无和（或）暴露程度（剂量），通过对两组暴露史的比较，推断研究因子作为病因的可能性：如果病例组有暴露史者或严重暴露者的比例在统计学上显著高于对照组，则可认为这种暴露与患病存在统计学联系，有可能是因果联系。

病例对照研究经典的例子是英国流行病学家 A. B. Do & R. Hill 于 1948—1952 年进行过一项有关吸烟与肺癌关系的研究。他们从伦敦 20 所医院及其他几个地区选取了 1 465 例确诊的肺癌患者。每一病例按性别、年龄组、种族、职业、社会阶层等条件匹配一个对照；对照组由胃癌、肠癌及其他非癌症住院病人组成，数量也是 1 465 例。由调查员根据调查表进行询问。经分析数据，得到的主要结果有：

（1）肺癌病人中不吸烟者的比例远小于对照组：男性占 0.3%，女性占 31.7%；而对照组中男性不吸烟者占 4.2%，女性占 53.3%，差别均很显著。

（2）肺癌病人在病前 10 年内大量吸烟者（>25 支/日）显著多于对照组。

（3）随着每日吸烟量的增加，肺癌的预期死亡率（推算出的年死亡率）也升高，例如男性 45~64 岁组日吸烟 25~49 支者与不吸烟者死亡率之比为 2.94/0.14，即前者死亡率为后者的 21 倍。

（4）肺癌病人与对照组比较，开始吸烟的年龄较早，持续的年数较多，而病例中已戒烟者的停吸年数也少于对照组中已戒烟者。

该设计需要同样数量的不相关、非结构化的"病例-对照"样本用于精确作图，Pearson 卡方检验、Fisher 精确检验或 Yates 连续矫正用于进行等位基因频率的比较和病表型与标记间关联的检测，从某个群体中随机取样的个体不能提供作图群体中病例和对照的同等代表性，因为群体中的比例常常很低，如此选择病例常常很费神。病例-对照方法受到群体结构和分层的严重影响，Falk & Rubinstein（1987）发展了单倍型相对风险（Haplotype Relative Risk，HRR）的方法，该方法可最小化但不能消除关联作图中的群体分层问题（Spielman RS &Ewens WJ，1996）。

为有效地消除来自群体结构和分层的混乱效应，Spielman 等（1993）提出了传递非平衡检验（Transmission Disequilibrium Test，TDT）方法，利用卡方检验比较等位基因的传递与非传递至受累后代，假设标记与性状间存在连锁。TDT 设计需要 3 种个体：种异质亲本、一种同质亲本和一种受累后代进行标记的基因分型，尽管 HRR 在所用非结构原本比 TDT 表现好，因为好的试验设计在完全消除伪关联的功效，而后者在性状与双等位单标记存在连锁时，可广泛应用于性状的无偏精细作图。尽管如此，最初的 TDT 方法在利用多等位标记、多标记、缺失亲本信息、扩展（较大）谱系以及复杂数量性状方面还存在问题。为解决这些问题，对 TDT 方法进行了大量的拓展并应用于多等位标记（GTDT、ETDT、MCTm）、多标记、缺失亲本信息（Curtis-检验、S-TDT、SDT、1-TDT、C-TDT 或 RC-TDT）。

利用育种系、地方种系以及来自自然群体的样品进行 QTL 定位具有很高的潜力，这些群体中 LD 常常比人工杂交衰减更快。而且这些材料常常已有表型数据，从而节约了表型鉴定的时间和费用。但所面对的挑战是如何将来自紧密连锁标记间 LD 所产生的 QTL-标记关联与假的背景关联区别开来，Spielman 等（1993）提出了 TDT 方法，TDT 提供了基于连锁不平衡的连锁分析方法，单独的连锁和单独的非平衡（即非连锁标记间的）均不能产生正确的结果，TDT 是控制出现假阳性极有用的方法。

在每个家庭选择具有极端表型的单一后代，在人类遗传学中这常常意味着他们受所研究疾病的影响，对亲代和子代进行基因分型，但仅在标记位点处异质的亲代用于分析。每个亲代有一个等位基因传递给子代，而另一个则不传递。对所有家庭计算传递和非传递的数目，在 QTL 和标记间不存在连锁时，传递对非传递的期望比率为 1∶1，而在存在连锁时则偏离该比率，其程度与标记和 QTL 间的 LD 有关。其偏离程度可利用 χ^2 检验检测。检测功效依赖于 LD 的强度以及极端子代选择的效力。

这种简洁的检验对群体结构的影响特别有效，但对因基因型错误和有偏的等位基因所引起的假阳性的增加很敏感（Mitchell AA & Chakravarti A，2003）。通过在分析中模拟基因型错误和缺失数据来减少风险（Gordon 等，2001，2004；Allen AS 等，2003），或者通过比较极端表型与对照个体或对立极端的传递比率，可以提高遗传分析的准确度。TDT 已经拓展到研究单倍型传递、数量性状、利用同胞对而表示亲子代以及来自延伸系谱的信息。

在作物中亲子代系常常通过几代而不是一代分开，此时 TDT 仍然有效，但可能不再稳健：育种过程本身可能偏离分离模式，Stch（2006）提出了可用于植物育种程序的一种基于家系的关联检验方法。对于候选基因研究而言，该方法无需增加对照标记，因而比下面的一些方法更划算，不过该方法将丧失一些功效，因为只有来自 F1 含杂合标记基因型的后代是富含信息的。

3. 基因组控制

由近期迁移和群体混合而产生的群体结构将产生分布于该基因组的性状和标记间的 LD。通过一套分布于全基因组的标记估算的关联检验统计量分布是否与期望的零分布存在差异而进行检测。这就是基因组控制（Genomic Control，GC）的基础（Devlin B & Roeder K，1999；Reich DE & Goldstein DB，2001）。精确估计经验分布需要许多标记，不过所需的仅是估计平均检验统计量并与其期望值（1.0，自由度为 1，χ^2 检验）进行比较，仅需 50 个标记。若一组 50 个对照标记平均值远大于 1，则表明存在群体结构。

对于任何候选标记，零假设不再表示标记与性状间缺乏关联，而是由于群体结构所产生的背景水平上不存在任何关联。对此仅需简单地依据控制标记的平均 χ^2 值对候选标记与性状间的 χ^2 值进行划分，并查看按常规方式校正 χ^2 值的 P 值。

GC 对于任何单一自由度的检验均是有效的，最好是控制标记与检验标记在等位基因偏离上应松散地相配，不过这不是决定性的（Reich DE & Coldstein DB，2001）。

对于数量性状而言，每个标记组性状平均数间的差异常常用 t 检验，假设观察的数量相当大，t^2 分布为自由度 1 的 χ^2 分布，也可进行 GC。研究表明进行分子自由度为 1、分母自由度为控制位点数的 F 检验可获得更高的精确性（Devlin B 等，2004）。

为检验大量的候选标记或基因多态性，且其中大多数并不期望真地与性状关联，此时有可用的步骤和软件，这里候选标记实际上是进行自身控制的，GC 现在已经拓展到对不同来源 DNA 样品基因分析的精确性的偏差进行控制（Cayton DG 等，2005），并用于检验自由度大于 1 的情形（Zheng G 等，2006）。

GC 也可校正品系收集材料中的未知血缘（Devlin B & Roeder K，1999），亲缘品系的存在可大大增加假阳性的频率，许多作物数据集是最大的偏离源。利用 GC 进行假阳性率的校正所带来的副作用为检测功效降低。在极端群体细分的情形下，检测功效的丧失达到最大（Setakis 等，2006）。此外，由于群体间在其分化过程中位点可能改变，GC 的一致性调整对于一些候选多态性可能是不够的，而对另一些则校正过度（Price AL，2006）。

4. 结构关联

结构关联（Structured Association，SA）提供了一种检测和控制群体结构的方法（Pritchard JK 等，2000）。需要另外增加随机分布于全基因组的标记，就像 GC 一样，假设近期迁移和群体混合引起非连锁以及松散连锁标记 LD 完全衰减，不过，我们希望亲代群体自身处于 LD。通过试错人们可将样品种的个体分配亲代群体，由此最小化群体内的非平衡。结构关联的方法首先是将个体分配到群体，然后利用该信息在关联检验中对群体成员进行控制。

必须预先知道有多少群体后才能将个体分配到群体，如果不知道可以进行估计，重复进行不同次数的分配过程，选择最适合的次数。然而确定群体数目仍有难度，计算机程序 STRUCTURE（PrichardK 等，2000）利用强化计算的方法将个体分配到不同的群体中，许多个体或家系，不属于一个特定的群体，而是两个或更多祖先群体杂交而来的。STRUCTURE 也可估计祖先对每个群体的贡献份额：将个体分配到群体之后，用模型拟合的方法检验关联。其原理是首先使用 STRUCTURE 估计群体成员而获得归因于群体成员的变异，然后检验标记与表型间剩余关联的存在。例如，为检验某个数量性状与某一标记的关联，首先需要对群体成员的遗传结构进行估计，然后进行回归分析以考察这些标记与性状的关系。结构关联对发现及调整群体结构的存在方面是有效的，但是不能处理群体内的血缘。Wright 等（2005）提出的方法先利用 STRUCTURE 估计群体成员，并利用另一套控制标记对品种内的血缘关系进行经验估计。该方法考虑到了群体结构以及个体间的关系，可在 TASSEL 软件中应用。

5. Logistic 回归

Setakis E 等（2006）的模拟研究表明，使用多次逐步 Logistic 回归对群体结构的影响是稳健的。在这个过程中，疾病状态（感染与否）作为响应变量被用于多次 Logistic 回归分析中。研究发现，逐步 Logistic 回归的假阳性率接近理想的显著性水平，并且统计功效几乎没有损失。利用 null 标记作为协变量的 Logistic 回归与 GC 方法相比更为保守，极少产生假阴性结果，并且对额外的标记物需求比 SA 方法要少。此外，逐步多次 Logistic 回归已经用于大麦研究，以探究多个标记-性状关联的联合效应（Kraakman AT 等，2004）。

6. 主成分分析

Price AL（2006）提出了关联分析的主成分分析（Principal Component Analysis，

PCA）方法，该方法基于分布于全基因组的大量双等位控制标记的主成分分析进行。PCA 将所有标记所观察到的变异概括为少数基本的成分变量，这些可解释为与来自祖先个体的分离、未观察到的以及亚群体有关。每个个体在每个主成分上的载荷描述了群体成员或每个个体的祖先特征。不过需要注意的是，这些载荷值并不直接对应于祖先的比例，因为它们可能包含负值，这与根据 STRUCTURE 计算的祖先估值不同。利用载荷调整单个候选标记基因型（数字编码）及其祖先的表型，调整值对评估的祖先是独立的，如果这种调整导致候选标记与调整后的表型之间出现显著的相关性，这就可以作为性状位点与标记之间存在紧密连锁的证据。

EIGENSTRAT 方法与 SA 方法类似，但几乎不依赖于祖先群体数。尽管每个主成分归因于一个分离群体，假如群体足够大，大到能捕捉到所有真正的群体效应，该分析方法对于所分析的群体数是稳健的。

EIGENSTRAT 方法的开发是用于分析具有高密度基因分型和低水平群体分化的人类数据集的，而许多作物则具有高水平的群体分化，且可利用的标记密度常常较低。另外 EIGENSTRAT 不能分析近亲关系，不过可通过 EIGENSTRAT 与 GC 结合的方式来控制残差混乱，这里 GC 的利用有可能更好地说明亲缘关系。

与 SA 不同的是 EIGENSTRAT 不容易处理多等位标记，不过含 10 个等位基因的微卫星可编码为 10 个双等位位点，均处于完全 LD。人类数据的分析显示，在大于三百万个 SNPs 中 EIGENSTRAT 很少受 LD 的影响，因此，EIGENSTRAT 可能适合适中数量适当编码的微卫星基因型。

7. 单倍型分析

单倍型（haplotype）指基因组内处于 LD 状态的一组紧密连锁的等位基因，其不易受重组的影响，而是作为一个整体或一个单元遗传（Wang QH & Dooner H，2006）。LD 作图可拓展到同时考虑多个标记，对于紧密连锁的标记而言，单倍型分析比单一的标记对标记分析更具优势（Buntier JB 等，2005）。LD 的一个重要应用是发掘基因内的单倍型区块和由不同等位基因组合所确定的单倍型类型。几个多态性位点可以组成特定的单倍型，并且较低的单倍型多样性有利于仅用少数的单信型标签 SNP（htSNP）或标签 SNP（tSNP）来区分不同的单倍型。单信型可被用来进行群体内单倍型多样性的分析、htSNP 或 tSNP 的开发及基于单倍型的 LD 作图。

单倍型分析有许多可行的途径和方法，且研究仍在继续。最简单的途径如下：

（1）依次以其他所有单倍型为对照测试每个单倍型，这可将一个 n 个单倍型系统转为一种 n 个双等位位点，分析简单但需要经多次测试调整；

（2）不考虑单倍型仅联合分析组成标记及其互作，存在显著的互作即是一种单倍型效应高于单个标记效应的证据。

Olsen 等（2004）运用基于单倍型而非基于单个 SNP 位点的方法阐明了拟南芥中开花基因 CRY2 的自然等位基因变异，研究发现开花相关基因 R2 在 31 个生态型拟南芥中有 A 和 B 两种明显不同的单倍型，3 个多态性位点 HAP A1、HAP A2 和 HAP B 作为单倍型标签 SNP 基本上可以将这些材料区分开来。进一步研究表明，对于短日照条件下较常见的 HAPA 单倍型而言，HAPA 和 HAPB 单倍型与提早开花这一性状呈显著关联。这是首例在拟南芥中运用基于单倍型 SNP 的 LD 作图对 QTL 进行精细作图的成功运用，从而可以发掘基因。

7.3 关联分析的应用

7.3.1 等位基因的发掘

对于控制某性状的基因来说，在不同种质资源中存在的不同等位基因可能是造成表型差异的真正原因。高效利用种质资源的最根本的途径是在发现多个等位基因的基础上，深入了解不同等位基因的作用并找到正向效应最大的等位基因，以便在常规育种或分子育种中进行有目的的聚合或转移，甚至通过分子设计来达到提高育种效率的目的。目前，连锁作图和关联分析是发现优异等位基因并加以利用的主要方法，但是，基于有限亲本材料的 QTL 定位有可能找不到目标基因或者找到的目标基因较少，而利用自然群体的关联分析为优异基因的大规模挖掘提供了机会。连锁作图和关联分析在 QTL 定位的精度和广度上有明显的互补作用，所以，两者优点的结合为优异等位基因的发掘及利用提供了新方法（Flint-Garcia SA 等，2005），对深入认识数量性状的分子生物学基础以及作物数量性状遗传改良提供了新的思路。

7.3.2 关联分析与功能基因的验证

Frary 等（2000）通过 NIL 的方法克隆了控制番茄果重的 QTL，随后进一步把 *fw2.2*

基因候选克隆转移到栽培种，得到和期望一样的果重减少的后代，从而得到直接而准确的成功克隆该基因的证据。Doebley（2000）在同期 Science 上发表评述称，对克隆基因的转化和确认已经成为许多遗传学研究领域的"黄金标准"。但随着研究的深入，发现许多基因，尤其数量性状基因都是复杂代谢过程的一个环节，很难利用转化的方法予以验证。比如，类胡萝卜素（维生素 A 前体）的合成是由一个代谢途径中 4 个基因共同作用的结果，只有把这些基因同时转入水稻，才使得本身并不合成胡萝卜素的水稻的类胡萝卜素含量显著升高，这也就是著名"金色水稻"的来源（Ye 等，2000）。但如果我们对这个代谢途径不了解，只把其中某一个基因转入水稻，就不会引起水稻类胡萝卜素含量的变化。在对候选基因的网络代谢调控系统不是很清楚的情况下，可以利用关联分析来验证其功能，比如 Palaisa 等（2003）对维生素 A 合成途径的第一个限速酶基因 *Y1* 和另外一个同源基因 *PSY2* 在 75 个白色和黄色玉米自交系中进行了分析，结果表明 *Y1* 基因在白色和黄色玉米自交系的变异相差 19 倍（黄色玉米籽粒中含有类胡萝卜素且含量有变化；白色籽粒中几乎不含有胡萝卜素），而 *PSY2* 则没有什么变化，从而验证了 *Y1* 是与类胡萝卜素合成有关的基因，而 *PSY2* 则可能是没有功能的假基因。

Konishi 等在水稻中克隆了一个与籽粒脱落性有关的 QTL，*qSH1*，发现水稻籽粒的脱落性仅和 *qSH1* 基因一个 SNP 的变化有关，进一步在不同的水稻材料中分析发现，在 japonica 亚种中都存在这个 SNP，而 indica 亚种中则不存在，不但进一步验证了该基因的功能，还为下一步水稻籽粒的脱落性这个重要性状的遗传改良指明了方向（Konishi 等，2006）。在植物 QTL 克隆中，如控制玉米分枝数的 QTL，*tb1*（Wang 等，1999），控制玉米果壳进化的 QTL，*tga1*（Wang 等，2005），控制玉米雌穗发育的 QTL，*ra1*（Vollbrecht 等，2005）等最后都用到关联分析来进一步验证基因的功能。这些研究表明关联分析在阐明候选基因与目标性状的关系方面具有巨大的应用价值。

 7.3.3 关联分析与功能性标记的开发

分子标记辅助选择是分子育种的重要手段，传统的分子标记辅助选择通常基于特定的分离群体基因或 QTL 定位的结果，通过选择与目标性状紧密连锁的分子标记来实现的。这里有两个问题值得考虑：一是基于连锁的分子标记进行辅助选择，因为重组事件的发生或遗传漂移，有可能丢掉目标基因；二是仅基于特定分离群体的

定位结果，选择的可能不是最优等位基因，从而不能达到最好的选择效果。

功能标记概念的引入和应用为解决这两个问题提供了新的思路。功能标记最早由 Andersen 和 Lubberstedt（2003）提出，是指从影响性状变异基因的功能域开发出来的多态性标记。功能标记的开发必须满足以下两个条件：① 有确定功能的候选基因并已知等位基因的序列信息；② 在多个材料中对目标性状进行调查，对目标基因进行序列分析，结合性状和基因序列信息进行基于连锁不平衡的关联分析（Lubberstedt 等，2005）。针对 Dwarf8 基因发现的与开花期显著相关的 9 个 SNP 和 InDel 位点（Thornsberry 等，2001），Andersen 等（2005）在更大群体中进行了分析，并尝试开发与开花期有关的功能分子标记进行玉米开花期的分子育种研究。针对青储玉米的消化问题对相关的一个基因 bm3 进行类似分析，并开发相关的功能标记用于青储玉米的分子育种（Luibberstedt 等，2005）。国际玉米小麦改良中心（CIMMYT）也正对玉米抗旱有关的候选基因进行关联分析，并在此基础上开发功能标记进行玉米抗旱的分子育种研究。利用功能标记进行分子标记辅助选择，一方面选择的就是基因本身，可以保证选择的准确性和提高选择的效率，另一方面利用关联分析，可以针对特定的影响性状变异的功能域进行选择，保证了选择的效果，这也是下一步分子育种发展的方向之一。

7.3.4　关联分析与数量性状的研究

克隆和利用控制重要经济和产量性状的基因或 QTL 一直是分子生物学家和遗传育种家共同关注的热点。目前主要采用 2 种策略：一种是基于分离群体进行 QTL 定位和克隆的正向遗传学；另一种是基于序列信息的反向遗传学。最终目的都是为了发现优异等位基因的信息，以便加以有效利用。但是，基于有限亲本材料所构建的分离群体的 QTL 定位有可能找不到目标等位基因。比如，常规的 QTL 分析的方法不能鉴定出在分离群体的两个亲本中都存在但没有差异的等位基因。这也是该法定位到的 QTL 数目少于关联分析结果的重要原因之一。

以玉米为例，玉米属于异花授粉作物，其基因组之间的差异巨大，数据表明玉米基因组中每 100 bp 就存在一个 SNP，这为在自然群体进行优异基因的大规模挖掘提供了机会。基于这一事实，美国国家科学基金会（NSF）于 2004 年启动了一个大型研究项目"玉米基因组的结构和功能多样性研究"，试图从两方面来弥补其不足：一是筛选最有代表性的玉米自交系材料并组配了 25 个 RIL 群体，对自交系和 RIL 群体进行多年多点的田间试验和性状评估，通过全基因组的标记分析以便发现更多的

QTL；二是对大量候选基因进行基于连锁不平衡的关联分析，以确定基因的功能并寻找最优等位基因（Flint-Garcia 等，2005；Yamasaki 等，2005；Wright 等，2005）。

连锁分析和关联分析在数量性状研究上都具有重要的作用，它们在 QTL 定位的精度和广度、提供的信息量、统计分析方法等方面具有明显的互补性，连锁分析可以初步定位控制目标性状等位基因的位置；而关联分析则可快速对目标基因进行精细定位，并针对特定候选基因提供大量信息，验证候选基因功能。结合连锁分析和关联分析的优点，分别从纵向和横向对数量性状进行剖分，将加快数量性状基因的鉴定和分离克隆，为深入认识数量性状的遗传学和分子生物学基础以及作物数量性状的遗传改良提供新的契机。在实际作图时，我们应该把关联分析与 QTL 作图法结合起来，相互补充、取长补短，这样能更好地实现对目标性状的精细作图。最后需要强调的是，关联关系通常反映了分子标记与性状功能突变之间在统计学上的非独立性（连锁不平衡），并不一定意味着因果关系。

第 8 章

分子标记辅助选择

近年来，我国植物育种取得了可喜的进展，已经培育了一批高产、优质、多抗性新品种为促进我国农业发展、保障粮食安全发挥了重要作用。但是，大多数品种是采用传统育种方法选育而成的，传统育种技术的选择效率较低，育种周期较长，已不能完全满足当前农业生产对优良品种的需求。随着分子标记辅助选择技术的发展，在分子水平上评价遗传资源、创制新材料、培育新品种的技术逐渐成为新一代植物育种的关键技术。

8.1　分子标记辅助的概念和特点

经过长期的自然选择和人工选择，作物种质资源中保存着大量的自然变异，发掘与利用优良的遗传变异是作物遗传育种研究的重要内容之一。针对育种目标，准确、高效地选择符合要求的目标性状是提高作物育种效率的关键。传统选择方法是对目标性状的表型直接进行评价和选择，或通过与目标性状连锁的形态学标记进行选择，这对简单的质量性状而言一般是有效的，但对复杂的数量性状则效率不高。

8.1.1　分子标记辅助育种的概念

分子标记辅助育种是一种利用与目标基因紧密连锁的分子标记，在杂交后代中鉴别和跟踪不同个体的基因型，显著提高选择准确性和育种效率的育种方法。因为分子标记育种必须与常规育种的田间选育相结合，所以又称为分子标记辅助选择（Marker-assisted Selection，即 MAS）。

分子标记辅助选择是随着现代分子生物学技术的迅速发展而产生的新技术，它可以从分子水平上快速准确地分析个体的遗传组成，从而实现对基因型的直接选择，进行分子育种。利用分子标记辅助选择技术检测与目标基因紧密连锁的分子标记的基因型，可以推测和获知目标基因型，直接对目标基因进行选择。相对于传统的选择方法，分子标记辅助选择可以大大提高选择效率。

 ## 8.1.2 分子标记辅助育种的优点

选择是指在一个群体中选择符合需要的基因型,它是育种中最重要的环节之一。要提高选择的效率,最理想的方法是能够直接对基因型进行选择。传统的选择方法有多方面的不足:

(1) 时间限制。许多重要性状必须在个体发育后期或成熟期才得以表现(如果实的产量和品质),因而对这些性状的选择在苗期无法进行,所以只能等到后期进行,这对于生活周期长的植物(如树木)显然是不利的。

(2) 空间限制。有些性状的表现需要特定的环境条件,如抗病性的鉴定需要人工接种以及合适的温度和湿度,若条件不满足,则性状不能充分表现,从而影响选择的可靠性。

(3) 技术限制。有些性状(如生理生化性状)的表型测量难度大、成本高,而且往往误差较大。有的还可能会对生物体造成很大伤害,甚至死亡。因此,对这些性状的表型选择非常困难,甚至无法进行。

(4) 效率问题:尽管表型选择对质量性状一般是有效的,但对于数量性状而言,由于其表现型与基因型之间没有明确的对应关系,因此表型选择的效率通常较低。

MAS 不仅针对主基因有效,针对数量性状位点也有效;不仅针对异交作物有效,而且针对自花授粉作物也有效。与传统的表型选择相比 MAS 的优点如下:

(1) 能够克服性状基因型鉴定的困难。如果等位基因的外在表现不明显,或是等位基因为隐性等位基因,抑或等位基因与其他基因或环境之间存在相互作用,会导致基因型的鉴定不便。尤其对于多基因控制的数量性状,环境变异会使不同基因型表现为部分或全部相同的表型,这使基因型的鉴定更加困难。有些表型如抗病虫性、抗旱性或耐盐性只有在特定条件下才能表现出来。利用分子标记技术可部分克服基因型鉴定的困难。

(2) 能够克服性状表型鉴定的困难。有的性状的表型鉴定相当麻烦,如育性恢复、广亲和性、光温敏不育和一些抗病虫性及抗逆性等,不仅鉴定费时费力,而且这些性状受环境影响较大,难以进行准确而直接的鉴定。如玉米粗缩病抗性的鉴定就存在这种情况,采用大田自然发病需要一定的环境条件,并且需要特别的田间设计,采用人工接种法难度较大,工作量也很大,而采用分子标记鉴定抗病基因就可克服表型鉴定的困难。

(3) 能够进行早期选择。有很多性状,如产量和后期叶部或穗部病害抗性等性状,只有在成熟植株上才能表现出来,因此采用传统方法在播种后数月或数年均不

能对其进行选择。尤其对二年生或多年生植物来说，这是育种改良的主要限制因素之一。而利用分子标记就可以在播种后数天对幼苗（甚至对种子）进行检测，可大大节省作物育种过程中的人力、物力和财力。特别是对多年生的作物或生长周期较长的果树或经济林木的选育，如果在早期利用分子标记鉴定基因型，可以将更多的群体纳入研究选择的对象之中，从而可以对其施加更大强度的选择压力。因此，利用分子标记选择技术可以减少田间种植群体的大小，节约人力、物力和财力，大大减少工作量，加快育种进程。

（4）选择范围更广，强度更大。在早期特别是对幼苗进行选择时，还可以允许把更大的群体纳入研究选择的对象之中，从而可以对其施加更大强度的选择压力。同时，还可利用分子标记同时对几个性状（如几种抗病虫性和产量性状）进行选择。此外，在同一位点上也存在不同（复）等位基因，根据性状表型很难区分不同等位基因。例如，水稻中已知抗白叶枯病的基因就有40多个。通常用多个不同生理小种接种鉴定，非常繁琐，且当一个品种中存在多个抗病基因时，利用抗性表现来判断其基因型很不准确。因此，利用分子标记对基因型的直接选择，不仅可以鉴定一个个体携带哪些基因，还可以快速、准确地将控制同一性状的多个基因进行聚合。目前已有报道指出，利用分子标记辅助选择进行不同抗病基因的聚合（累积）和多系品种的培育，可以提高品种抗病广谱性和持久性水平。

（5）能够进行非破坏性性状评价和选择。很多性状是在成熟前进行评价的，这往往带来种子收获的困难。如对植株进行病虫害抗性的评价和选择，则可能收获到的后代种子减少，甚至收获不到种子。而利用分子标记技术只需少量叶片或其他组织，植株还可继续生长至成熟，以便育种工作者同时对该育种群体进行其他性状的选择。

例如，对植株进行生物胁迫（病、虫等）及非生物胁迫（低温、干旱、盐碱等）抗（耐）性的鉴定时，这些胁迫对植株生长的影响很大，导致收获到的后代种子减少，甚至收获不到种子。另外，对种子品质性状的分析往往以损伤种子的生活力为代价。而利用分子标记辅助选择技术只需少量组织或叶片，植株还可继续生长至成熟，以便育种工作者同时对该育种群体进行其他性状的选择。在育种项目的初期，育种材料较少，非常珍贵，进行非破坏性鉴定评价尤为重要，而利用分子标记辅助选择技术则可部分克服这些困难。

（6）能够提高回交育种效率。把一个目的等位基因从一个材料转移至另一个材料的传统方法是通过5~10代的回交。在每个回交世代中，育种工作者不仅要选择被转移的等位基因的表型，还要选择轮回亲本的其他性状的表型。在若干代的回交之后，除目的基因外，还有与之连锁的相当长的染色体片段也转移到回交后代中。如利用传统回交方法将一个野生种的优良基因转移到栽培品种中，回交20代以上还有可能带有100个以上的其他非期望基因。如果是数量性状位点的转移，由于上位效应问题和连锁累赘更为复杂，选择将更加困难。利用分子标记可以允许选择出那些含有重组染色体（打破了连锁累赘）的个体，帮助减小不需要的染色体片段，提高育种效率至少 10 倍以上。另外，对隐性性状可以进行不间断的回交（传统回交中是隔代回交），提高基因的回交转移速度。如果已经将目标基因精细定位，则利用目标基因左、右两侧 1 cM 之内的标记，只需两个世代就能从分离群体中找到携带目标基因且供体染色体片段最小的个体，可将连锁累赘减轻到较小的程度，而传统的选择方法可能平均需要 100 代才能完成。

8.1.3　分子标记辅助育种的重要性

由分子标记育种的概念和特点可知，分子标记育种是在育种群体里对个体基因型的直接选择，在育种手段和方法上给作物育种带来了一场革命。这是吸引众多的作物遗传育种家致力于该方面研究的主要原因。归纳起来，分子标记辅助育种的主要作用有以下几方面：

（1）对育种材料特别是骨干亲本优异性状的遗传基础进行分子鉴定。通过分子鉴定了解骨干亲本含有的特异基因，分析这些基因传递与性状表达的关系，为配制易出品种的优势组合奠定基础。

（2）对表型测量在技术上难度很大或费用很高的质量性状进行分子标记检测，以节约时间，降低成本。例如，黄淮麦区小麦锈病、白粉病、赤霉病等主要病害，虽然都受寡基因控制，但由于致病生理小种多、变异快，大田控制费工费时，且不易准确鉴定。而分子标记辅助选择不仅效率高，且可同时进行多个抗病基因/QTL 的鉴定。

（3）对表现型只能在生长发育后期才能调查的性状进行分子标记辅助选择。例如，小麦的单株成穗数、穗粒数和落黄性等产量性状；籽粒硬度、面团稳定时间和面包体积等品质性状都必须在小麦接近成熟或收获后才能测定，而对这些性状的基因/QTL 检测在苗期就可进行。

（4）对某些隐性或遗传力低的性状进行分子标记辅助选择，例如，品种单位面积的成穗数对产量结构来说非常重要，但遗传力较低，用分子标记辅助方法在 F_1 和 F_2 代就可对高成穗数进行选择，在早期保留尽量多的高分蘖成穗率株系，以便在后代选育出高成穗率品种。

（5）对控制同一数量性状的多个位点进行分子标记检测。多基因控制的数量性状由于表型和基因型之间缺乏明确的对应关系，单个基因的分子标记（尽管是功能标记）或 QTL（尽管为效应值很高的主效 QTL）都很难在育种中有实际应用。但对某个性状来说，多个基因位点的有利基因的共同标记或聚合，则是比较可行的分子标记辅助选择策略。

（6）对生产上主推的优良品种进行优异基因的鉴定分析。生产上推广面积很大的主推品种一般都有优良的农艺性状，该类品种的遗传基础如何、是哪些基因的作用或聚合作用导致了优良的表型性状，用分子标记进行多位点（或多基因）检测鉴定，不仅可以对该类品种成功选育进行总结，而且能为该类品种作为优异基因供体培育更高产品种提供参考。

总之，传统的常规育种是通过田间表现型进行基因型的选择，其盲目性和随机性不可避免。因此，育种家为了选育综合性状优良的个体，往往都是大量配置组合（较大的课题组一般每年配置 1 000 个以上），海量种植选择世代群体（每个课题组一般需要几公顷土地），尽量多地选留株系（担心好材料丢失，组合或株系都存在难取舍的问题），所以导致工作量大，育种效率低。据统计，大多数常规育种组选育出品种的组合与杂交组合的比率只有千分之一，形成品种的株系与各代选择株系的比例只有百万分之一，大大浪费了人力、物力。而分子标记育种，利用目标基因可追踪的特点可直接对基因型进行选择，在组合配置、F_2 选留及其后代种植规模上都会根据目标基因/QTL 的有无或聚合情况预先设计和具体实施。因此分子标记辅助育种可大大提高育种效率，加快育种进程，一般可节省 50%左右的人力、物力，缩短 1~2 年的育种年限。

 8.1.4　分子标记辅助育种的必备条件

分子标记辅助选择是依据标记基因型推断目标性状基因存在与否，从而选择携带目标基因的个体。与以往的遗传标记相比，DNA 标记具有数量多、多态性高、无表型效应、不受环境限制和影响、检测手段简单快捷、分析效率高等特征。分子标记的出现大大弥补了形态标记、生化标记的局限性，为分子标记辅助选择育种提供了崭新的方法。

利用分子标记进行 MAS 育种可以实现对目标性状基因型的直接选择，从而显著提高育种效率。但是要开展 MAS 育种，必须具备如下条件：

（1）与目标基因紧密连锁的分子标记。一般要求两者间的遗传距离小于 5 cM，最好 1 cM 或更小。分子标记辅助选择的准确性取决于目标基因座位与标记间的连锁程度，二者之间连锁越紧密，分子标记辅助选择的准确性越高。除此之外，分子标记辅助选择的准确性也与 QTL 效应大小的准确估计有关。MAS 的成败取决于与目的基因有关的标记的位置，标记与相关的基因间存在 3 种关系：① 分子标记位于目的

基因内，这是 MAS 的最佳情形，此时可理想地称为基因辅助选择。不过这类标记很难发现，例如，根据玉米 opaque2 等位基因的 DNA 序列设计的微卫星或简单序列重复 SSR 标记，因为标记位于基因序列内与目标基因共分离，从而可在育种中追踪目标基因；② 标记与目标基因在整个群体中处于连锁不平衡（LD），LD 是特定的等位基因一起遗传的趋势，利用这些目标基因进行选择称为 LD-MAS；③ 标记与目标基因在整个群体中处于连锁平衡（LE），这是 MAS 最困难和最具挑战的情形。

目前，主要作物，如水稻、玉米、小麦、大麦、棉花、油菜等均已经构建了高密度的分子遗传图谱。在此基础上，通过遗传群体构建和基因（QTL）定位分析，获得了大量与重要农艺性状紧密连锁的分子标记。近年来，随着植物功能基因组的发展，成功克隆了一大批控制重要农艺性状的 QTL。据不完全统计，至 2020 年 5 月，水稻中已经克隆了 177 个 QTL，玉米中克隆了 69 个 QTL，小麦中克隆了 37 个 QTL，大麦中克隆了 17 个 QTL，大豆中克隆了 24 个 QTL，可以根据影响表型的关键变异或单倍型，开发可用于辅助选择的分子标记，为分子标记辅助选择育种奠定了良好的基础。

（2）具有在大群体中利用分子标记进行大规模检测和筛选的有效手段。目前，主要应用简单可靠、自动化程度高、相对易于分析且成本较小的 PCR 技术。在作物育种实践中，利用分子标记进行辅助选择，通常需要进行大规模的群体标记基因型分析，因而要求标记基因型检测方法具有简单、快速、准确、成本低廉、检测过程（包括 DNA 提取、分子标记的检测、数据分析等）自动化的特征。另外，也要求检测技术在不同实验室或使用者间具有很好的重复性。基于 PCR 技术的分子标记，如 SSR、STS、SCAR、CAPS 等标记，检测步骤及基因型分析相对简单，可用于质量性状或主效基因（QTL）的辅助选择。另外，AFLP 标记可同时分析几十甚至上百个位点，检测效率高。但这些标记类型受到标记数量及自动化分析等因素的限制，均难以实现快速的全基因组辅助选择。目前，基因芯片（SNP 检测）和第二代基因组测序技术发展迅速，能够实现标记基因型的高通量检测和自动化分析，使得高密度遗传连锁图谱的快速构建和 QTL 的精细定位成为现实。目前水稻、玉米、小麦、油菜、棉花等 20 余种作物已有多款 SNP 芯片，并用于品种鉴定、基因定位、基因型选择，大大提高了效率，充分表明这种高通量的检测方法将成为分子标记辅助选择技术的主要发展方向。

（3）对于复杂的数量性状的分子标记辅助选择育种，不仅需要了解不同等位基因的遗传效应，而且需要了解控制相同性状的基因间的互作（上位性）关系及与环境的相互作用。

由单基因或寡基因控制的质量性状易于用于 MAS 育种。对大多数数量性状基因控制的重要农艺性状，遗传基础比较复杂，表现为多基因控制的遗传特征，若想利用 MAS 育种则必须具有精确的 QTL 图谱。但是由于目前用于 QTL 作图的群体较小，QTL 上位性检测能力较弱，可能低估 QTL 上位性效应，进而影响了分子标记辅助选择的效率。这不仅需要将复杂的性状利用合适软件分成多个 QTL，并将各个 QTL 定位于合适的遗传图谱上，而且还与是否有对该数量性状表型进行准确检测的方法、用于作图的群体大小、可重复性、环境影响和不同遗传背景的影响，以及是否有合适的数量遗传分析方法等有关。这为筛选某一复杂农艺性状的 QTL 标记提出了更高要求，也增加了 MAS 付诸育种实践的难度。

8.2 质量性状的 MAS

在传统育种中，选择的依据通常是表现型而非基因型，这是因为人们无法直接知道个体的基因型，只能从表现型加以推断。也就是说，传统育种是通过表现型间接对基因型进行选择的。质量性状通常具有明显的表现型与基因型之间的对应关系，因此传统育种方法对它们通常是有效的。

8.2.1 MAS 提高质量性状选择效率

在多数情况下，对质量性状的选择无须借助于分子标记。但对于以下 3 种情况，采用标记辅助选择可提高选择效率：

（1）当表现型的测量在技术上难度很大或费用太高时。

（2）当表现型只能在个体发育后期才能测量，但为了加快育种进程或减少后期工作量，希望在个体发育早期（甚至是对种子）就进行选择时。

（3）除目标基因外，还需要对基因组的其他部分（即遗传背景）进行选择时。

另外，有些质量性状不仅受主基因控制，而且还受到一些微效基因的修饰作用，易受环境的影响，表现出类似数量性状的连续变异。许多常见的植物抗病性都表现为这种遗传模式。这类性状的遗传表现介于典型的质量性状和典型的数量性状之间，所以有时又称之为质量-数量性状。不过，育种上感兴趣的主要还是其中的主基因，因此习惯上仍把它们作为质量性状来对待。这类性状的表型往往不能很好地反映其基因型，所以按传统育种方法，依据表型对其主基因进行选择，有时相当困难，效率很低。因此，标记辅助选择对这类性状就特别有用。一个典型的例子是大豆孢囊线虫病抗性的标记辅助育种。质量性状的分子标记辅助选择主要通过前景选择（Foreground Selection）和背景选择（Background Selection）。

 ## 8.2.2 前景选择

在实施分子标记辅助选择时，需首要考虑对目标基因进行选择，即前景选择。前景选择的可靠性主要取决于分子标记与目标基因间连锁的紧密程度。若只用一个分子标记对目标基因进行选择，标记与目标基因间的连锁越紧密，选择的准确率越高，所要求选择的个体数越少。反之，标记与目标基因间的遗传距离越大，选择的准确率越低，所要求选择的个体数越多。如果利用与目标基因共分离的分子标记或根据目标基因序列开发的功能性标记（Functional Marker）进行选择，则标记的选择直接就是基因的选择。

以 SSR 标记辅助抗病基因选择为例说明标记辅助选择的原理。假设某标记座位（M/m）与目标基因座位（Q/q）连锁，重组率为 r，其中携带抗病基因 Q 的供体亲本基因型为 QQ/MM，感病受体亲本基因型为 qq/mm，F_1 代基因型为 MQ/mq，其中 Q 为目标等位基因，亦即要选择的对象。由于 M 与 Q 连锁在一起，因此在后代中可通过 M 来选择 Q。在 F_2 代通过选择标记基因型 M/M 而获得目标基因型 Q/Q 的概率（即单株选择的正确率）为：

$$p = (1-r)^2$$

可以看出，选择正确率随重组率的增加而迅速下降。若要求选择正确率达到 90%以上，则标记与目标基因间的重组率必须不大于 0.05。当重组率超过 0.10 时，选择正确率已降到 80%以下。不过，如果我们并不要求选中的所有单株都是正确的，而只要求在选中的植株中至少有一株是具有目标基因型的，那么，即使标记只是松弛地与目标基因连锁，其对选择仍然会很有帮助。如果要求至少选到一株目标基因型的概率为 P，则必须选择具有标记基因型 M/M 的植株的最少数目为：

$$n = \log(1-P)/\log(1-p)$$

若要求 $P = 0.99$ 时，所要求的最少株数与重组率的关系。由此可见，即使重组率高达 0.3，也只需选择 7 株具有基因型 M/M 的植株，就有 99%的把握能保证其中有 1 株为目标基因型；而如果不用标记辅助选择（相当于标记与目标基因间无连锁，重组率为 0.5），则至少需选择 16 株。

同时用两侧相邻的两个标记对目标基因进行跟踪选择，可大大提高选择的正确率。假设有两个标记座位（M_1/m_1 和 M_2/m_2）各位于目标基因座位（Q/q）的一侧，与目标基因间的重组率分别为 r_1 和 r_2，F_1 代的基因型为 M_1QM_2/m_1qm_2。那么，F_1

产生的标记基因型为 M_1M_2 的配子具有两种类型：一种包含目标等位基因（M_1QM_2），为亲本型；另一种包含非目标等位基因（M_1qM_2），为双交换型。由于双交换发生的概率很低，因此双交换型配子的比例很小，绝大部分应为亲本型配子。所以，在后代中通过同时跟踪 M_1 和 M_2 来选择目标等位基因 Q，正确率必然很高。在单交换间无干扰的情况下，可以推得，在 F_2 代通过选择标记基因型 M_1M_2/M_1M_2 而获得目标基因型 Q/Q 的概率为：

$$p = (1-r_1)^2(1-r_2)^2 / [(1-r_1)(1-r_2) + r_1r_2]^2$$

在两标记间的图距固定的情况下，$r_1 = r_2$（亦即目标基因正好位于两标记之间的中点）为最坏的情形，这时的选择正确率为最小。如图 8.1 和图 8.2 所示分别显示 $r_1 = r_2$ 时选择正确率以及 $P = 0.99$ 时所要求的最少株数与 r_1（或 r_2）的关系。可以看出，双标记选择的正确率确实比单标记选择高得多。需要指出的是，在实际情况中，单交换间一般总是存在相互干扰的，这使得双交换的概率更小，因而双标记选择的正确率要比上述理论期望值更高。

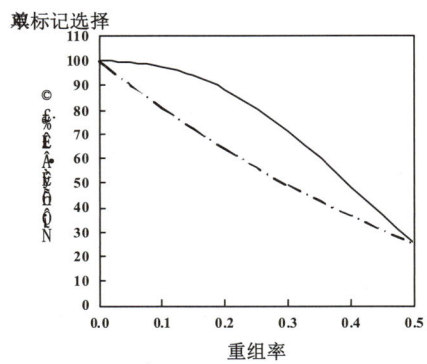

图 8.1　标记与目标基因间的重组率与 F_2 群体中标记辅助选择正确率的关系

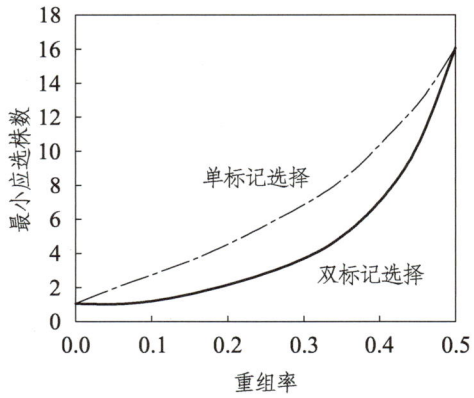

图 8.2　标记与目标基因间的重组率与 F2 群体中标记辅助选择最小应选株数的关系

8.2.3 背景选择

前景选择的作用是保证所选后代中均携带有目标基因。在开展标记辅助选择育种过程中,为了加快育种进程,使后代个体遗传背景尽快恢复成轮回亲本基因组,在开展前景选择的同时,还进行背景选择(backgrounds selection),即除目标基因外的整个基因组的选择。与前景选择不同的是,背景选择的对象几乎包括了整个基因组。在分离群体(如 F_2 群体)中,由于在上一代形成配子时同源染色体之间会发生交换,因此每条染色体都可能是由双亲染色体重新"组装"成的杂合体。所以,要对整个基因组进行选择,就必须知道每条染色体的组成。这就要求用来选择的标记能够覆盖整个基因组,也就是说,必须有一张完整的分子标记连锁图。这就要求用来选择的标记能够覆盖整个基因组,也就是说,必须有一张完整的分子标记连锁图。

当一个个体中覆盖全基因组的所有标记的基因型都已知时,就可以推测出各个标记座位上等位基因的可能来源,即来自哪个亲本,进而推测出该个体中所有染色体的组成。考虑一条染色体,如果两个相邻标记座位上的等位基因来自不同的亲本,则说明在这两个标记之间的染色体区段上发生了单交换(或奇数次交换);如果两个标记座位上的等位基因来自同一个亲本,则可推测这两个标记之间的染色体区段也来自这个亲本。因为在这种情况下,该区段上只有发生偶数次交换时,两个标记之间才可能存在来自另一个亲本的染色体区段,但是两个相邻标记间即使发生最低的偶数次交换(即双交换),其发生的概率也是很小的。因此,根据两个相邻的标记基因型,可以近似推测出它们之间染色体区段的来源和组成。将这个原理推广到所有的相邻标记,就可以推测出一个反映全基因组组成状况的连续的基因型,这种连续的基因型能直观地用图形表示出来,称为图示基因型(Graphic Genotype)。目前已有一些专门用于绘制图示基因型的计算机软件,如常用的 GGT 软件(van Berloo,1999)。由 GGT 软件绘制的以栽培稻为遗传背景的野生稻渗入系图示如图 8.3 所示。

根据图示基因型,可以同时进行前景和背景的选择。由于目标基因是选择的首要对象,因此一般应首先进行前景选择,以保证不丢失目标基因,然后再对中选个体进行背景选择。这样既保证了目标基因不丢失,又加快了遗传背景回复成轮回亲本基因组的速度(称为回复率),大大缩短了育种年限。Young 和 Tanksley(1989)针对番茄基因组进行的计算机模拟研究显示,如果每一回交世代产生 30 个植株,那么用分子标记对整个基因组进行选择,只需 3 代即能完全回复成轮回亲本的基因型,而采用传统的回交育种方法则需要 6 代以上,如图 8.4 所示。

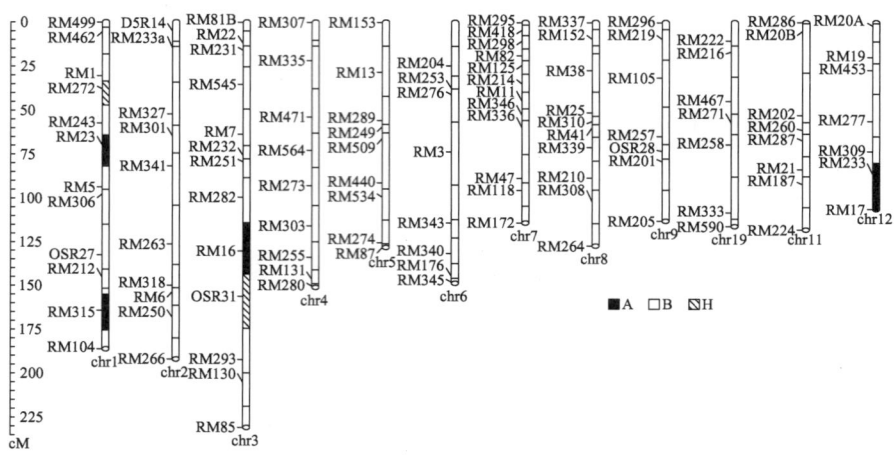

注：基因型黑色区间表示野生稻染色体片段；白色区间表示栽培稻染色体片段；斜纹区间表示杂合染色体片段。

图 8.3　由 GGT 软件绘制的以栽培稻为遗传背景的野生稻渗入系图示

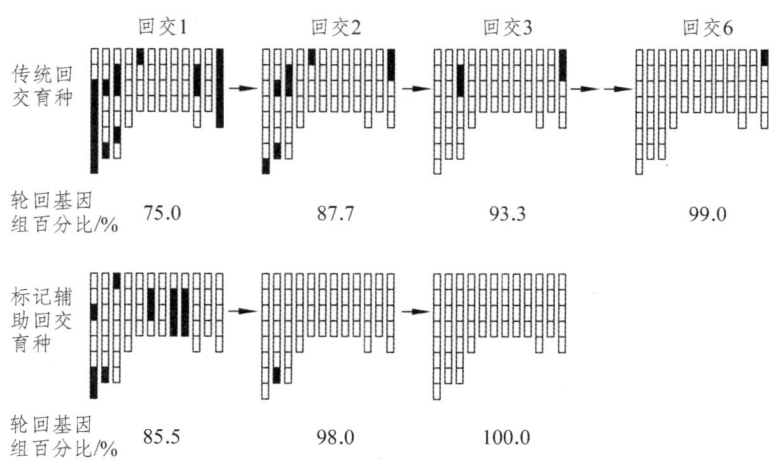

图 8.4　计算机模拟标记辅助选择显著提高基因组回复率（Young and Tanksley，1989）

为了建立图示基因型，必须满足某些条件。首先，必须要有一个物种的全基因组的充分填充的或高密度的分子图谱。这个图谱应该由大量的标记组成，覆盖整个基因组，每 10 cM 或者 10 cM 以下至少有一个标记。另外，为了制备图示基因型，分子标记的顺反构型，也必须是已知的。在来源于自交系的群体中，如由 BC 或者 F_2 子代组成的育种群体，顺反构型可以简单地由育种方案的知识推断出来。在更复杂的情况下，必须得到 3 个世代的完整的分子标记数据，以便对第 3 个世代中的个体制备图示基因型。如果没有对顺反构型的认识，来自基因组的一些区域的分子标记数据可能具有多于一个可能的图示基因型，所有这些可能的图示基因型同样可能是正确的。

利用图示基因型，选择的植株可以不仅包含所关心的基因，而且通过额外的杂交可以使基因组的其余部分以高的概率恢复到轮回亲本。虽然图示基因型的思想是在很久以前提出的，但是它已经广泛地使用在基因组学的不同领域中。它已经被用于基因组范围的渐渗系的选择，作为一个库来一段接一段地覆盖所有的性状和整个基因组。随着高通量基因型鉴定系统的可利用，分子标记数据按指数规律增加，图示基因型的思想以及它的衍生型已经得到更多的关注，并且被广泛地用在 MAS、近等基因系（NIL）的构建、渐渗系库的培育和关联作图中。由于基因组中的很多点可以被标记覆盖，图示基因型可以被简化，利用标记的物理位置而不是由侧翼标记确定的区间来显示它们。

图示基因型使人们对每一个体的基因组组成情况一目了然，大大方便了对遗传背景的选择。在标记辅助选择中，根据图示基因型，可以同时对前景和背景进行选择。由于目标基因是选择的首要对象，因此一般应首先进行前景选择，以保证不丢失目标基因，然后再对中选的个体进一步进行背景选择，以加快育种进程。

8.2.4 基因聚合

农业生产是在优良的环境中种植优良基因型的结果，这种环境允许优良的基因型表达它们的优越性。遗传值的增加依赖于控制该性状的有利基因频率的增加。为了创造一个优良的基因型，育种家必须将很多优良的基因集合在一起，对于一个特定的性状，将来自不同基因座的具有相似效应的等位基因集合在一起。这个过程被称作基因聚合（Gene Pyramiding）。通过聚合不同的 QTL，等位基因能够被重新组合，能够选择具合了相似（正的或者负的）效应的等位基因的真正育种品系。相关的技术包括有效地识别具有有利等位基因组合的个体、将不同的等位基因聚集到一个共同的品种里来产生新的基因型以及确定不同基因座上的等位基因的联合效应。

基因聚合在抗病育种中上的应用最为成功。植物抗病性分为垂直抗性和水平抗性两种，其中垂直抗性受主基因控制，抗性强，效应明显，易于利用。但垂直抗性一般具有小种特异性，所以易因致病菌优势小种的变化而丧失抗性。如果能将抵抗不同生理小种的抗病基因聚合到一个品种中，那么该品种就具有抵抗多种生理小种的能力，亦即具有多抗性，这样就不容易因致病菌优势小种的变化而丧失抗性。多抗性还可指一个品种具有抵抗多种病害的能力，这同样也牵涉到聚合不同抗性基因的问题。

抗性鉴定需要人工接种，必须在一定的发育时期进行，并要求严格控制接种条件，因此往往比较麻烦。特别是，在基因聚合过程中，必须对不同的抗性基因分别进行鉴定，更增加了实际操作上的难度。有时还可能因手头缺乏某种所需的致病菌菌株而使抗性鉴定难以进行。用标记辅助选择方法进行基因聚合则避免了上述困难。在进行基因聚合时，通常只关注目标抗性基因，即只进行前景选择，暂时可不理会遗传背景。下面给出一个通过标记辅助选择聚合水稻抗稻瘟病基因的实际例子（Zheng 等，1995）。首先是应用分子标记技术将 3 个抗稻瘟病基因（*Pi-2*、*Pi-1* 和 *Pi-4*）在水稻第 6、11 和 12 号染色体上进行定位（如图 8.5 所示），然后利用连锁标记将这 3 个抗性基因聚合起来。基因聚合试验从 3 个近等基因系 C101LAC、C101A51 和 C101PKT 出发，它们分别带有 *Pi-2*、*Pi-1* 和 *Pi-4* 基因。试验方案如图 8.6 所示。采用该方案，已成功地获得聚合了这 3 个抗稻瘟病基因的植株，它们可以作为供体亲本在育种中加以利用，可同时提供数个抗性基因。

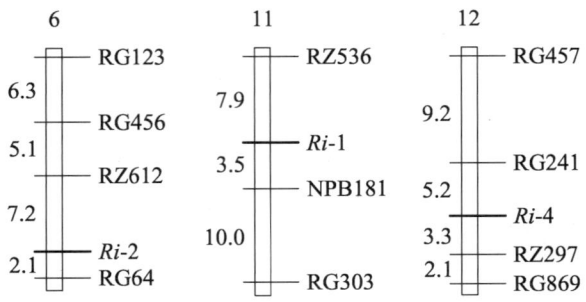

图 8.5　3 个抗稻瘟病基因 *Pi-2*、*Pi-1* 和 *Pi-4* 在水稻第 6、11 和 12 号染色体上的定位（Zheng 等，1995）

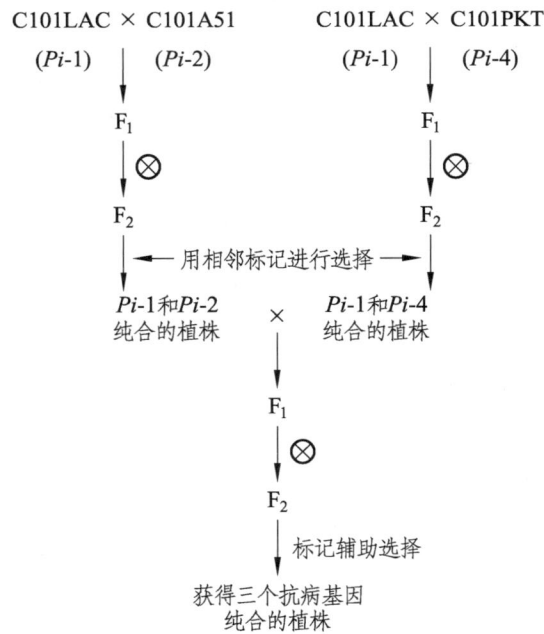

图 8.6　利用分子标记聚合 3 个抗稻瘟病基因 *Pi-2*、*Pi-1* 和 *Pi-4* 的试验方案（Zheng 等，1995）

8.2.5 基因渗入

基因转移（Gene Transfer）或基因渗入（Gene Transgression）是指将供体亲本（一般为地方品种、特异种质或育种中间材料等）中的有用基因（即目标基因）转移或渗入到受体亲本（一般为优良品种或杂交品种亲本）的遗传背景中，从而达到改良受体亲本个别性状的目的。通常采用回交的方法，即将供体亲本与受体亲本杂交，然后以受体亲本为轮回亲本，进行多代回交，直到除了来自供体亲本的目标基因之外，基因组的其它部分全部来自受体亲本。在这一过程中，可同时进行前景选择和背景选择。需注意的是，目标基因是来自供体亲本的，而遗传背景则是来自受体（轮回）亲本的，因此前景选择和背景选择的方向正好相反，前者称为正选择，后者称为负选择。

通过与目标基因紧密连锁的标记做前景选择，跟踪供体基因是否转移到后代，同时利用染色体上均匀分布的分子标记做基因组背景选择，使目标等位基因在回交过程中处于杂合状态，而其他位点的基因型与轮回亲本相同。从回交一代中选择出一些染色体纯合而目标基因是杂合的个体，进行再次回交（可以回交多次）。对在以前世代中已检测是纯合的染色体可少用或不用标记进行检测。前景选择的作用是保证从每一个回交世代中选出来的作为下一轮回交亲本的个体都包含目标基因，而背景选择则是为了加快遗传背景回复成轮回亲本基因组的速度，以缩短育种年限。

前景选择的目的是在每一轮回交后代中筛选出含有目标基因的个体，以确保这些个体能作为下一轮回交的亲本，而背景选择则是为了加快遗传背景恢复成轮回亲本基因组的速度，以缩短育种年限。理论研究表明，背景选择的这种作用是十分显著的。例如，针对番茄基因组进行的计算机模拟研究显示（Young and Tanksley，1989），如果每一回交世代产生 30 个植株，那么，用分子标记对整个基因组进行选择，只需 3 代即能完全恢复成轮回亲本的基因型，而采用传统的回交育种方法则需要 6 代以上。回交育种中传统方法与标记辅助选择效率的计算机模拟比较如图 8.7 所示。

背景选择的另一个重要作用是，可以避免或减轻连锁累赘这个长期困扰作物育种的难题。连锁累赘是指有利基因（目标基因）与不利基因（非目标基因）间的连锁，使回交育种在导入有利基因的同时也带入了不利基因，常常造成性状改良后的新品种与原目标不一致。研究表明，在传统的回交育种中，即使回交 20 代，在目标基因周围还能发现长达 10 cM 的供体亲本染色体片段，而对大多数植物来说，10 cM 长的染色体片段中的 DNA 已足够包含几百个基因（Tanksley 等，1993）。传统回交育种难以消除连锁累赘，主要原因是无法鉴别目标基因附近所发生的遗传重组，因此选择那些碰巧消除了连锁累赘的个体往往依赖于偶然。用高密度的分子标记连锁图就有可能直接选择到在目标基因附近发生了重组的个体。根据推算（Young and Tanksley，1989），在 150 个 BC_1 植株中，至少有一株在目标基因的某一侧 1 cM 处发生交换的概率达到 95%；而在 300 个 BC_2 植株中，至少有一株在目标基因另一侧的 1 cM 处发生交换的概率也达到 95%。因此，只要在 BC_1 和 BC_2 中进行标记辅助选择，即可得到含有目标基因的供体染色体片段长度不大于 2 cM 的植株，从而只需两个回交世代就可达到基本消除连锁累赘的目的。而采用传统育种的方法，至少需要 100 代才能达到（如图 8.7 所示）。当然，应用分子标记消除连锁累赘的一个重要前提是，必须对目标基因进行了精细定位，必须找到与目标基因非常紧密连锁的分子标记。原则上说，对于控制质量性状的主基因而言，要做到这一点并没有实质性的困难。

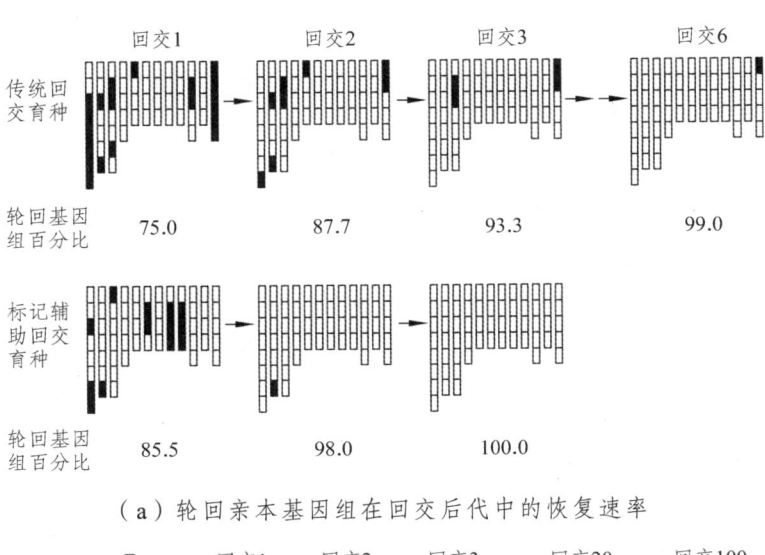

（a）轮回亲本基因组在回交后代中的恢复速率

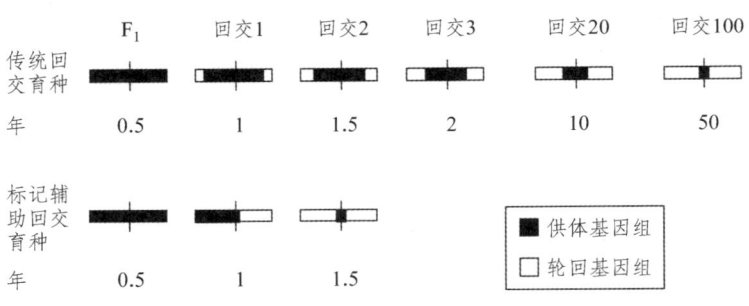

（b）轮回亲本基因组在目标基因邻近区域的恢复速率

注：回交后代的基因组组成用图示基因型表示（Tanksley 等，1989）。

图 8.7　回交育种中传统方法与标记辅助选择效率的计算机模拟比较

连锁累赘是指由于目标基因与其他不利基因间的连锁，回交育种在导入有利基因的同时也带入了不利基因,常常造成性状改良后的新品种与预期目标不一致。Tanksley 等(1989)的研究表明,在一个个体数目为 100 的群体中,以 100 个 RFLP 标记辅助选择,只要 3 代就可使后代的基因型回复到轮回亲本的 99.2%,而随机选择则需要 7 代才能达到这个效果。背景选择的另外一个重要作用是,可以避免或减轻连锁累赘,缓解这个长期困扰作物育种的难题。传统回交育种难以消除连锁累赘的主要原因是无法鉴别目标基因附近所发生的遗传重组,因而只能靠碰巧来选择消除了连锁累赘的个体。利用高密度的分子标记连锁图就能够直接选择到在目标基因附近发生了重组的个体。理论上,若目标基因的片段在 2 cM 的标记区间内,通过连续两个世代,每轮对 300 个个体进行分子标记分析,即可达到目的基因被转移,其他供体染色体片段被排除的目的。然后对这些回交个体进行自交,就可以得到目标株系。在整个分析过程中还可以用图示基因型方法监测基因组的变化,指导后代株系的自交或与轮回亲本的杂交。另外,由于可进行早期(如苗期)的分子标记分析,可以大量减少每个世代植株的种植数量。应用分子标记消除连锁累赘,一个重要前提是必须对目标性状进行精细定位,并找到与之紧密连锁的分子标记。

如图 8.8 所示给出了一个回交育种中标记辅助选择的假想例子。假设 A 品种为普通品种,但含有 2 个抗病基因,而 B 品种为综合性状好的优良品种,不含抗病基因。回交育种的目的是将 A 品种的抗病基因导入到 B 品种中。图中给出了 3 个 BC_1 植株的图示基因型。可以看出,植株 1 只含一个来自亲本 A 的抗病基因,所以在前景选择中即被淘汰。植株 2 和植株 3 皆含有两个抗病基因,故都符合前景选择的要求。但比较它们的图示基因型可以发现,植株 3 基因组中受体亲本 B 的成分所占的比例较大,且每个目标基因附近都发生了重组,已去除了其周围较大部分来自供体亲本 A 的染色体成分。因此,在背景选择中,以植株 3 更理想,用它作为下一轮回交的亲本,可以更快恢复成亲本 B 的基因组(除目标基因外)。

需要指出的是,尽管分子标记辅助的背景选择效率很高,但依据个体表型进行背景选择的传统方法仍不应抛弃。一个有经验的育种家通过个体外部形态进行背景选择往往可以达到相当高的效率。因此,在育种实践中,将育种家丰富的选择经验与标记辅助选择相结合,不失为明智之举。此外,基因定位研究与育种应用脱节是限制分子标记辅助选择技术应用到育种中的一个主要障碍。大部分研究的最初目的都只是定位目的基因,在实验材料选择上只考虑研究的方便,而没有考虑与育种材料的结合,致使大部分研究只停留在基因定位上,未能应用到育种实践中。为了使基因定位研究成果尽快服务于育种,应注意基因定位群体与育种群体相结合。对于质量性状,其标记辅助选择的理论和技术都已比较成熟,今后研究的重点应是实际应用。例如,在定位一个有用的主基因时,杂交亲本之一最好为一个已推广应用的优良品种,这样,在定位目标主基因的同时,即可应用标记辅助选择,使原优良品种得到改良。

\ 烟草 DNA 分子标记理论及应用（上）

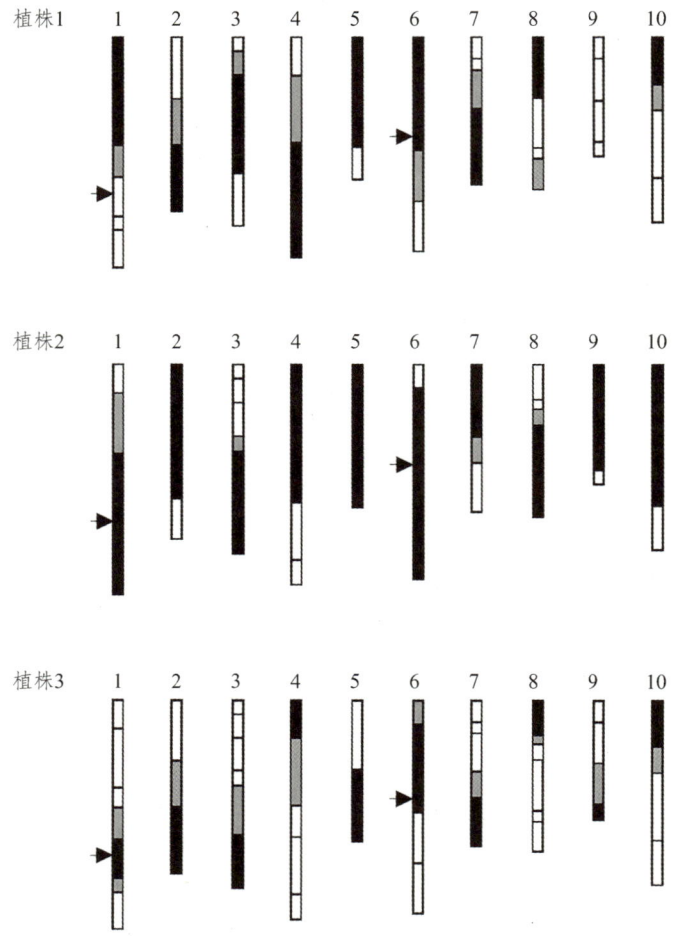

注：仅画出来自 F_1 的那一套染色体，黑色表示来自供体亲本的区段，白色表示来自轮回亲本的区段，灰色表示发生了单交换的区段，横杠表示标记所在位置，箭头表示目标基因所在位置。

图 8.8　假想的 3 个 BC_1 植株的图示基因型

8.3　数量性状的 MAS

　　作为作物育种目标的大多数重要性状都是数量性状，因此，从这个意义上看，对数量性状的遗传操纵能力决定了作物育种的效率。数量性状的主要遗传特点就是表现型与基因型之间缺乏明确的对应关系，而传统育种方法主要都是依据个体表现型进行选择的，这是造成传统育种效率不高的主要原因。因此，无论从重要性上看，还是从必要性上看，数量性状都应成为标记辅助选择的主要对象，人们期望它能够给作物育种带来一场革命，这也是近十余年来吸引了全世界众多作物遗传育种学家满怀热情地致力于该领域研究的主要原因。

原则上，质量性状的标记辅助选择方法也适用于数量性状。然而，数量性状的标记辅助选择并不像最初所想象的那么简单，有许多因素必须考虑。目前，QTL 定位的基础研究还不能满足育种的需要，还没有哪个数量性状的全部 QTL 被精确地定位出来，因此，还无法对数量性状进行全面的标记辅助选择。而要在育种过程中同时对许多目标基因（QTL）进行选择也是一个比较复杂的问题。另外，上位性效应也可能会影响选择的效果，使选育结果不符合预期的目标。再者，不同数量性状间还可能存在遗传相关。因此，在对一个性状进行选择的同时，还必须考虑对其它性状的影响。可见，影响数量性状标记辅助选择的因素很多，其难度要比质量性状大得多。

目前，对数量性状标记辅助选择的研究还主要局限在理论上，还很少有育种应用，不过，已有一些令人鼓舞的研究报道。看来，要在数量性状的遗传改良上应用标记辅助选择技术，还有很多基础工作要做。本节主要介绍一些数量性状标记辅助选择理论研究的结果。为了便于比较，先简单介绍一下传统的选择方法。

8.3.1 表型值选择

传统育种对数量性状选择的依据是个体的表型值，可称为表型值选择。表型值选择的理论依据是：表型值是基因型值的一个近似值，因此，依据表型值的选择可以看成是一种近似的依据基因型值的选择。近似程度越高，则选择的效率也越高。但必须注意的是，在基因型值中，只有加性效应成分才可以真实地从上代遗传给下代，所以只有对基因型值中加性成分的选择才是有效的。因此，更确切的说法应是，表型值对加性效应值的近似程度越高，则选择效率越高。表型值对加性效应值的近似程度取决于狭义遗传力 h^2 的大小（$h^2 = \sigma_G^2/\sigma_P^2$，其中 σ_G^2 和 σ_P^2 分别为加性遗传方差和表型方差），h^2 越大则近似程度越高。当 $h^2 = 1$ 时，表型值就等于加性效应值。因此，表型值选择的效率随狭义遗传力的增高而增高。

在常规的植物育种中，数量性状的改良依赖于直接选择。直接选择是在每个世代中选择具有极端表现型的个体（具有最大或最小的表型值的个体），以便群体平均数朝着选择的方向改变。直接选择的效率可以用选择响应或遗传进展来确定，它的定义为来源于选择个体的子代的群体平均数和原始的或亲本的群体平均数之间的差数。遗传进展越高，选择的效率就越高。定向选择的效率用遗传进度（ΔG）表示，它定义为中选个体的子代群体平均值（μ_s）与亲代群体平均值（μ_0）之差，即$\Delta G=\mu_s-\mu_0$（图 8.9，刘来福等，1984）。遗传进度越大，则选择效率越高。显然，遗传进度与遗传力成正比。当遗传力一定时，遗传进度的大小则取决于选择率（指中选个体占整个群体的比例）。选择率越小，则选择强度（指中选个体的平均值与群体平均值之差）就越大，遗传进度也就越大（刘来福等，1984）。

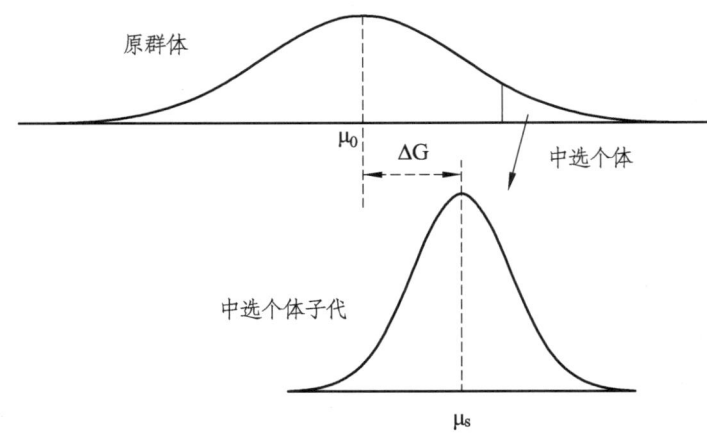

图 8.9　原群体和中选个体子代群体的性状分布及选择的遗传进度（ΔG）

8.3.2　标记得分选择

由传统选择方法很容易想到，如果能够直接依据个体的加性效应值进行选择，就必然能提高选择效率。这里的关键是如何估计出各个个体的加性效应值。利用完整的分子标记连锁图进行 QTL 定位分析，原则上应该能够估计出个体的加性效应值。但从初级定位通常无法检测出全部的 QTL 并准确地估计出它们的效应，因而估得的个体加性效应值只是近似的，可能存在较大的误差。要得到个体加性效应值的精确估值，必须进行 QTL 的精细定位，但这是一个庞大的系统工程，需要经过长期的努力才可能完成。因此，目前利用分子标记还只能做到近似的依据加性效应值的选择。

许多 QTL 定位方法都可用来估计个体的加性效应值，但应用上应考虑既方便又不失有效的方法。Lande 和 Thompson（1990）建议用性状-标记回归的方法，该方法比较合适，已被许多学者所接受。在加性模型下，性状-标记回归方程为：

$$y = \mu + \sum_{i=1}^{N} a_i x_i + \varepsilon$$

式中，y 为个体的表型值；μ 为模型均值；a_i 为第 i 标记的加性效应值；x_i 为第 i 标记的基因型指示变量，对应于基因型 MM、Mm 和 mm 分别取 1、0 和 -1；ε 为环境随机误差；N 为标记数。应用逐步回归分析可以筛选出对目标性状效应明显的标记（根据性状-标记回归的统计性质，这些标记最可能与 QTL 连锁），然后将它们的加性效应估值（$\hat{a}_i$）带入下式，算出个体的标记值（marker score）：

$$m = \sum_{i=1}^{n} \hat{a}_i x_i$$

式中，x_i 为第 i 标记的基因型指示变量，n 为筛选出的标记数。标记值 m 是个体加性效应值的一个近似值，其近似程度取决于那些筛选出的标记所能解释的加性遗传方差（σ_M^2）占总的加性遗传方差（σ_G^2）的比例，即 $p = \sigma_M^2 / \sigma_G^2$，$p$ 越大则近似程度越高。仅当 $p = 1$ 时，m 才等于加性效应值。我们将以个体标记值为依据的选择称为标记值选择。

比较标记值和表型值，可以看到，二者都是加性效应值的近似值，其近似程度分别取决于 p 和 h^2。因此，不难想象，标记值选择和表型值选择哪个更有效将取决于 p 和 h^2 哪个更大。也就是说，标记值选择未必一定比传统的表型值选择更有效，这要看 p 是否比 h^2 更大。

让我们看看定向选择的情况。将标记值选择与表型值选择的遗传进度分别记为 ΔG_M 和 ΔG_P。可以推得，在选择率相同的情况下，二者的相对效率为（Lande and Thompson，1990）：

$$RE_{MP} = \frac{\Delta G_M}{\Delta G_P} = \sqrt{\frac{p}{h^2}}$$

由此可见，标记值选择与表型值选择之间的相对效率取决于 p 和 h^2 的相对大小，这与我们上面的分析是一致的。由此可以推论，标记值选择对遗传力较低的性状具有较高的相对效率，而且遗传力越低，其相对效率就越高；对于遗传力高的性状，表型值选择效率本身已经很高，就没太大必要采用标记值选择，而且由于标记值存在估计误差，这时标记值选择的效率可能还不如表型值选择高。

尽管标记值选择在低遗传力情况下相对效率较高，但遗传力也不能太低，否则会大大降低检测 QTL 的能力，增大标记值的估计误差，从而使标记值选择的效率下降（Moreau 等，1998）。所以，在低遗传力的情况下，必须增大试验群体，并采用较低的统计显著水平，以提高检测 QTL 的能力，减小标记值的估计误差（Gimelfarb and Lande，1994；Hospital 等，1997；Moreau 等，1998）。

如果标记值的估计是可靠的，那么标记值选择在早期世代会产生明显的遗传进度，但随着世代的推移，这种能力会迅速衰减，在 3~5 代内消失，不再产生遗传进度（Edwards and Page，1994）。造成这种现象的原因可能有两个：一个是遗传重组打破了标记和 QTL 间原有的连锁关系；另一个是一些效应较小的 QTL 的有利等位基因在选择过程中丢失，而其不利等位基因则在群体中被固定（纯合），这种固定速度在标记值选择中要比在表型值选择中更快（Hospital 等，1997）。对于前一个问题，可以通过重新估价和筛选对性状效应显著的标记来解决（Gimelfarb and Lande，1994）。如果每一代都重新估价和筛选分子标记，可以明显地提高选择效率（Gimelfarb and Lande，1994）。但这样做显然会增加分子标记分析的费用。所以，每 2~3 代重新估价和筛选一次分子标记是比较合适的策略（Hospital 等，1997）。

8.3.3 指数选择

既然标记值和表型值都是加性效应的近似值，二者都含有加性效应的部分信息，而且这些信息可能存在互补性（亦即彼此不完全重叠），那么，若将二者的信息综合起来，作为选择的依据，则可望获得更高的选择效率。为此，Lande 和 Thompson（1990）建议用表型值和标记值构建一个选择指数：

$$I = b_z z + b_m m \tag{8.3.1}$$

用选择指数作为选择的依据，我们称这种选择方法为指数选择。式（8.3.1）中，z 为表型值，m 为标记值，b_z 和 b_m 为权重系数（$b_z + b_m = 1$），其算式分别为（Knapp，1998）：

$$b_z = \frac{\sigma_G^2 - \sigma_M^2}{\sigma_P^2 - \sigma_M^2} = \frac{(1-p)h^2}{1-ph^2} \tag{8.3.2}$$

和

$$b_m = \frac{\sigma_P^2 - \sigma_G^2}{\sigma_P^2 - \sigma_M^2} = \frac{1-h^2}{1-ph^2} \tag{8.3.3}$$

选择指数也是对加性效应值的一种近似值，其近似程度取决于它的遗传力（Knapp，1998）：

$$h_I^2 = \frac{(1-p)h^2}{1-ph^2} + \frac{p(1-h^2)}{h^2 - 2ph^2 + p} \tag{8.3.4}$$

h_I^2 越大，则选择指数越接近加性效应，因而选择的效率也就越高。由式（8.3.4）可知，当 $p=0$ 时，有 $h_I^2 = h^2$，这时相当于单纯的表型值选择。当 h^2 的值一定时，h_I^2 随 p 的增大而增大，且 h^2 越低，h_I^2 随 p 的增长速度越快，特别是在 $0<p<0.5$ 的范围内增长最快。标记解释的加性方差比例与选择指数遗传力的关系如图 8.10 所示。这说明，性状的遗传力越低，则标记值的影响越大，因而标记辅助选择的作用也就越大。

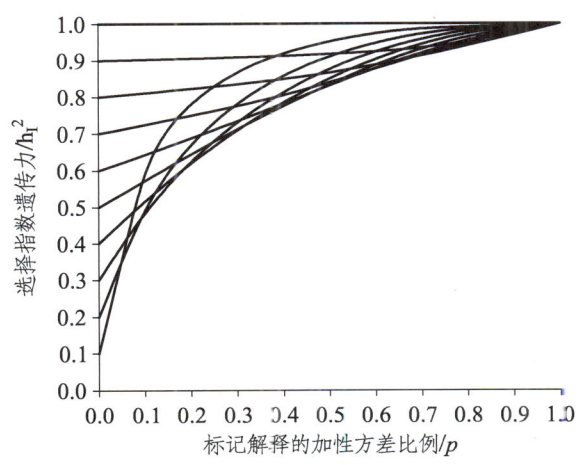

图 8.10　标记解释的加性方差比例与选择指数遗传力的关系（Knapp，1998）

对于定向选择，指数选择与表型值选择的相对效率为（Lande and Thompson，1990）：

$$RE_{IP} = \frac{\Delta G_I}{\Delta G_P} = \sqrt{\frac{p}{h^2} + \frac{(1-p)^2}{1-ph^2}} \qquad (8.3.5)$$

式中 ΔG_I 为指数选择的遗传进度。如图 8.11 所示给出了在不同 h^2 情况下，RE_{IP} 随 p 的变化曲线。由图可以看出：

（1）当 p 值一定时，RE_{IP} 随 h^2 的减小而增大，说明性状的遗传力越小，则标记辅助选择的作用就越大。

（2）当 h^2 值一定时，RE_{IP} 随 p 的增长而增长，但增长速度随 h^2 的增大而变小。当性状达到中等遗传力（$h^2 = 0.5$）时，指数选择的优越性已变得不明显。特别是在 $h^2 = 1$ 的极端情况下，RE_{IP} 不随 p 变化，始终等于 1，说明这时标记不能提供任何额外的信息，标记辅助选择已没有贡献。

（3）RE_{IP} 的值总是不小于 1，这就是说，指数选择总是比表型值选择更有效。这与标记值选择的情况不同。比较式 RE_{mp} 和 RE_{Ip}，可以得到指数选择与标记值选择间的相对效率：

$$RE_{IM} = \frac{\Delta G_I}{\Delta G_M} = \frac{RE_{IP}}{RE_{MP}} = \sqrt{1 + \frac{h^2(1-p)^2}{p(1-ph^2)}} \qquad (8.3.6)$$

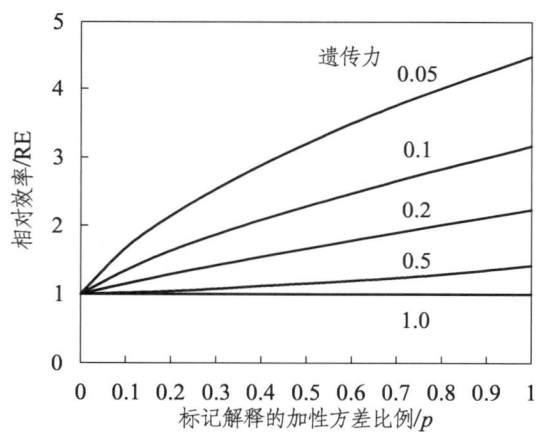

图 8.11　性状遗传力及标记解释的加性方差比例与指数选择相对效率的关系
（Lande and Thompson，1990）

不难看出，不论 p 和 h^2 取何值，总有 $RE_{IM} \geq 1$，因此，指数选择总是比标记值选择效率高。计算机模拟研究也证实了这一点（Whittaker 等，1997）。

选择指数既决定于表型值，也决定于标记值，因此，前面有关标记值选择效率的影响因素也同样影响指数选择的效率。计算机模拟研究表明（Gimelfarb and Lande 1994a，b，1995），指数选择至少在最初几代要比表型值选择有效，但指数选择的优越性随世代增加而迅速降低。在高世代，指数选择的效率可能反而比表型值选择更低。出现这种情况的原因是，在高世代，标记值对加性效应值的近似程度已不如表型值好（即 $p<h^2$），但式（8.3.6）中权重的估计误差却夸大了标记值的相对重要性，致使选择指数对加性效应值的近似程度反而不如表型值好（即 $h_I^2 < h^2$），从而指数选择的效率比表型值选择更低。因此，不论是标记值选择还是指数选择，都只在选择早期有优越性，在高世代则宜只用表型值选择来获得进一步的遗传进度。

虽然指数选择因利用了更多的遗传信息而比标记值选择更有效，但为了获得来自表型值的额外信息，显然要付出更多的工作量和费用。而且，表型值的测量必须受限于性状的表现时期，这也使指数选择失去了标记辅助选择可以在任何生长发育时期进行的优越性。另外，如果表型值测量需要进行后代检验，指数选择就会因完成一个选择周期所需的时间更多而变得得不偿失。例如，玉米产量必须通过后代检验来测量，每一个指数选择周期需要 2 年时间，而标记值选择在相同时间内则可完成 4 个选择周期（Edwards and Page，1994）。这样，尽管标记值选择在单个选择周期中的遗传进度不如指数选择，但在单位时间内获得的遗传进度却大于指数选择，因为它完成了更多的选择周期。根据这个道理，Hospital 等（1997）提出了交替选择的策略，一代指数选择加上若干代标记值选择，如此交替进行。在指数选择那一代，需要估价和筛选分子标记，因此必须使用大群体，以保证性状-标记回归分析的可靠性；而在标记值选择的世代，则可使用较小的群体。

8.3.4 基因型选择

不论是标记值选择还是指数选择,所依据的遗传信息都是个体的基因型值(更确切地说是基因型值中的加性效应分量),而非个体的基因型(基因组成)本身。因此,标记值选择和指数选择都还只是(通过基因型值)对基因型的间接选择。从这一点上说,这两种标记辅助选择方法与传统的表型值选择并没有本质的区别,并不符合最初提出的标记辅助选择的概念,或者说,还不是人们所期望的那种标记辅助选择。基因型值是基因型表达的产物,不同的基因型可能产生相同的基因型值,也就是说,一种基因型值可能对应于多种基因型。因此,从基因型到基因型值存在着遗传信息的简并或丢失。这种遗传信息的简并可能会降低选择的效率,并可能造成选择过程中一部分效应较小的QTL的有利等位基因的丢失,选择牵涉到的QTL越多,有利等位基因丢失的可能性也就越大。所以,更有效的选择方法应是像质量性状的标记辅助选择那样,直接依据个体的基因型进行选择(称为基因型选择),具体地说,就是对每个目标QTL利用其两侧相邻标记或单个紧密连锁的标记进行选择,其原理和方法与质量性状相似。事实上,这才是最初提出的标记辅助选择的概念。

目前对数量性状进行基因型选择的困难主要在于,已有的QTL定位研究基本上都局限于初级定位,对每种数量性状,都只定位了部分效应较大的QTL,而且定位的精度不高,尚有许多效应微小的QTL未被检测出来。因此,目前只能对那些已初步定位的QTL进行基因型选择(即为不完全的基因型选择),而且初级定位的精度不高是一个障碍。从标记辅助选择的效率或可靠性考虑,两侧相邻标记彼此越靠近越好,亦即由两相邻标记所确定的目标染色体区段越短越好。但是,由于QTL定位存在误差,目标区段太短可能会造成实际的QTL并不在目标区段内。这样,在对目标区段进行选择时,就可能丢失所要选择的目标QTL。因此,必须选择合适的相邻标记,以保证目标QTL真实地位于目标区段内,同时又能最大限度地使标记辅助选择的效率达到最佳。

Hospital和Charcosset(1997)建议,对每个目标QTL,最好用3个相邻的连锁标记进行跟踪选择。这3个标记的最佳位置应根据目标QTL的位置置信区间来决定。一般而言,中间一个标记应处在非常靠近或正好位于估得的目标QTL的位置上,而另外两个标记则近乎对称地位于两侧。由两端标记所确定的目标区段的最佳宽度与QTL位置置信区间的宽度成正比。用3个相邻的连锁标记跟踪选择目标QTL如图8.12所示。置信区间越大,目标区段也应越大,才能保证目标QTL真实地位于目标区段内。

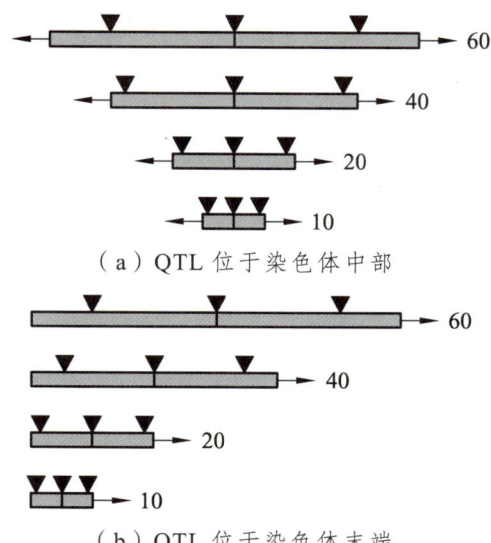

（a）QTL 位于染色体中部

（b）QTL 位于染色体末端

注：灰色长方条和其右侧数字分别表示 QTL 位置的置信区间范围和宽度（cM），侧面的箭头表示所指方向还连有染色体的其它部分，中间竖杠表示目标 QTL 的估计位置，黑色倒三角形表示标记的最佳位置。

图 8.12　用 3 个相邻的连锁标记跟踪选择目标 QTL

Hospital 和 Charcosset（1997）的研究表明，在回交育种中，若用最佳位置的标记来跟踪目标 QTL，则一个包含几百个个体的群体就足以将 4 个相互独立的 QTL 的有利等位基因从供体亲本转入轮回亲本。若 QTL 间存在连锁，QTL 定位准确，或使用更大的群体，则可同时转移更多的 QTL。在选择目标 QTL 的同时，同样也可以利用分子标记进行背景选择，加快遗传背景恢复成轮回亲本的速度。

8.3.5　综合标记辅助选择

如上所述，在一个群体中确定的标记-性状关联在用于其他群体中的 MAS 之前必须被验证。避免标记验证步骤的最好办法之一是将遗传作图与 MAS 结合起来，即从一个育种群体中识别的标记-性状关联将被用于同一群体的 MAS，这对于由很多基因控制并且与环境相互作用的数量性状是关键性的。由 Tanksley 和 Nelson（1996）提出的用于加快分子育种过程的高代回交 QTL（AB-QTL）分析是能够用于这个目的的方法之一。Stuber 等（1999）讨论了他们的工作，检验一个基于标记的育种方案，用于在没有供体来源的基因的任何先验鉴定的情况下系统地产生优良的品系。供体中基因的鉴定和作图是对得到的 NIL，进行评价时获得的一个附带的好处。这个方法有点类似于 AB-QTL 分析。其他的方法包括利用在 F_2 群体中识别的关联来选择后续的自花授粉群体。

AB-QTL 策略将 QTL 作图推迟到 BC_2 世代或 BC_3 世代。QTL 分析的延迟提供了对 QTL 进行鉴定的优点，以至于检测到供体等位基因之间表现上位互作的 QTL 的概率减少，因为它们的总频率低。事实上，检测到加性 QTL 的概率将比较高，这种加性的 QTL，在近等基因的背景中仍然起作用。在产生 BC_2 群体或 BC_3 群体的过程中，正在实施负选择来使不利的供体等位基因的出现减至最少。把注意力放在 BC_2 群体或 BC_3 群体的优点在于：一方面，它们为 QTL 鉴定提供了足够的统计功效；另一方面，提供了与轮回亲本的足够相似性来在短的时间跨度内（在 1~2 年内）选择 QTL-NIL。通过利用 QTL-NIL，发现的 QTL 可以被验证，NIL 可以直接作为改良的品种应用，也可以作为杂种优势利用中的亲本品种。

可以利用 AB-QTL 方法来进行 QTL 等位基因的聚合。每次应用 AB-QTL 分析时，将有可能发现影响关键性状的供体 QTL 的图谱位置，因此来源于 AB-QTL 分析的 QTL 作图信息是累积的。根据这些知识，如同 Tanksley 和 Nelson（1996）指出的，可以直接将在一个试验中检测到的有利供体 QTL 等位基因与来自其他试验（这些试验使用不同的供体亲本）的影响同一性状的非等位基因的 QTL 结合起来。用这种方法，应该有可能将在一个给定的物种内或跨越有亲缘关系的物种检测到的具有相似效应的所有非等位基因的 QTL 聚合起来，如果它们的作用受上位性影响不是很大的话。

AB-QTL 方法已经被成功地用来识别对番茄中的果实大小、形状、颜色、硬度以及可溶性固形物和总产量起作用的 QTL 的标记。在这个基础上，有学者在一个 BC 世代中识别了 QTL-标记关联，并且在大约 6 个月之后立即应用在接下去的 BC 世代中（Tanksley 等，1996）。在水稻中，通过 Cornell 大学与全世界育种家的合作已经培育出了一系列高代回交群体，来鉴定来自野生种的性状改良等位基因（Trait-enhancing Allele），并将其从野生种渐渗到高产的优良品种中。第一个这样的研究使用了野生的水稻亲缘植物 *Oryza rufipogon* 和中国的籼稻杂交种 V20/Ce64 之间的一个杂交（Xiao 等，1998）。虽然 *O. rufipogon* 登记材料对于所研究的全部 12 个性状在表现型上都是比较差的，但是对于所有性状都观察到了超亲分离，检测到的 QTL 的 51%具有来自 *O. rufipogon* 的有利等位基因。通过 MAS 和田间选择，培育了一个优秀的 CMS 恢复系（Q661），它携带一个产量构成因素的 QTL。它的杂交种 J23a/Q661，其产量在 2001 年第 2 季稻做的一个重复试验中，比对照杂交种高出 35%（Yuan，2002）。第 2 个 QTL，研究使用了相同的 *O. rufipogon* 登记材料和高地粳稻品种 Caiapo 之间的一个高代 BC 群体，在检测到的使性状改良的 QTL 中，有 56%鉴定了来自 *O. rufipogon* 的有利 QTL，等位基因（Moncada 等，2001）。第 3 个研究用长粒的 Jefferson（一个美国热带粳稻品种）与 *O. rufipogon* 杂交，并且 *O. rufipogon* 等位基因对 53%的产量和产量构成因素的 QTL 是有利的（Thomson 等，2003）。有几个进行中的项目正在将这些有利的等位基因从 *O. rufipogon* 登记材料渐渗到栽培稻中。

 8.3.6 分子标记辅助选择的响应

由主效基因控制的性状的 MAS 将得到强的响应。但是数量性状的选择响应或遗传进展将取决于几个因素：标记和基因之间的连锁、性状遗传率、基因效应、基因互作、群体大小、选择的植株数目和育种方案。在传统的选择理论中，目标性状的期望值、遗传方差和遗传率是需要的，在间接选择的情况下还需要目标性状和选择标准（Selection Criterion）之间的协方差。在没有选择的回交中，在世代 BC_n 中预期的供体基因组的比例是 $1/2^{n+1}$。在对目标基因进行选择的回交中，Stam 和 Zeven（1981）推导出了携带目标基因染色体上的供体基因组的期望比例。他们的结果被扩展到一个携带目标基因的染色体和两个侧翼标记上的轮回亲本等位基因（Hospital 等，1992）以及一个携带几个目标基因的染色体（Ribaut 等，2002）。

Lande 和 Thompson（1990）中的一个例子说明，在单个性状上，与表型选择的标准方法相比，综合利用分子信息和表型信息进行选择的潜在选择效率取决于性状的遗传率、与标记基因座有关的加性遗传方差的比例以及选择方案。如上所述，如果加性遗传方差的一大部分与标记基因座有关联，则对于遗传率低的性状来说 MAS 的相对效率是最大的，影响 MAS 在育种计划中潜在应用性的限制条件包括：① 群体中连锁不平衡的水平，它影响需要的标记基因座数目；② 检测低遗传率的性状基因座需要的样本容量；③ 估计选择指数中的相对权数的抽样误差。

Frisch 和 Melchinger（2005）提出了在 BC 计划中对轮回亲本的遗传背景进行 MAS 的一个理论框架来预测选择响应，并给出选择最有希望的 BC 个体用于进一步回交或自交的标准。该方法处理 BC 计划的世代 n 中的选择，考虑对一个或几个目标基因进行预选、目标基因的连锁图谱、用作产生 BC 世代的非轮回亲本的标记基因型。

选择响应 R 定义为在一个 BC_n 群体中选择的部分中预期的供体基因组比例 μ 和未经过选择的 BC_n。群体中预期的供体基因组比例 μ' 之间的差数：

$$R = \mu - \mu'$$

可以使用选择响应的预测值来对可供选择的方案进行比较（就群体大小和需要的标记数目而论）。通过一个 BC_1 群体的例子来说明这个应用，利用接近于玉米（10 个长度为 2 M 的染色体）和甜菜（9 个长度为 1 M 的染色体）的模式基因组，标记

在整个染色体上均匀地分布，在一个染色体上离端粒 66 cM 的位置有一个目标基因，一个个体被选为 BC_2 世代的非轮回亲本。

玉米的预期选择响应从约 5% 的供体基因组（20 个标记，20 个植株）到 12%（120 个标记，1 000 个植株），甜菜预期的选择响应为 7%~15%。为了以 60 个标记得到约 10% 的选择响应，在玉米中需要的群体大小为 180，对应于约 180/2 × 60 = 5 400 个标记数据点（Marker Data Point，MDP）。比较起来，在甜菜中群体大小为 60 就足够了，只需要玉米 30% 的 MDP。该结果表明 MAB 的效率在具有较小基因组的作物中比在具有较大基因组的作物中高得多。

在玉米中利用>80 个标记（对应于一个 25 cM 的标记密度）或在甜菜中利用>60 个标记（标记密度 15 cM），不管使用的群体大小如何，仅仅导致选择响应的一个边际增加（Marginalin Crease）。将群体大小增加到 100 个植株在两个作物上导致选择响应的大幅度增加，甚至使用更大的群体仍然提高预期的选择响应。Frisch 和 Melchinger（2005）得出结论，只有达到一个上限时，通过增大使用的标记数目来增加选择响应才是可能的，该上限取决于染色体的数目和长度。相反，通过增大群体大小来增大选择响应是可能的，直到群体大小超过大多数作物的繁殖系数。

8.4　MAS 中标记的开发

标记辅助选择（Marker-assisted Selection，MAS）是一种凭借标记基因型选择一种表现型的方法。不过在初步遗传作图研究中，所鉴定出的标记若不进行进一步的测试或进一步的开发，就很难适合于标记辅助选择。在用于 MAS 程序前，不充分测试标记就不能可靠地预测基因型，因而是无效的。一般而言，用于 MAS 标记的开发包括：高精度作图、标记的确认以及标记的转换（如图 8.13 所示）。Bohnetal（2001）提出用 CV（Cross Validation）和 IV（Validation with an Independent Sample）分析方法对 QTL 效应和标记 QTL 的遗传方差进行无偏估计。

8.4.1　QTL 的精细定位

QTL 定位的初步目标是产生均匀覆盖整个染色体的综合的"框架"，以鉴定控制性状的那些 QTL，两侧的标记。不过还需要另外的几个步骤，因为即使一个 QTL，两侧最近的标记也不一定与感兴趣的基因紧密连锁（Michelmore，1995），这意味着标记与QTL间发生了重组，从而降低了标记的可靠性与有效性。利用较大的群体和较多的标记，可鉴定更紧密连锁的标记，该过程称为"高精度定位"（也称为精细定位）。因此，QTL的高精度定位可用于开发MAS的可靠标记（标记与基因间至少<5 cM，理想的为<1 cM），也用于区别单个的基因或几个连锁的基因（Michelmore，1995；Mohanetal，1997）。

高精度定位所需的最适群体大小并无通用的量值，不过，已经用于高精度定位的群体大小至少由1 000个个体组成，从而保证QTL与两侧标记间的距离<1 cM（Blair等，2003；Chunwongse等，1997；Li等，2003）。

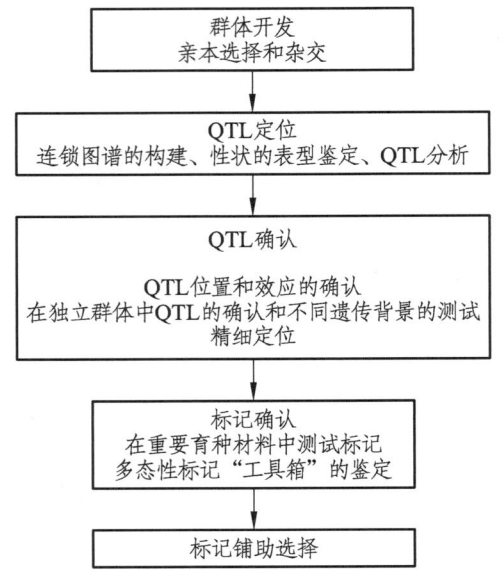

图8.13 标记开发路线图（Bertrand C.Y Collard and David J Mackill，2008）

附加标记的作图可饱和框架图谱。每个引物组合产生多个位点的高通量技术（如AFLP）常为增加标记密度的首选。BSA也可用于鉴定与特定染色体区段连锁的标记（Campbell等，2001；Giovannonietal，1991），不过，框架图谱的范围可根据构建图谱的群体大小进行饱和。在许多情形下，所用分离群体的大小太小，不能进行高精度定位，因为较小的群体比较大的群体的重组体少（Tanksley，1993）。

特定染色体区段的高精度图谱也可利用NIL构建（Blair等，2003）。NIL与轮回亲本间表现多态性的标记表现为与目标基因连锁，可整合进高精度图谱。

8.4.2 QTL 的确认

由于各种因素的影响,加上标记-性状关联的大多数研究是基于两个自交系产生的分离群体。在这样的作图群体中检测到的遗传变异(尤其是在目标基因区域的重组模式)可能由于等位基因的多样性,在其他作图群体或育种群体中并不存在。因此,如果没有分子标记的进一步确认或精细定位,在单个作图群体中鉴定的 QTL 并不能自动地应用到与其并不相关的其他群体中(Nicholas,2006)。

QTL 定位研究应进行独立的确认或证实(Lander and Kruglyak,1995),这样的确认研究(即重复研究)使用 QTL 初步定位研究中所用的同样的亲本或近缘的亲本基因型构建独立的群体,有时使用更大的群体。而且最近的研究已经提出应在独立的群体中鉴定 QTL 的位置和效应,因为基于典型大小群体的 QTL 定位研究检测 QTL 的功效低,QTL 的效应存在较大的偏离(Melchinger 等,1998;Utz 等,2000)。可惜由于缺少研究经费以及时间方面的限制,结果可能缺少验证,QTL 定位研究很少进行确认。有些 QTL,如大豆抗根结线虫(Li 等,2001)和芽枯病(Fasoula 等,2003)有关的 QTL 得到了确认。

用于确认 QTL 的另一种方法是利用近等基因系(NIL)这种特殊类型的群体 NILs 通过供体亲本(如含有特定性状的野生亲本)与轮回亲本(如优良品种)杂交而获得,F_1 杂和与轮回亲本回交产生回交一代(BC_1),随后 BC_1 多次(如 6 次)与轮回亲本重复回交,最终 BC_7 除了包含感兴趣的基因或 QTL 的染色体区段外,实际上含有所有的轮回亲本基因组。通过 BC_7 植株的自交而获得纯合的 F_2 家系,注意,为获得含目标基因的一个 NIL,在每个回交世代必须对其进行选择。利用标记对 NILs 进行基因分型,比较特定 NIL 家系与轮回亲本的性状均值,QTLs 的效应即可得到确认。番茄中的农艺性状(Beracchi 等,1998)、大麦抗叶锈病(Van Berloo 等,2001)、大豆对线虫的抗性(Clover 等,2004)以及水稻中的磷吸收(Wissuwa & Ae,2001)等均用 NILs 对 QTL 进行确认。

NIL 作图的基本思路是鉴别位于导入的目标基因附近连锁区内的分子标记,借助于分子标记定位目标基因。利用这样的品系可在不需要完整遗传图谱的情况下,先用一对近等基因系筛选与目标基因连锁的分子标记,再用近等基因系间的杂交分离群体进行标记与目的基因连锁的验证,从而筛选出与目标基因连锁的分子标记。近等基因系的基因作图效率很高,但一个近等基因系的培育耗费时间长,另外,许多植物很难构建其近等基因系,如一些林木植物既无可利用的遗传图谱,又对其系谱了解很少，几乎不可能产生近等基因系。

QTL 本质上是一个统计意义上的座位，是以概率标准推测在基因组的哪些区段可能存在影响哪些数量性状的位点。而从遗传意义上阐明这些QTL包含哪些基因，如何影响有关的数量性状仍有待验证。通常采用遗传互补检验或等位性检验来验证QTL。若候选基因的不同基因型与相关 QTL, 的表型共分离则可认为该候选基因就是该 QTL 的组分。例如蔗糖酶基因 *Lin5* 与影响番茄果实中葡萄糖和果糖含量的一个QTL *Brix925* 共分离从而证实 *Brix925* 即 *Lin5*。另外，若候选基因的突变等位基因与相关 QTL 在功能上或数量上互补，则可推断其为非等位，而不能互补则为等位。如将携带 *ORFX* 基因的柯斯载体导入大果栽培番茄，转基因植株的果实重量显著降低，表明 *ORFX* 即番茄果重的 QTL *fw2.2*。以及近年来不断涌现的模式生物单基因敲除系为验证或分析其表型，可为对应于 QTL 的候选基因或新基因提供较严格的遗传学证明。利用基因表达序列标签提供的信息也将有力地促进候选基因的发现和 QTL 的遗传鉴定。

目前 QTL 定位的主要方法主要适用于遗传基础狭窄的作图群体，例如由2个近交系杂交而得的 F_2、BC、RI 和 DH 等群体。这类群体的每一座位上只可能有2种等位基因，遗传结构最为简单，但所得结果的局限性也最大，只可能发现双亲等位基因不同的 QTL。为了较全面地了解数量性状的遗传变异，必须扩大作图群体的遗传基础，例如利用四向杂交（Xu SZ，1996）、多系杂交（Xie C 等，1998；Yi NJ and Xu SZ，2002）构建作图群体和考虑复等位基因情形等。近年来，这些复杂群体的 QTL 定位方法已有较大的发展。

8.4.3 标记的确认

以前有学者曾假设通过初步定位研究所获得的与 QTL 有关的标记可直接用于MAS，现在，学界已经广泛接受需要进行 QTL 确认或精细作图（Langridge 等，2001），尽管也有 QTL 初步定位数据通过随后的 QTL 定位研究后认为具有很高的精确性（Price，2006）。

一般而言，标记应通过测试其在不同遗传背景下的群体中是否决定目标表型的确认，该过程称为标记确认（Cakir 等，2003；Colins 等，2003；Jung 等，1999；Langridge 等，2001；Li 等，2001；Sharp 等，2001），即标记确认包括测试标记预测表现型的可靠性。这决定了一个标记是否可以用于 MAS 常规筛选（Og-bonnaya 等，2001；

Sharp 等，2001）。

在大范围的品种和其他重要基因型中测试标记的存在而进行标记确认的过程中（Sharp 等，2001；Spielmeyer 等，2003），一些研究已经注意到，假设在不同的遗传背景或不同的测试环境中存在标记-QTL 连锁的危险性，尤其是对于产量这样的复杂性状（Reyna & Sneller，2001）。即使是一个单一的基因控制某一特定的性状，尤其是当群体来自远缘的种质时，也不能保证在一个群体中鉴定的 DNA 标记可用于不同的群体（Yu 等，2000）。对于在育种程序中最有用的标记，它们应能揭示大范围不同基因型亲本所衍生的不同群体中的多态性（Langridge 等，2001）。

8.4.4 标记的转换

有两种情形其标记需要转换为其他类型的标记：再现有问题的标记（如 RAPDs），标记技术复杂、费时或花费高（如 RFLPs 或 AFLPs）。再现问题可通过特定 RAPD 的克隆和测序而开发序列特异扩增区段（SCAR）或序列标签位点（STS）（Jumg 等，1999；Paran and Michelmore，1993）。SCAR 标记是稳健而可靠的，它们可检测单一的位点，有时表现为共显性（Paran and Michelmore，1993）。RFLP 和 AFLP 也可转换为 SCAR 或 STS 标记（Lehmensiek 等，2001；Shan，1999），利用由 RFLP 或 AFLP 标记转换而来的基于 PCR 的标记技术简单、花费少，而便宜的 STS 标记也可在近缘物种间转换（Brondani 等，2003；Lem and Lallemand，2003）。

8.5 影响 MAS 效率的因素

借助分子标记对目标性状基因型的进行选择包括前景选择和背景选择。对目标基因跟踪，即前景选择或正向选择；对遗传背景进行的选择，也称负向选择。背景选择可加快遗传背景恢复速度，缩短育种年限和减轻连锁累赘的作用。

理论和实践表明，影响 MAS 效率的因素非常复杂。标记基因与其连锁 QTL 间的距离、选用的分子标记数及其效应大小、群体性质和大小、性状的遗传率等是影响 MAS 效率的主要因素。

8.5.1 标记基因与其连锁 QTL 间的连锁程度

前景选择的准确性主要取决于标记与目标基因的连锁强度，标记与基因连锁得越紧密，依据标记进行选择的可靠性就越高。若只用一个标记对目标基因进行选择，则标记与目标基因连锁必须非常紧密，才能达到较高正确率。在理论上，在 F_2 代通过标记基因型 MM 选择目标基因型 QQ 的正确概率 P 与标记的基因间重组率 r 有如下关系：$P = (1-r)^2$，若要求选择 P 达到 95% 以上，则 r 不能超过 2.5%，当 r 超过 10% 时，则 P 降至 81% 以下。如果用两侧相邻标记对目标基因进行跟踪选择，可大大提高选择正确率。在单交换间无干扰的情况下，在 F_2 代通过标记基因型 M_1M_1 和 M_2M_2 选择目标基因型 QQ 的 P 值和 r，有如下关系：

$$P = (1 - r_1)^2(1 - r_2)^2/[(1 - r_1)(1 - r_2) + r_1r_2]$$

即使 r_1、r_2 均达 20% 时，同时使用两个标记的 P 值仍然有 88.5%。潘海军等（2003）在水稻 *Xa*23 的 MAS 中，使用单标记 RpdH5 和 RpdS1184 的准确率分别为 91.10% 和 87.13%，同时使用这两个标记，MAS 准确率则达 99.0%，可见双标记选择效率比单标记高。当标记与 QTL 松散连锁时，两侧标记比单侧标记效率提高 38%；当标记与 QTL 紧密连锁时，两侧标记的优势明显下降（Edwards，1994）。

如果 M_1 是与有利 QTL 等位基因 T_1 连锁的标记等位基因，那么，在回交过程中用 MAS 可使群体中 M_1m_1，染色体频率始终保持 0.5，但与 M_1 连锁的 T_1 的频率将随 M_1 与 T_1 间连锁程度的不同而不同。$r = 0.5$ 时，具 M_1 标记的 BC_1 群体中，具 T_1 等位基因的个体比率只占 50%；$r = 0.01$ 时，此比率上升到 99%。回交次数越多，r 值就显得更为重要。

另外，r 值也影响到由该标记位点等位基因分离产生的遗传方差的大小。据推算，F_2 群体与 t_1t_1 群体测交（$M_1M_1T_1T1 \times m_1m_1t_1t_1$），后代由标记等位基因分离产生的遗传方差为 $V_c = 4(a + d)^2[0.25(1 - 2r)]^2$（$a$、$d$ 分别为 TT 和 tt 的基因型值，r 为重组率）。V_{BC} 越大，利用该标记（M_1）选择的效率就越高；此式还表明，V 随 r 值的减小而增大。因此，缩小 r 值有利于 MAS 效率的提高（Dudley，1993）。随着分子标记技术的发展及 QTL 作图技术的改进，相信可以找到与数量性状每一 QTL 等位基因均紧密连锁的标记基因，这样对标记的选择就可与对 QTL 本身的选择相等价了（Zhang 等，1992）。

 ## 8.5.2　标记基因与其连锁 QTL 间的连锁程度

理论上，标记数越多，从中筛选出对目标性状有显著效应的标记的机会就越大，因而有利于 MAS。事实上，MAS 的效率随标记数的增加表现为先增后减（Gimelfarb 等，1994）。由于 MAS 的效率主要取决于对目标性状有显著效应的标记，因而，选择时所用的标记数并非越多越好。Cimelfarb 等（1994）的研究表明，利用 6 个标记时的 MAS 效率明显高于 3 个标记时，但利用 12 个甚至更多个标记时，MAS 的效率或降低（低世代时），或增幅很小（高世代时）。由此可见，为节约成本、减轻工作量和提高选择效率，首先应筛选出效应显著的标记，并且在计算选择指数时，各标记还应根据其对目标性状的作用大小给予不同的权重。Zehr 等（1992）利用 15 个 RFLP 标记对玉米 BS1167×FRM 7 群体的选择结果证实了这一点。

 ## 8.5.3　群体性质和大小

群体性质和大小主要取决于群体的连锁不平衡性，群体的连锁不平衡性越大，MAS 的效果就越好（Landt 等，1990）。由于两个自交系杂交产生的 F_2 群体，其连锁不平衡性往往最大，因而对其实施 MAS 的效率就较高；同样，MAS 对用其他杂交方法产生的低世代也有较好的效果（Lande，1992）。但连锁不平衡性较大的群体对检测和筛选"优良"标记是不利的（Gimelfarb 等，1994）。同时，连锁不平衡性的利用效果还有赖于标记与 QTL 间的连锁程度（Zhang 等，1993）。

群体大小是制约 MAS 选择效率的重要因素之一。一般情况下，MAS 群体大小不应小于 200 个。选择效率随着群体增加而加大，特别是在低世代，遗传率较低的情况下尤为明显（Hospital 等，1997；Moreau 等，1998）。所需群体数的大小随 QTL 数目的增加呈指数上升。计算机模拟表明：遗传率为 0.1 时，转移 5 个 QTL 较 2 个所需群体将增加 8 倍（Zhou 等，2003）。

在 QTL 位置和效应固定的情况下，MAS 的重要优势之一是能显著降低群体的大小。Knapp（1998）分析了用 MAS 选择一个或多个优良基因型的概率，并将其用于推断 MAS 与 PS（表型选择）的相对效益，指出如果想要获得相同数目的优良基因型，表型选择检验的后裔个体数应比 MAS 增加 1~16 倍。

8.5.4 性状的遗传率

性状的遗传率极大地影响 MAS 的效率。遗传率较高的性状，根据表型就可较有把握地对其实施选择，此时分子标记提供信息量较少，MAS 效率随性状遗传率增加而显著降低。Landeetal（1990）指出，MAS 的最大理论效率为 $1/h$。在群体大小有限的情况下，低遗传率的性状 MAS 相对效率较高，但存在一个最适大小，在此限之下 MAS 效率会降低，如在 0.1~0.2 时，MAS 效率会更高，但出现负面试验频率也高一些（QTL 检测能力下降等）。因此利用 MAS 技术所选性状的遗传率应在中等（0.3~0.4）会更好（Moreau 等，1998；Berloo 等，1999）。

8.5.5 世代的遗传率

在早代（BC_1）变异方差大，重组个体多，中选几率大，因此，背景选择时间应在育种早期世代进行，随着世代的增加，背景选择效率会逐渐下降（Chen 等，2000）。在早期世代，分子标记与 QTL 的连锁非平衡性较大；随着世代的增加，效应较大的 QTL 被固定下来，MAS 效率随之降低（Hospital 等，1997；Luo 等，1998）。

8.5.6 控制性状的基因（QTL）数目

由于数量性状至少受数个 QTL 控制，因此在理论上，与这些 QTL 紧密连锁的所有标记都可以用于 MAS，这取决于选择用于 MAS 的 QTL 数量。然而，由于选择数个 QTL 的费用问题，使用的与 QTL 紧密连锁的标记数不超过 3 个（Ribaut and Betran，1999）。模拟研究发现，随着 QTL 增加，MAS 效率降低。当目标性状由少数几个基因（1~3）控制时，用标记选择对发掘遗传潜力非常有效；然而当目标性状由多个基因控制时，由于需要选择的世代较多，加剧了标记与 QTL 位点重组，降低了标记选择效果，在少数 QTL 可解释大部分变异的情况下，MAS 效率更高（吴为人等，2002）。

尽管也有报道通过 MAS 将 5 个 QTL 渐渗进番茄中（Lecomte 等，2004），不过选择一个单一的 QTL 进行 MAS 也能使植物育种收益，该 QTL 应对该性状贡献最大比例的表型变异（Ribaut and Betran，1999；Tanksley，1993）。而且厍于 MAS 的所有 QTL 应在所有的环境中表现出稳定性（Hittalmani 等，2002；Ribaut and Betran，1999）。

8.5.7　选择强度和 QTLs 的遗传方式和相位

在高选择强度下，常规选择更易丢失有利基因，MAS 效率随着选择强度升高而增加（Berloo 等，1998）。显性作用随着世代增加而降低，因此，显性遗传 QTLS 的 MAS 效率高。当对多个 QTL 进行选择时，相引连锁比相斥连锁 MAS 效率高（吴为人等，2002）。此外，Chen 等（2000）发现用标记消除连锁累赘时，两代单交换选择效率比一代双交换高，成本小。低遗传率（0.3）和一类错误（假阳性）提高对 MAS 效率反而有利（Hospital 等，1997）。在中等或较低选择强度下，目标基因/QTL 周围染色体区段由较远端标记控制更有效（Hospita 等，1992）。

Haley 等（1994）研究菜豆（Phaseolu Suulgaris）普通花叶病毒（BCMV）隐性抗性基因（bc-3）两 RAPD 标记一个相引（M_1，1.9 cM）、另一个相斥连锁（M_2，7.1 cM）时，用 M_1 选择到纯合抗病、杂合体、纯合感病比例分别是 26.3%、72.5%、1.2%，而用 M_2 分别是 81.8%、18.2%、C，据此提出相斥相显性 RAPD 标记不论对显性还是隐性基因均可极大提高选择效率。由此可预见，用相斥相的显性 SCAR 标记跟踪目标基因比相引相更有效。

8.6　提高 MAS 效率的策略

8.6.1　采用高效 MAS 育种策略

育种工作要有所突破，首先得制定一个可行的育种计划。一个可行的育种计划的制订要建立在科学理论发展的基础上，要基于当前 DNA 标记技术的发展以及相关分子生物学领域的发展趋势。这些策略需要在实践中经受检验，同时也需要在实践中不断完善。

1. 重视基因定位与 MAS 的有机结合

与目前已经积累的大量基因定位的基础工作相比，MAS 在育种中的应用很不够。主要原因在于：

（1）大多数研究的最初目标只是定位基因。
（2）在实验材料的选择上只考虑研究的方便，没有考虑与育种的结合。
（3）许多研究最终只停留在目标基因的定位上。

因此，在选择杂交亲本上应尽量使用与育种直接有关的材料，所构建的群体也应尽可能做到既是遗传研究群体，又是育种群体，这样才能缩短基因定位研究与育种应用的距离。例如，在定位一个有用的主基因时，杂交亲本之一最好是一个推广应用的优良品种，这样，在定位目标主基因的同时，也可应用标记辅助选择，使原优良品种得到改良。另外，在聚合抗病基因时，最好以一个优良品种为共同杂交亲本，这样不仅可以在聚合基因的同时提高该品种的抗病性，而且改良后的品种可以直接用于生产，或者作为携带多个抗病基因的亲本参与育种。

从技术的可操作性考虑，目前数量性状 MAS 应以针对单个性状遗传改良的回交育种计划为应用重点或突破口，因为这里只涉及将有关 QTL 的有利等位基因从供体亲本转移给受体亲本的一个遗传物质单向流动的过程，在技术上相对比较简单，容易获得成功。针对育种的目标性状，选择拥有较多有利等位基因的材料作为供体亲本，而以欲改良的（缺乏这些有利等位基因的）优良品种为受体（轮回）亲本。在育种过程中，可以在回交一代对目标性状进行 QTL 定位，然后以该定位结果指导各回交世代中的个体选择（即标记辅助选择）。这样，QTL 定位和 MAS 就有机结合起来。

2. 采用同时改良多个品系复杂性状的 MAS 策略

尽管目前应以回交育种作为数量性状标记辅助选择应用的研究重点，但回交育种毕竟效率较低，每次只能改良一个品种，因此，从长远的眼光看，还应将数量性状标记辅助选择技术应用于同时改良多个品种的、更为复杂的育种计划。Rihaut 和 Hoisington（1998）提出了一个在对多个品种同时进行改良的育种计划中应用数量性状标记辅助选择的新策略（如图 8.14 所示）。该策略将育种计划分成 3 个阶段：

（1）针对育种目标，通过双列杂交或 DNA 指纹等方法，从优良品种中筛选出彼此间在目标性状上表现为最大程度遗传互补的亲本系。

（2）将中选的亲本系与检验系杂交，建立作图群体（F_2、F_3 和 RIL 等）和分子标记连锁图，并进行田间试验定位目标性状 QTL。同时，将中选亲本彼此杂交，建立庞大的 F_2 育种群体。然后根据 QTL 定位结果，在 F_2 育种群体中进行大规模的 MAS，选出 QTL，彼此互补的有利等位基因纯合的个体，建立子株系。

（3）在利用 MAS 得到纯系后，进一步应用常规育种方法培育新的优良品系。

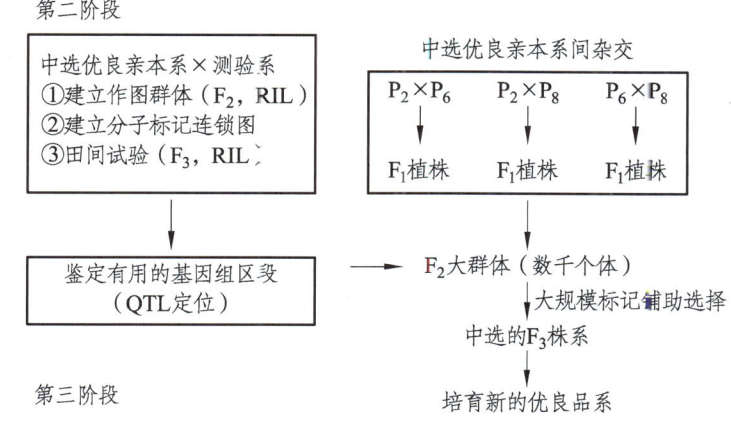

图 8.14　同时改良多个品系复杂性状的 MAS 策略（Rihaut and Hoisington，1998）

该策略的主要特点（或优点）是：

（1）目标性状的有利等位基因来源于两个或多个表现为遗传互补的优良亲本材料，而没有供体和受体之分。

（2）对在特定染色体区段（QTL）等位基因得到固定（纯合）的个体的选择，放在遗传重组的早期世代（F_2）进行，在基因组的剩余部分没有施加选择压，这样就可保证在后续（第 3 阶段）的常规选育中，在非目标区上有较高的遗传变异性可以利用。

8.6.2　采用多重 PCR 方法

为了增加分子标记的筛选效率，当同时筛选到与 2 个或 2 个以上目标性状连锁的几个不同的分子标记时，如果这几个分子标记的扩增产物具有不同长度，则一对以上的引物可在同一 PCR 条件下同时反应，即多重 PCR 方法。利用这种方法时需注意，设计或选择引物时，必须考虑各引物复性温度是否相匹配，且在扩增产物的大小上无重叠。研究表明，多重 PCR 扩增使用 Taq 酶量与一个引物扩增用量相同。这种方法显著地降低了选择成本和筛选时间。如 Ribaut 等将筛选到的与热带玉米抗旱 QTL 连锁的 1 个 STS，2 个 SSR 标记使用多重 PCR 扩增方法用于 MAS 选择，以改良其耐旱性，两人仅用了一个月就从 BC_1F_1 的 2 300 个单株中选出 300 个目标单株。

8.6.3　用相斥相分子标记进行育种选择

所谓相斥相分子标记是指与目标性状相斥连锁的分子标记，即：有分子标记，植株不表现目标性状；无分子标记，植株表现目标性状。这些选择在一些显性标记，如 RAPD 标记中，效果较为显著。Haley 等（1994）找到与菜豆普通花叶病毒隐性抗病基因 *ic-3* 连锁的两个 RAPD 标记，其中标记-1 与 *6c-3* 相引，距离为 1.9 cM；标记-2 与 *6c-3* 相斥，距离为 7.1 cM。用标记-1 选择的纯合抗病株、杂合体、纯合感病株分别占 26.3%、72.5%和 1.2%。而用标记-2 选择的结果分别是 81.8%、18.2%和 0。当将两个标记同时使用时，即相当于一个共显性标记。其选择效果与单独使用标记-2 的选择效果一致。一般认为，在育种早代选择中，利用相斥相的 RAPD 标记，与共显性的 RFLP 标记具有相似的选择效果。

8.6.4　克服连锁累赘

回交育种是作物育种常用的育种方法，但回交育种中长期存在的问题是在回交过程中的连锁累赘。利用与目标性状紧密连锁的分子标记进行辅助选择可以显著地降低连锁累赘的程度。如在大约 150 个回交后代中，至少有一个植株在目的基因左侧或右侧 1 cM 范围内发生一次交换的可能性为 95%，利用 RFLP 标记可以精确地选择出这些个体；在另一个有 300 个植株的回交群体中，有 95%的可能在被选择基因另一侧 1 cM 范围内发生一次交换，从而产生目的基因大于 2 cM 的片段。这个结果用 RFLP 选择只需 2 个世代就能够得到；而传统的方法可能需要 100 代。随着分子标记图谱的密集，选择重组个体的效率将进一步提高。因此，高密度的作物分子遗传图谱的构建是加速作物育种进程所必需的。

8.6.5 降低 MAS 育种的成本

进行 MAS 育种,首先要把与目标基因(性状)紧密连锁(或共分离)的分子标记如 RFLP、RAPD 等转化为 PCR 检测的标记。然后设法降低 PCR 筛选成本。可从以下几方面考虑:

(1)样品 DNA 提取。采用微量提取法如利用小量组织或半粒种子且不需液氮处理的 DNA 提取技术。且在提取过程中不利用特殊化学药品,降低提取缓冲液成本。

(2)减少 PCR 反应体积。从 25 μl 减到 15 μl 或 10 μl。

(3)琼脂糖凝胶。实验表明同一琼脂糖凝胶可以多次电泳或样,而不会造成样品间互相干扰。

(4)扩增产物检测。通常 PCR 扩增产物用溴化乙锭(Ethidium Bromide,EB)染色,UV 观测,使用 Polaroidfilm 照相系统。利用这种观测方法,不仅有致癌诱导剂,而且 UV 射线对眼睛损害很大,照相系统花费也很高。

美蓝,又称亚甲蓝、甲烯蓝(Methylene Blue),通过改造染色系统,利用美蓝染琼脂糖凝胶,可直接在可见光下检测。甚至若 PCR 扩增产物仅一种,则无需电泳,只需在反应管中加入 EB,紫外灯下直接根据反应即可鉴定出目标基因型,大大降低了标记辅助选择成本,非常有利于大规模育种。这在中国春小麦 *Ph1b* 基因的 SCAR 标记筛选上已有成功尝试。

参考文献

[1] Akkaya MS. Length polymorphism of simple sequence repeats DNA in soybean[J]. Genetics, 1992, 132: 1131-1139.

[2] Alexis Dereeper, Xavier Argout, Claire Billot, Jean-François Rami, Manuel Ruiz. SAT, a flexible and optimized Web application for SSR marker development[J]. BMC Bioinformatics, 2007, 8: 465-475.

[3] Anderson J A, Churchill GA, Autrique JE, Sorrells ME, Tanksley SD. Optimizing parental selection for genetic linkage maps[J]. Genome, 1993, 36: 181-186.

[4] Arslan B, Okumus A. Genetic and Geographic Polymorphism of Cultivated Tobaccos (Nicotiana tabacum) in Turkey[J]. Russian Journal of Genetics, 2006, 42(6): 667-671.

[5] Arumuganathan K, Earle ED. Nuclear DNA content of some important plant species[J]. Plant Mol Biol Rep, 1991, 9: 208-218.

[6] Bai D, Reeleder R, Brandle JE. Identification of two RAPD markers tightly linked with the Nicotiana debneyi gene for resistance to black root rot of tobacco[J]. Theor Appl Genet, 1995, 91: 1184-1189.

[7] Barchi L, Bonnet J, Boudet C, Signoret P, Nagy I, Lanteri S, Palloix A, Lefebvre V. A high-resolution intraspecific linkage map of pepper (Capsicum Annuum L.) and selection of reduced RIL subsets for fast mapping[J]. Genome, 2007, 50: 51-60.

[8] Bassam BJ, Gaetano-Anolle G, Gresshoff PM. Fast and sensitive silver staining of DNA in polyacrylamide gels[J]. Anal Biochem, 1991, 196: 80-83.

[9] Becker J. Combined mapping of AFLP and RFLP markers in Barley[J]. Mol. Gen. Genet, 1995, 249: 65-73.

[10] Bindler G, Hoeven R, Gunduz I, Plieske J, Ganal M, Rossi L, Gadani F, Donini P. A microsatellite marker-based linkage map of tobacco[J]. Theor Appl Genet, 2007, 114: 341-349.

[11] Bindler G, Plieske J, Bakaher N, Gunduz I, Ivanov N, der Hoeven R V, Ganal M, Donini P. A high density genetic map of tobacco (Nicotiana tabacum L.) obtained

from large scale microsatellite marker development[J]. Theor Appl Genet, 2011, 123: 219-230.

[12] Bland MM, Matzinger DF, Levings CS. Comparison of the mitochondrial genome of Nicotiana tabacum with itsprogenitor species[J]. Theor Appl Genet, 1985, 69: 535-541.

[13] Bonney, L.C., Watson, R.J., Slack, G.S., Bosworth, A., Wand, N. I. V., Hewson, R. A flexible format LAMP assay for rapid detection of Ebola viru[J]s. PLoS Neglected Trop. Dis., 2020, 14, e0008496.

[14] Bryan GJ, Collins AJ, Soephenson P. Isolation and characterization of microsatellites from hexpaolid bread wheat[J]. Theor Appl Genet, 1997, 94: 557-563.

[15] Burbidge NT. The Australian species of Nicotiana L. (Solanaceae)[J]. Australian Journal of Botany, 1960, 8(3): 342-380.

[16] Cho YG. Integrated map of AFLP、SSLP and RFLP of markers using a recombinant inbred population rice (Oryza sativa L.)[J]. Theor Appl Genet, 1998, 97: 370-380.

[17] Del Piano L, Abet M, Sorrentino C, Acanfora F, Cozzolino E, DiMuro A. Genetic variability in Nicotiana tabacum and Nicotiana species as revealed by RAPD procedure[J]. International Contribution to Tobacco Research, 2000, 19: 1-15.

[18] Dhillon SS, Wernsman EA, Miksche JP. Evaluation of nuclear DNA content and heterochromatin changes in anther-derived dihaploids of tobacco (Nicotiana tabacum) cv. Coker 139[J]. Canadian J Genet Cytology, 1983, 25, 169-173.

[19] Doerge RW, Churchill GA. Permutation tests for multiple loci affecting a quantitative characte[J]r. Genetics, 1996, 142: 285-294.

[20] Doganlar S, Frary A, Daunay MC, Lester RN, Tanksley SD. A comparative genetic linkage map of eggplant (Solanum melongena) and its implications for genome evolution in the Solanaceae[J]. Genetics, 2002, 161: 1697-1711.

[21] Ferriol M, Pico B, Nuez F. Genetic diversity of a germplasm collection of Cucurbita pepo using SRAP and AFLP markers. Theor Appl Genet, 2003, 107: 271-282.

[22] Fu YB, Chong J, Fetch T, Wang ML. Microsatellite variation in Avena sterilis oat germplasm[J]. Theor Appl Genet, 2007, 114: 1029-1038.

[23] G Soheila, D Reza, AM Babak, B Iraj, AS Reza, KM Ardashir. Molecular characterization and similarity relationships among flue-cured tobacco (Nicotiana tabacum L.) genotypes using simple sequence repeat markers[J]. Not Bot Horti Agrobo, 2012, 40(2): 247-253.

[24] Gerstel DU. Segregation in new allopolyploids of Nicotiana.1. Comparison of 6×(N. tabacum×tomentosiformis) and 6×(N. tabacum×otophora)[J]. Genetics, 1960, 45: 1723-1734.

[25] Gerstel DU. Segregation in new allopolyploids of Nicotiana. II. Discordant ratios from individual loci in 6×(N. tabacum×N. sylvestris)[J]. Genetics, 1963. 48: 677-689.

[26] Goodspeed TH. The Genus Nicotiana[J]. The chronica Botania Company, 1954.

[27] Grabicoski, E.M.G., Jaccoud-Filho, D.S., Lee, D., Henneberg, L., Pileggi, M. Real-Time quantitative and ion-metal indicator LAMP-based assays for rapid detection of Sclerotinia sclerotiorum[J]. Plant Dis., 2020, 104, 1514-1526.

[28] Gregan J. The Abstract of Molecular Biology Symposium.Amsterdam[J]. The Netherlands, 1994, 7: 19-46.

[29] Grodzicker T, Williams J, Sharp P, Sambrook J. Physical Mapping of Temperature-sensitive Mutations of Adenoviruses[J]. Cold Spring Harb Symp Quant Biol, 1974, 39: 439-446.

[30] H Ling, X Deng, R Li, Y Xia, P Guo. A fast silver staining protocol enabling simple and efficient detection of SSR markers using a non-denaturing polyacrylamide gel[J]. Journal of Visualized Experiments, 2018, 134, 57192.

[31] Hamada H, Kakunag T. Potential Z-DNA forming sequences are highly dispersed in the human genome[J]. Nature, 1982, 298: 396-398.

[32] Hashimoto T, Shoji T, Mihara T, Oguri H, Tamaki K, Suzuki K, Yamada Y. Intraspecific variability of the tandem repeats in Nicotiana putrescine N-methyltransferases[J]. Plant Mol.Biol, 1998, 37: 25-37.

[33] Honarnejed R, Shoai-Deylami M. Gene effect, combining ability and correlation of characterstics in F2 populations of Burley tobacco[J]. J Sci Technol Agric Nat Resour, 2004, 8 (2): 135-148.

[34] HY Zhang, XZ Liu, CS He, CM Zheng. Random amplified DNA polymorphism of Nicotiana tabacum L. cultivars[J]. Biologia Plantarum, 2005, 49 (4): 605-607.

[35] Jacobs JME, Van Eck HJ, Arens P, Verkerk-Bakker B, Lintel B, Hekkert HJM, Bastiaanssen A, El-Kharbotly A, Pereira E, Jacobsen E, Stiekema WJ. A genetic map of potato (Solanum tuberosum) integrating molecular markers, including transposons, and classical markers[J]. Theor Appl Genet, 2004, 91: 289-300.

[36] Jakowitsch J, Papp I, Matzke MA, Matzke AJM. Identification of a new family of highly repetitive DNA, NTS9, that is located predominantly on the S9 chromosome of tobacco[J]. Chromosome Res, 1998, 6: 649-651.

[37] Jessada Denduangboripant, Sornsuda Setaphan, Wilasinee Suwanprasart, Somsak Panha. Determination of Local Tobacco Cultivars Using ISSR Molecular Marker[J]. Chiang Mai J. Sci, 2010, 37(2): 293-303.

[38] Johnson ES, Wolff M.F, Wernsman EA, Atchley WR, Shew HD. Origin of the Black Shank Resistance Gene, Ph, in Tobacco Cultivar Coker 371-Gold[J]. Plant Dis, 2002 (a), 86: 1080-1084.

[39] Johnson ES, Wolff MF, Wernsman EA, Rufty RC. Marker-Assisted Selection for Resistance to Black Shank Disease in Tobacco[J]. Plant Dis, 2002 (b), 86: 1303-1309.

[40] Julio E, Verrier JL, Dorlhac de Borne F. Development of SCAR markers linked to three disease resistances based on AFLP within Nicotiana tabacum L[J]. Theor Appl Genet, 2006 (b), 112: 335-346.

[41] Julio E. Denoyes-Rothan B. Verrier JL, Dorlhac de Borne F. Detection of QTLs linked to leaf and smoke properties in Nicotiana tabacum based on a study of 114 recombinant inbred lines[J]. Mol Breeding, 2006 (a), 18: 69-91.

[42] Ke ZHANG, Chunqiong WANG, Haiyan LI, Shichun QIN, Haowei SUN, Xiaowei ZHANG, Jie LONG, Jieyun CAI, Zhijun TONG, Dan CHEN. Development of nicotiana-specific molecular markers and their application in a loop-mediated isothermal amplification assay[J]. Bioscience Journal, 2024, 40, e40021.

[43] Kenton A, Parokonny AS, Gleba YY, Bennet MD. Characterization of the Nicotiana tabacum L. genome by molecular cytogenetics[J]. Mol. Gen. Genet, 1993, 240: 159-169.

[44] Kitamura S, Inoue M, Ohmido N, Fukui K. Quantitative chromosome maps and rDNA localization in the T subgenome of Nicotiana tabacum L., and its putative progenitors[J]. Theor. Appl. Genet, 2000, 101: 1180-1188.

[45] Komarnitsky SI, Komarnitsky IK, Cox A, Parokonny AS. Molecular phylogeny of the nuclear 5.8S ribosomal RNA genes in 37 species of Nicotiana genus[J]. Genetcs, 1998, 34: 883-889.

[46] Kosambi DD. The estimation of map distance from recombination values[J]. Ann. Eugen, 1994, 12: 172-175.

[47] Kuhrová V, Bezd k M, Vyskot B, Koukalová B, Fajkus J. Isolation and characterization of two middle repetitive DNA sequences of nuclear tobacco genome[J]. Theor. Appl. Genet, 1991, 81: 740-744.

[48] Kuo, P.; Henderson, I.R.; Lambing, C. CTAB DNA extraction and genotyping-by-sequencing to map meiotic crossovers in plants[J]. Methods Mol. Biol., 2022, 2484, 43-53.

[49] Lagercrantz U, Ellepen H, Andersson L. The abundance of various polymorphic micro satellite motifs differs between plants and vertebrates[J]. Nucleic Acids Research, 1993, 21: 1111-1115.

[50] Lawson MJ, Zhang LQ. Distinct patterns of SSR distribution in the Arabidopsis thaliana and rice genomes[J]. Genome Biology, 2006, 7: R14.1-R14.11.

[51] Legg PD, Collins GB. Genetic parameters in a Ky 14 × Ky Ex 42 burley population of Nicotiana tabacum L[J]. Theor Appl Genet, 1975, 45: 264-267.

[52] Lewis RS, Milla SR, Kernodle SP. Analysis of an introgressed Nicotiana tomentosa genomic region aVecting leaf number and correlated traits in Nicotiana tabacum[J]. Theor Appl Genet, 2007, 114: 841-854.

[53] Lewis RS. Transfer of resistance to potato virus Y (PVY) from Nicotiana Africana to Nicotiana tabacum: possible influence of tissue culture on the rate of introgression[J]. Theor Appl Genet, 2005, 110: 678-687.

[54] Li G, Quiros CF. Sequence-related amplified polymorphism (SRAP). A new marker system based on a simple PCR reaction:its application to mapping and gene tagging in Brassica[J]. Theor Appl Genet, 2001, 103: 455-461.

[55] Lim KY, Kovarik A, Matyá ek R, Bezd k, Lichtenstein CP, Leitch AR. Gene conversion of ribosomal DNA in Nicotiana tabacum is associated with undermethylated, decondensed and probably active gene units[J]. Chromosoma (Berlin), 2000b, 109: 161-172.

[56] Lim KY, Matyá ek, Lichtenstein R, Leitch AR. Molecular cytogenetic analyses and phylogenetic studies in the Nicotiana section Tomentosae[J]. Chromosoma (Berlin), 2000a, 109: 245-258.

[57] Lin TY, Kao YY, Lin S. A genetic linkage map of Nicotiana plumbaginifolia/ Nicotiana longiflora based on RFLP and RAPD markers[J]. Theor Appl Genet, 2001, 103: 905-911.

[58] Liu XZ, Yang YM, He CS, Li HL, Zhang HY. A RAMP marker linked to the tobacco black shank resistant gene[J]. African Journal of Biotechnology, 2009, 8(10): 2060-2063.

[59] Livingstone KD, Lackney VK, Blauth JR, van Wijk R, Jahn MK. Genome mapping in Capsicum and the evolution of genome structure in the Solanaceae[J]. Genetics, 1999, 152: 905-911.

[60] Maguire T, Collins G, Sedgley M. A modified CTAB DNA extraction procedure for plant s belonging to the family proteaceae[J]. Plant Mol Biol Rep, 1994, 12: 106-109.

[61] Maheswaran M. Polymorphism distribution and segregation of AFLP markers in a doubled haploid rice population[J]. Theor Appl Genet, 1997, 94: 39-45.

[62] Matassi G, Mels R, Macaya G, Bernadi G. Compositional bimodality of the nuclear genome of tobacco[J]. Nuleic Acids Res, 1991, 19: 5561-5567.

[63] McCouch SR, Cho YG, Yano M, Paul E, Blinstrub M, Morishima H, Kinoshita T. Report on QTL nomenclature[J]. Rice Genet Newsl, 1997, 14: 11-13.

[64] Michelmore RW, Paran I, Kesseli RV. Identification of markers linked to disease-resistance genes by bulked sergeant analysis: a rapid method to detect markers in specific genomic regions by using segregating populations[J]. Sciences, 1991, 88: 9828-9832.

[65] Mohan M, Nair S, Bhagwat A, Krishna TG, Yano M, Bhatia CR, Sasaki T. Genome mapping, molecular markers and marker-assisted selection in crop plants[J]. Molecular Breeding, 1997: 3: 87-103.

[66] Moon H S, Nicholson J S, Lewis R S. Use of transferable Nicotiana tabacum L. microsatellite markers for investigating genetic diversity in the genus Nicotiana[J]. Genome, 2008, 51: 547-559.

[67] Moon H, Nicholson JS. AFLP and SCAR Markers Linked to Tomato Spotted Wilt Virus Resistance in Tobacco[J]. Crop Science, 2007, 47: 1887-1894.

[68] Moon H.,S., Nifong, J., M., Nicholson, J., S., Heineman. Microsatellite-based analysis of tobacco (Nicotiana tabacum L.) genetic resources[J]. Crop Sci, 2009, 49: 2149-2159.

[69] Moon HS, Nicholson JS, Heineman A, Lion K, van der Hoeven R, Hayes AJ, Lewis RS. Changes in Genetic Diversity of U.S. Flue-Cured Tobacco Germplasm over Seven Decades of Cultivar Development[J]. Crop Science, 2009a, 49: 498-508.

[70] Moon HS, Nicholson JS, Lewis RS. Use of transferable Nicotiana tabacum L. microsatellite markers for investigating genetic diversity in the genus Nicotiana[J]. Genome, 2008, 51: 547-559.

[71] Moon HS, Nifong JM, Nicholson JS, Heinemann A, Lion K, van der Hoeven R, Hayes AJ, Lewis RS. Microsatellite-based Analysis of Tobacco (Nicotiana tabacum L.) Genetic Resources[J]. Crop Science, 2009b, 49: 2149-2159.

[72] Morgante M, Olivieri AM. PCR amplified microsatellite as markers in plant genetics[J]. The Plant Journal, 1993, 3: 175-182.

[73] Murry HG, Thomspon WF. Rapid isolation of weight DNA[J]. Nucleic Acids Res, 1980, 8:4321-4322.

[74] Nan R, Michael P T. AFLP analysis of genetic polymorphism and evolutionary relationships among cultivated and wild Nicotiana species[J]. Genome, 2001, 44: 559-571.

[75] Nishi T, Tajima T, Noguchi S, Ajisaka H, Negishi H. Identification of DNA markers of tobacco linked to bacterial wilt resistance[J]. Theor Appl Genet, 2003, 106: 765-770.

[76] Noguchi S, Tajima T, Yamamoto Y, Ohno T, Kubo T. Deletion of a large genomic segment in tobacco varieties that are resistant to potato virus Y (PVY)[J]. Mol Gen Genet, 1999, 262: 822-829.

[77] Nunome T, Negoro S, Kono I, Kanamori H, Miyatake K, Yamaguchi H, Ohyama A, Fukuoka H. Development of SSR markers derived from SSR-enriched genomic library of eggplant (Solanum melongena L.)[J]. Theor Appl Genet, 2009, 119: 1143-1153.

[78] Okamuro J, Goldberg B. Tobacco single-copy DNA is highly homologous to sequences present in the genomes of its diploid progenitors[J]. Mol. Gen. Genet, 1985, 198: 290-298.

[79] Panaud O, Chen XM, Couch SD. Development of microsatellite markers and characterization of sample sequence lengthen polymorphism (SSLP) in rice (Oryza sativa L.)[J]. Mol Gen Genet, 1996, 252: 597-607.

[80] Pejic I, Aimone-Marsan P, Morgante M. Comparative analysis of genetic similarity among maize inbred lines detected by RFLPs, SSRs and AFLPs[J]. Theroetical and Applied Genetics, 1998, 7(97): 248-1255.

[81] Rahul A, Bahulikar, Dominic Stanculescu, Catherine A, Preston, Baldwin IT. ISSR and AFLP analysis of the temporal and spatial population structure of the post-fire annual[J]. BMC Ecol, 2004, 4(1): 12-19.

[82] Raju K S, Sheshumadhav M, Murthy T.G.K. Molecular diversity in the genus Nicotiana as revealed by randomly amplified polymorphic DNA[J]. Physiol. Mol. Biol. Plants, 2008, 14(4): 377-382.

[83] Raju KS, Madhav MS, Sharma RK, Murthy TGK, Mohapatra T. Genetic polymorphism of Indian tobacco types as revealed by amplified fragment length polymorphism[J]. CURRENT SCIENCE, 2008, 94 (5): 633-639.

[84] Reed SM, Wernsman EA. DNA Amplification among anther-derived doubled haploid lines of tobacco and its relationship to agronomic performance[J]. Crop Science, 1988, 29, 1072-1076.

[85] Ren N, Timko MP. AFLP analysis of genetic polymorphism and evolutionary relationships among cultivated and wild Nicotiana species[J]. Genome, 2001, 44: 559-571.

[86] Riechers DE, Timko MP. Structure and expression of the gene family encoding putrescine N-methyltransferase in Nicotiana tabacum: new clues to the evolutionary origin of cultivated tobacco[J]. Plant Mol. Biol, 1999, 41: 387-401.

[87] Roder MS, Korzun V, Wendehake K, Plaschke J, Tixer MH. A microsatellite map of wheat[J]. Genetics, 1998, 149: 2007-2023.

[88] Rossi L, Bindler G, Pijnenburg H, Isaac P G, Giraud-Henri I, Mahe M, Orvain C, Gadani F. Potential of molecular marker analysis for variety identification in processed tobacco[J]. Plant Varieties Seeds, 2001, 14: 89-101.

[89] S Xu, T Brockmöller, A Navarro-Quezada, H Kuhl, Ian T. Baldwin. Wild tobacco genomes reveal the evolution of nicotine biosynthesis[J]. PNAS, 2017, 114(23): 6133-6138.

[90] S Xu, T Brockmöller, A Navarro-Quezada, H Kuhl, Ian T. Baldwin. Wild tobacco genomes reveal the evolution of nicotine biosynthesis[J]. PNAS, 2017, 114(23): 6133-6138.

[91] Sarala K, Rao RVS. Genetic diversity in Indian FCV and burley tobacco cultivars[J]. Journal of Genetics, 2008, 87(2): 159-163.

[92] Schuler GD. Sequence mapping by electronic PCR[J]. Genome Res, 1997, 7: 541-550.

[93] Shinshi H, Wenzler H, Neuhaus JM, Felix G, Hofsteenge J, Meis FJ. Evidence for N- and C-terminal processing of a plant defense-related enzyme: primary structure of tobacco prepro-1, 3-glucanase[J]. Proc.Natl Acad Sci. U.S.A, 1988, 85: 5541-5545.

[94] Simon, N., Shallat, T.J., Wietzikoski, C.W., Harrington, W. E. Optimization of Chelex 100 resin-based extraction of genomic DNA from dried blood spots[J]. Biol. Methods Protoc., 2020, 5, bpaa009.

[95] Smith HH. Recent Cytogenetic Studies in the Genus Nicotiana[J]. Advances in Genetics, 1968, 14: 1-54.

[96] Smith JSC, Simth OS. An evaluation of the utility of SSR loci a molecular marker in maize (Zea mays L.): Comparison with data from RFLPs and pedigree[J]. Theor Appl Genet, 1997, 95: 163-173.

[97] Sperisen C, Ryals J, Meins F. Comparison of cloned genes provides evidence for intergenomic exchange of DNA in the evolution of a tobacco glucan endo-1, 3-glucosidase gene family[J]. Proc. Natl. Acad. Sci. U.S.A, 1991, 88: 1820-1824.

[98] Sun JZ, Wang JT, Su DY, Yang JC, Wang, EB, Wu SX, Li M, Ma L. Discrimination of tobacco cultivars using SCAR and RAPD markers[J]. Czech Journal of Genetics and Plant Breeding, 2020, 56, 170-173.

[99] Tajima T, Noguchi S, Tanoue W, Negishi H, Nakakawaji T, Ohno T. Background selection using DNA markers in backcross breeding program for Potato Virus Y resistance of tobacco[J]. Breeding Science, 2002, 52: 253-257.

[100] Tang JF, Samantha JB, Jacobs JME, van der Linden CG, Voorrips RE, Leunissen JAM, van Eck H, Vosman B. Large-scale identification of polymorphic microsatellites using an in-silico approach[J]. BMC Bioinformatics, 2008, 9: 374-387.

[101] Tanksley SD, Ganal MW, Prince JP, de Vicente MC, Bonierbale MW, Broun P, Fulton TM, Giovannoni JJ, Grandillo S, Martin GB, Messeguer R, Miller JC, Miller L, Paterson AH, Pineda O, Roder MS, Wing RA, Wu W, Young ND. High density molecular linkage maps of the tomato and potato genomes[J]. Genetics, 1992, 132: 1141-1160.

[102] Tautz D. Hyper variability of simple sequences as a general source for polymorphic DNA markers[J]. Nucleic Acids Research, 1989, 17:6463-6471.

[103] Torben Asp, Frei UK, Didion T, Nielsen KK, Lübberstedt T. Frequency, type, and distribution of EST-SSRs from three genotypes of Lolium perenne, and their conservation across orthologous sequences of Festuca arundinacea, Brachypodium distachyon, and Oryza sativa[J]. BMC Plant Biology, 2007, 7: 36-48.

[104] Uchiyama H, Chen K, Wildman SG. Polypeptide composition of fraction I protein as an aid in the study of plantevolution[J]. Stadler Genet. Symp, 1977, 9: 83-99.

[105] Van Ooijen JW. JoinMap® 4.0, Software for the calculation of genetic linkage maps in experimental populations[M]. Kyazma B.V, Wageningen, 2006.

[106] Volkov RA, Bachmair A, Panchuk II, Kostyshyn SS, Schweizer D. 25S-18S rDNA intergenic spacer of Nicotiana sylvestris (Solanaceae): primary and secondary structure analysis[J]. Plant. Syst. Evol, 1999b, 218: 89-97.

[107] Volkov RA, Borisjuk NV, Panchuk BI, Schweizer D, Hemleben V. Elimination and rearrangement of parental rDNA in the allotetraploid Nicotiana tabacum[J]. Mol. Biol. Evol, 1999a, 16: 311-320.

[108] Volkov RA, Kostishin S, Ehrendorfer E, Schweizer D. Molecular organization and evolution of the external transcribed rDNA spacer region in two diploid relatives of Nicotiana tabacum (Solanaceae)[J]. Plant Syst. Evol, 1996, 201: 117-129.

[109] Vontimitta V, Danehower DA, Steede T, Moon HS, Lewis RS. Analysis of a Nicotiana tabacum L. Genomic Region Controlling Two Leaf Surface Chemistry

Traits[J]. J. Agric. Food Chem, 2010, 58, 294-300.

[110] Vontimitta V, Lewis RS. Mapping of quantitative trait loci affecting resistance to Phytophthora nicotianae in tobacco (Nicotiana tabacum L.) line Beinhart-1000[J]. Mol Breeding, 2012, 29:89-98.

[111] Voorrips RE. MapChart: Software for the graphical presentation of linkage maps and QTLs[J]. The Journal of Heredity, 2002, 93 (1): 77-78.

[112] Wang X W, Bennetzen J L. Current status and prospects for the study of Nicotiana genomics, genetics, and nicotine biosynthesis gene[J]. Mol Genet Genomics, 2015, 11: 1-11.

[113] Weising K, Kecmer, Uagand F. Oligonucleotide finger printing reveals various probe dependent levels of informativeness in chickpea[J]. Genome, 1992, 35(3): 436-442.

[114] White FH, Pandeya RS, Dirks VA. Correlation studies among and between agronomic, chemical, physical and smoke characteristics in flue-cured tobacco (Nicotiana tabaccum L.)[J]. Can J Plant Sci, 1979, 59: 111-120.

[115] Williams JK, Kubelik AR, Livak KL. DNA polymorphisms amplified by arbitrary primers are useful as genetic markers[J]. Nucleic Acids Research, 1990, 18 (22): 6531-6535.

[116] Xiao BG, Zhu J, Lu XP, Bai YF, Li YP. Analysis on genetic contribution of agronomic traits to total sugar in flue-cured tobacco (Nicotiana tabacum L.)[J]. Field Crops Res, 2007, 102: 98-103.

[117] Xue S, Zhang Z, Lin F, Kong Z, Cao Y. A high-density intervarietal map of the wheat genome enriched with markers derived from expressed sequence tags[J]. Theor Appl Genet, 2008, 117: 181-189.

[118] Y. Tang, Y. Diao, C. Yu, X. Gao, L. Chen, D. Zhang. Rapid Detection of Tembusu Virus by Reverse-Transcription, Loop-mediated Isothermal Amplification (RT-LAMP)[J]. Transbound Emerg Dis., 2011, 59 (3): 208-13.

[119] YeXiaoping, ZhangYanxin, SongXiaoping, Liu Qingchao. Research Progress in the Pharmacological Effects and Synthesis of Nicotine[J]. ChemistrySelect, 2022, 7, e202104425.

[120] Yi G, Lee JM, Lee S, Choi D, Kim BD. Exploitation of pepper EST-SSRs and an SSR-based linkage map[J]. Theor Appl Genet, 2006, 114: 113-130.

[121] Yi YH, Rufty RC, Wernsman EA. Mapping the root-knot nematode resistance gene (Rk) in tobacco with RAPD markers[J]. Plant Disease, 1998(b), 82(12): 1319-1322.

[122] Yi YH, Rufty RC. RAPD markers elucidate the origin of the root-knot nematode resistance gene (Rk) in tobacco[J]. Tobacco Science, 1998(a), 42(3): 58-63.

[123] Z Xiao, Liu, CS He, MY Yu, HY Zhang. Genetic diversity among flue-cured tobacco cultivars on the basis of AFLP markers[J]. Czech J. Genet. Plant Breed., 2009, 45(4): 155-159.

[124] Zabeau M, Vos P. Selective restriction fragment amplification a general method for DNA fingerprinting. European Patent Amplification 92402629.7 (Publication NO. 0534858A1)[P], Paris: European Patent Office, 1993: 120-128.

[125] Zeng ZB. Precision mapping of quantitative trait loci[J]. Genetics, 1994, 136: 1457-1468.

[126] Zhang HY, Yang YM, Li FS, He CS, Liu XZ. Screening and characterization a RAPD marker of tobacco brown-spot resistant gene[J]. African Journal of Biotechnology, 2008, 7(15): 2559-2561.

[127] Zhang Ke, Long Jie, Wang Chunqiong, Sun Haowei, Zhang Xiaowei, Zhang Jiwu, Cai Jieyun, Gai Xiaolei, Liu Zhonghua, Xiao Di, Yang Shuhan, Zhijun, Chen Dan. Research on specific molecular markers for the identification of Nicotiana plants. 6th International Conference on Biological Information and Biomedical Engineering[C], BIBE 2022, China, CA, 160-167.

[128] Zhang Ke, Sun Haowei, Long Jie, Cai Jieyun, Wang Chunqiong, Zhang Xiaowei, Zhang Jiwu, Gai Xiaolei, Liu Zhonghua, Xiao Di, Yang Shuhan, Tong Zhijun, Chen Dan. 2022. Identification between tea-cigarette and cigarette based on the Nicotiana-Specific DNA molecular marker. 6th International Conference on Biological Information and Biomedical Engineering[C], BIBE 2022, China, CA, 19-25.

[129] Zietkiewicz E, Rafalski A, Labuda D. Genome fingerprinting by simple sequence repeat (SSR)-anchored polymerase chain reaction amplification[J]. Genomics, 1994, 20: 176-183.

[130] 别振英, 张洪非, 陈玉松, 等. 涉烟案件物品属性判定试验方法应用与探讨[J]. 检验检疫学刊, 2016, 4（26）: 10-13.

[131] 宾俊, 周冀衡, 范伟, 等. 基于NIR技术和ELM的烤烟烟叶自动分级[J]. 中国烟草学报, 2017, 23（02）: 60-68.

[132] 蔡长春, 柴利广, 王毅, 等. 白肋烟分子标记遗传图谱的构建及部分性状的遗传剖析[J]. 作物学报, 2009, 35（9）: 1646-1654.

[133] 常爱霞, 瞿永生, 贾兴华. 烟草RAPD反应体系优化及品种多态性标记研究[J]. 中国烟草科学, 2004, 2: 9-13.

[134] 陈迡文，柴利广，蔡长春，等. 白肋烟遗传连锁图的构建及黑胫病抗性 QTL 初步分析[J]. 自然科学进展，2009，19（8）：852-858.

[135] 陈婷婷，李显富，贾春雷，等. 云烟 87 突变体新品系的特征特性及其 DNA 指纹图谱鉴定[J]. 浙江大学学报（农业与生命科学版），2016，42（02）：179–189.

[136] 陈学平，郭家明. 烟草种质资源的研究进展[J]. 安徽农业大学学报，1995，22：76-78.

[137] 陈学平，姜平，张杰瑜，等. 种质资源酯酶同工酶的研究[J]. 安徽大学学报（自然科学版），1998，22（3）：107-110.

[138] 陈学平，王彦亭，孙光玲. 烟草育种学[M]. 合肥：中国科学技术出版社，2002，11-18.

[139] 陈玉松，侯宏卫，陆伟，等. 非线性化学特征图谱技术在烟叶类型鉴别上的应用[J]. 烟草科技，2017，50（04）：51-57.

[140] 杜传印，刘洪祥，田纪春. 部分烟草种质亲缘关系的 AFLP 分析[J]. 作物学报，2006，32（10）：1592-1596.

[141] 杜传印，王玉军，李斯深，等. 39 个烤烟种质亲缘关系的 AFLP 分析[J]. 中国农业科学，2008，41（9）：2741-2747.

[142] 范静苑，王元英，蒋彩虹，等. 烟草 CMV 抗性鉴定及抗性基因的 SSR 标记研究[J]. 分子植物育种，2009，7（2）：355-359.

[143] 方敦煌，肖炳光，焦芳婵，等. 基于 SSR 标记的 60 份香料烟种质资源分析[J]. 分子植物育种，2019，17（17）：5844-5851.

[144] 方宣钧，吴为人，唐纪良. 作物 DNA 标记辅助育种[M]. 北京：科学出版社，2001.

[145] 傅冰，刘迪秋，李文正. 利用 ISSR 分子标记对 25 个烟草种质资源的遗传多样性分析[J]. 安徽农业科学，2008，36（3）：898-901.

[146] 盖小雷. 浅谈提高罚没烟叶利用率的途径[J]. 科技与创新，2019，23（2）：113-116.

[147] 高翔，庞红喜，袭阿卫. 分子标记技术在植物遗传多样性研究中的应用[J]. 河北农业大学学报，2002，36（4）：356-359.

[148] 高震宇，王安，董浩，等. 基于卷积神经网络的烟丝物质组成识别方法[J]. 烟草科技，2017，50（9）：68-71.

[149] 公安部. 严厉打击非法经营烟叶原料违法犯罪[J]. 中国防伪报道，2016，(09)：80.

[150] 郭兆奎，万秀清，魏继承，等. 适于 PCR 分析的烤后烟叶 DNA 提取方法的研究[J]. 中国烟草科学，1999（04）：5-8.

[151] 国家技术监督局. 烤烟：GB 2635—92[S]. 北京：中国标准出版社，1992.

[152] 国家烟草专卖局. 烟草特征性成分生物碱的测定气相色谱-质谱联用法和气相色谱-串联质谱法：YC/T 559—2018[S]. 北京：中国标准出版社，2018.

[153] 国家烟草专卖局. 烟草特征性成分烟碱旋光异构体比例的测定高效液相色谱法和超高效合相色谱-串联质谱法：YC/T 561—2018[S]. 北京：中国标准出版社，2018.

[154] 国家烟草专卖局. 烟草特征性成分烟碱中氢稳定同位素比值的测定气相色谱-稳定同位素比质谱联用法：YC/T 560—2018[S]. 北京：中国标准出版社，2018.

[155] 国家质量技术监督局. 香料烟：GB 5991.1—2000[S]. 北京：中国标准出版社，2005.

[156] 何川生，何兴金，葛颂，等. 烤烟品种资源的 RAPD 分析[J]. 植物学报，2001，43（6）：610-614.

[157] 何川生，黄学跃，赵丽宏. 云南优异地方晾晒烟品种资源评价[J]. 作物品种资源，1998，4：24-26.

[158] 姬广海，钱君，张世光，等. 云南水稻抗白叶枯病品种的遗传多样性初报[J]. 中国水稻科学，2003，17（2）：118-122.

[159] 贾继增. 分子标记种质资源鉴定和分子标记育种[J]. 中国农业科学，1996，29（4）：1-10.

[160] 蒋彩虹. 烟草赤星病抗性分子标记筛选[D]. 北京：中国农业科学研究院，2007.

[161] 蒋予恩. 中国烟草品种资源[M]. 北京：中国农业出版社，1997.

[162] 景建洲，孙渭，李沛光，等. 同工酶谱技术在烟草种子鉴别中的应用研究[J]. 西北大学学报（自然科学版），1998，26（8）：540-544.

[163] 康雨琪，钟秋，陈志华，等. 用 SSR 标记揭示 66 份晾晒烟种质资源的遗传多样性.[J/OL]. 分子植物育种. https://kns.cnki.net/kcms/detail/46.1068.S.20220429.1343.014.html.

[164] 匡达人. 对烟草起源我国论的辨析[J]. 农业考古，2000（3）：201-204.

[165] 雷永和，李天飞，雷丽萍. 白肋烟生产概况[J]. 云南农业科技，1994，6：9-11.

[166] 李军，朱苏闽，林平. 固相微萃取-气相色谱-质谱指纹图谱鉴别仿冒品牌卷烟[J]. 烟草科技，2002，12：26-30.

[167] 梁景霞，祁建民，方平平，等. 烟草种质资源遗传多样性与亲缘关系的 ISSR 聚类分析[J]. 中国农业科学，2008，41（1）：286-294.

[168] 梁明山，刘煜，侯留记，等. 烟草品种的 DNA 指纹图谱和品种鉴定[J]. 烟草科技，2001，1：34-37.

[169] 梁明山，刘煜，周翔，等. 蛋白质电泳指纹图谱对烟草品种鉴定的研究[J]. 西南农业学报，2000，13（2）：83-88.

[170] 梁学翔，廖广京. 涉烟刑事案件中烟草专卖品的处理[J]. 法制博览，2021，（14）：173-174.

[171] 刘春林. 分子标记辅助选择与植物品种选育[J]. 作物研究，1996，10（1）：47-49.

[172] 刘国祥，邹昆晏，任民，等. 33份晒烟种质资源SSR标记的指纹图谱构建[J]. 中国烟草学报，2017，23（05）：77-84.

[173] 刘建丰，王志德，刘艳华，等. 应用SRAP标记研究烟草种质资源的遗传多样性[J]. 中国烟草科学，2007，28（5）：49-53.

[174] 刘晓侠，王荔，文国松，等. 烟草黑胫病抗性基因Bs1（t）的RAPD标记[J]. 作物学报，2004，30（5）：516-518.

[175] 刘泽，林文强，张云，等. 轮廓提取法分析片烟的形状特征[J]. 烟草科技，2018，51（4）：66-70.

[176] 马红勃，祁建民，李延坤，等. 烟草SRAP和ISSR分子遗传连锁图谱构建[J]. 作物学报，2008，34（11）：1958-1963.

[177] 马林，罗昭标，罗华元，等. 烟草品种的SCAR标记鉴别[J]. 中国烟草学报，2012，18（05）：79-84.

[178] 聂磊，别振英，朱友，等. 基于烟用材料的衰减全反射红外光谱无损鉴别真假卷烟[J]. 烟草科技，2019，52（5）：31-34.

[179] 祁建民，王涛，陈顺辉，等. 部分烟草种质遗传多样性与亲缘关系的ISSR标记分析[J]. 作物学报，2006，32（3）：373-378.

[180] 施丰成，李东亮，冯广林，等. 基于近红外光谱的PLS-DA算法判别烤烟烟叶产地[J]. 烟草科技，2013（04）：56-59.

[181] 苏德成. 烟草育种[M]. 2版. 北京：中国财政经济出版社，2000.

[182] 孙九喆，杨金初，苏东赢，等. 基于SSR标记的初烤烟叶品种快速鉴别[J]. 烟草科技，2019，52（03）：26-32.

[183] 佟道儒. 烟草育种学[M]. 北京：中国农业出版社，1997.

[184] 王日新，任民，贾兴华，等. 烟草主要栽培类型的SRAP标记研究[J]. 生物技术通报，2009，6：100-104.

[185] 王涛. 烟草遗传多样性与亲缘关系的RAPD和ISSR分析[D]. 福州：福建农林大学，2005.

[186] 王元英，周健. 中美主要烟草品种亲缘分析与烟草育种[J]. 中国烟草学报，1995，2（3）：11-22.

[187] 王志德，牟建民，戴培刚，等. 部分烟草核心种质RAPD分析[J]. 中国烟草学报，2003b，9（4）：20-25.

[188] 魏中华. 基于t假设检验及SVM神经网络的卷烟真伪判定[J]. 烟草科技，2015，48（2）：75-78.

[189] 肖炳光,卢江平,卢秀萍,等. 烤烟品种的 RAPD 分析[J]. 中国烟草学报,2000,6(02):10-15.

[190] 肖炳光,徐照丽,陈学军,等. 利用 DH 群体构建烤烟分子标记遗传连锁图[J]. 中国烟草学报,2006,12(4):35-40.

[191] 肖炳光,杨本超. 利用 ISSR 标记分析烟草种质的遗传多样性[J]. 中国农业科学,2007,40(10):2153-2156.

[192] 徐秀红. 烟草野火病的抗性鉴定及其抗性基因的分子标记与辅助选择[D]. 泰安:山东农业大学,2005.

[193] 徐云碧,朱立煌. 分子数量遗传学[M]. 北京:中国农业出版社,1994:125-132.

[194] 许明辉,郑民慧,刘广田. 烟草品种 RAPD 分子标记遗传差异研究[J]. 农业生物技术学报,1998a,6(3):241-245.

[195] 杨本超. 烟草种质遗传多样性分析[D]. 杭州:浙江大学,2005.

[196] 杨友才,周清明,尹晗琪,等. 烟草种质资源遗传多样性及亲缘关系的 AFLP 分析[J]. 中国农业科学,2006,39(11):2194-2199.

[197] 杨友才,周清明,尹晗琪. 烟草 RAPD 反应体系的建立与优化研究[J]. 农业生物技术科学,2005,21(5):97-100.

[198] 张德水,陈受宜. DNA 分子标记、基因作图及其在植物遗传育种上的应用[J]. 生物技术通报,1998,(5):15-22.

[199] 张汉尧. 烟草品种 RAPD 指纹图谱与赤星病和黑胫病抗性基因标记的研究[D]. 海口:华南热带农业大学,2001.

[200] 张轲,杨金初,赵旭,等. 基于烟草属特异性基因 Ntsp151 的环介导等温扩增检测[J]. 轻工学报,2023(02):110-117.

[201] 中国农业科学院烟草研究所. 中国烟草栽培学[M]. 上海:上海科学技术出版社,2005.

[202] 中华人民共和国国家质量监督检疫总局,中国国家标准化管理委员会. 白肋烟:GB/T 8966—2005[S]. 北京:中国标准出版社,2007:1-6.

[203] 钟宇,徐燕,刘德祥,等. 基于计算机视觉和机器学习的真伪卷烟包装鉴别[J]. 烟草科技,2020,53(5):83-87.

缩略词表

缩写词	英文名称	中文名称
ABC	Advance Backcross	高代回交群体
AFLP	Amplified Fragment Length Polymorphic	扩增片段长度多态性
A-PCR	Anchored PCR	锚定 PCR
AP-PCR	Arbitrary Primer PCR	任意引物 PCR
BILs	Backcross Inbred Lines	回交重组自交系
BM	Biallclic Marker	双等位型标记
BPCR	Booster PCR	增效 PCR
BSA	Bulk Segregation Analysis	混合集团分离分析
BU	Burley Tobacco	白肋烟
CAPS	Cleaved Amplified Polymorphic Sequence	扩增序列酶切多态性
cDNA	Complementary DNA	互补 DNA
CDR	Complementarity Determining Region	互补决定区
CIM	Composite Interval mapping Method	复合区间作图法
cM	centiMorgan	厘摩尔
cSNP	coding SNP	基因编码区 SNP
CSSL	Chromosome Substitution Line	染色体替换系
CW	Cigar Wrapper	雪茄茄衣
DH	Double Haploid	加倍单倍体
DNA	Deoxyribo Nucleic Acid	脱氧核糖核酸
DP	Donor Parent	供体亲本
ELISA	Enzyme Linked Immunosorbent Assay	酶联免疫吸附试验
ENZ	Enzyme-specific Sequence	限制性内切酶特定序列

续表

缩写词	英文名称	中文名称
eSNP	electronic SNP	电子 SNP
EST	Express Sequence Tag	表达序列标签
EXT	Selective Extension	选择性碱基粘性末段
FC	Flue-Cured Tobacco	烤烟
gSSR	genomic SSR	基因组测序 SSR 标记
HRM	High Resolution Melting Curve	高分辨溶解曲线
HVR	Hyper-Cariable Region	高变区
IF$_2$	Immortalized F$_2$	永久 F2 群体
IL	Introgression Line	渐渗系
ILL	Introgression Line Library	渐渗系库
inDel	Insertion-Deletion	插入缺失标记
IPCR	Immuno PCR	免疫 PCR
ISH	In Situ Hybridization	原位杂交
iSNP	intronic SNP	基因间 SNP
isPCR	in situ PCR	原位 PCR
ISSR	Inter-Simple Sequence Repeat	区间 SSR
LAMP	Loop-Mediated Isothermal Amplification	环介导等温扩增
LD	Linkage Disequilibrium	连锁不平衡
LOD	Logarithm of Odds	LOD 值
MAS	Marker-Assisted Selection	标记辅助选择
MPCR	Multiplex PCR	多重 PCR
mSNP/MNP	multiple Single-Nucleotide-Polymorphism Cluster/ Multiple Dispersed Nucleotide Polymorphism	多聚单核苷酸多态性
NILs	Near-Isogenic Lines	近等基因系
N-PCR	Nested PCR	巢式 PCR
nscSNP	non-synonymouse cSNP	非同义 cSNP
OR	Oriental Tobacco	香料烟
ORF	Open Reading Frames	开放阅读框

续表

缩写词	英文名称	中文名称
PAGE	Polyacrylamide Gel Electrophoresis	聚丙烯酰胺凝胶电泳
PCA	Principal Component Analysis	主成分分析方法
PCR	Polymerase Chain Reaction	聚合酶链式反应
PFGE	Pulsed Field Gel Electrophoresis	脉冲场凝胶电泳
pSNP	peripheral SNP	基因周边 SNP
qPCR	Quantitative Real-Time PCR	实时荧光定量 PCR
QTL	Quantitative Trait Locus	数量性状基因座
RAPD	Random Amplified Polymorphism DNA	随机扩增多态 DNA
RFLP	Restriction Fragment Length Polymorphism	限制性片段长度多态性
RGC	Random Genome Cloning	随机基因组克隆
RILs	Recombinant Inbred Lines/Random Inbred Lines	重组自交系
RP	Receptor Parent	受体亲本
RT-PCR	Reverse Transcription PCR	逆转录 PCR
SCAR	Sequence Characterized Amplified Regions	特定序列扩增
scSNP	synonymouse cSNP	同义 cSNP
SNP	Single Nucleotide Polymorphism	单核苷酸多态性
SRAP	Sequence-Related Amplified Polymorphism	序列相关扩增多态性
SRFA	Selective Restriction Fragment Amplification	选择性片段扩增
SSCP	Single-strand Conformation Polyorphism	单链构象多态性
SSLP	Simple Sequence Length Polymorphism	简单序列长度多态性
SSR	Simple Sequence Repeat	简单序列重复
STS	Sequence Tagged Site	序列标签位点
TAIL-PCR	Thermal Asymmetric Interlaced PCR	热不对称性 PCR
TRAP	Target Region Amplified Polymorphism	靶位区域扩增多态性
TS	Sequence Tagged Sites	定位序列标签位点
UTR	Untranslated Regions	非编码区
VNTR	Variable Number Tandem Repeat	可变数目串联重复序列